21世纪高等学校规划教材 | 物联网

物联网感知、识别与控制技术（第2版）

马洪连 丁男 主编

宁兆龙 朱明 马艳华 孙亮 编著

清华大学出版社

北京

内 容 简 介

本书以培养会设计、能发展、具有创新精神和实践能力的人才为目的,以提高物联网专业学生及相关科研人员的分析问题和解决实际问题的能力为出发点,较全面、系统地介绍了物联网工程专业中感知、识别与控制层次的相关概念、关键技术以及基本组成、结构和设计方法和应用实例。

随着物联网工程技术的普及和发展,物联网感知与控制技术教材经过4年多的教学应用,作者在第2版中针对原教材内容进行了优化和精选,其中对第1~5章内容进行了调整和增添,对第6~8章部分内容做了适当的删减和优化。

本书各章均配有相应的例题和参考练习题,供教学选用,并且提供免费的电子课件。

本书适用于高等院校物联网工程专业作为专业系列教材使用,也适用于其他专业作为选修课教材,还可供对物联网感兴趣的读者参考阅读。

本书封面贴有清华大学出版社防伪标签,无标签者不得销售。

版权所有,侵权必究。举报:010-62782989,beiqinquan@tup.tsinghua.edu.cn。

图书在版编目(CIP)数据

物联网感知、识别与控制技术/马洪连,丁男主编. —2 版. —北京:清华大学出版社,2017(2025.2重印)
(21 世纪高等学校规划教材|物联网)
ISBN 978-7-302-46511-9

Ⅰ.①物… Ⅱ.①马… ②丁… Ⅲ.①互联网络—应用 ②智能技术—应用 Ⅳ.①TP393.4 ②TP18

中国版本图书馆 CIP 数据核字(2017)第 025440 号

责任编辑:魏江江 薛 阳
封面设计:傅瑞学
责任校对:焦丽丽
责任印制:杨 艳

出版发行:清华大学出版社
    网   址:https://www.tup.com.cn,https://www.wqxuetang.com
    地   址:北京清华大学学研大厦 A 座   邮   编:100084
    社 总 机:010-83470000   邮   购:010-62786544
    投稿与读者服务:010-62776969,c-service@tup.tsinghua.edu.cn
    质量反馈:010-62772015,zhiliang@tup.tsinghua.edu.cn
    课件下载:https://www.tup.com.cn,010-83470236
印 装 者:三河市铭诚印务有限公司
经   销:全国新华书店
开   本:185mm×260mm 印 张:14.75   字   数:358 千字
版   次:2012 年 8 月第 1 版 2017 年 3 月第 2 版   印   次:2025 年 2 月第 10 次印刷
印   数:16601~17400
定   价:35.00 元

产品编号:070518-01

出版说明

　　随着我国改革开放的进一步深化,高等教育也得到了快速发展,各地高校紧密结合地方经济建设发展需要,科学运用市场调节机制,加大了使用信息科学等现代科学技术提升、改造传统学科专业的投入力度,通过教育改革合理调整和配置了教育资源,优化了传统学科专业,积极为地方经济建设输送人才,为我国经济社会的快速、健康和可持续发展以及高等教育自身的改革发展做出了巨大贡献。但是,高等教育质量还需要进一步提高以适应经济社会发展的需要,不少高校的专业设置和结构不尽合理,教师队伍整体素质亟待提高,人才培养模式、教学内容和方法需要进一步转变,学生的实践能力和创新精神亟待加强。

　　教育部一直十分重视高等教育质量工作。2007 年 1 月,教育部下发了《关于实施高等学校本科教学质量与教学改革工程的意见》,计划实施“高等学校本科教学质量与教学改革工程”(简称“质量工程”),通过专业结构调整、课程教材建设、实践教学改革、教学团队建设等多项内容,进一步深化高等学校教学改革,提高人才培养的能力和水平,更好地满足经济社会发展对高素质人才的需要。在贯彻和落实教育部“质量工程”的过程中,各地高校发挥师资力量强、办学经验丰富、教学资源充裕等优势,对其特色专业及特色课程(群)加以规划、整理和总结,更新教学内容、改革课程体系,建设了一大批内容新、体系新、方法新、手段新的特色课程。在此基础上,经教育部相关教学指导委员会专家的指导和建议,清华大学出版社在多个领域精选各高校的特色课程,分别规划出版系列教材,以配合“质量工程”的实施,满足各高校教学质量和教学改革的需要。

　　为了深入贯彻落实教育部《关于加强高等学校本科教学工作,提高教学质量的若干意见》精神,紧密配合教育部已经启动的“高等学校教学质量与教学改革工程精品课程建设工作”,在有关专家、教授的倡议和有关部门的大力支持下,我们组织并成立了“清华大学出版社教材编审委员会”(以下简称“编委会”),旨在配合教育部制定精品课程教材的出版规划,讨论并实施精品课程教材的编写与出版工作。“编委会”成员皆来自全国各类高等学校教学与科研第一线的骨干教师,其中许多教师为各校相关院、系主管教学的院长或系主任。

　　按照教育部的要求,“编委会”一致认为,精品课程的建设工作从开始就要坚持高标准、严要求,处于一个比较高的起点上。精品课程教材应该能够反映各高校教学改革与课程建设的需要,要有特色风格、有创新性(新体系、新内容、新手段、新思路,教材的内容体系有较高的科学创新、技术创新和理念创新的含量)、先进性(对原有的学科体系有实质性的改革和发展,顺应并符合 21 世纪教学发展的规律,代表并引领课程发展的趋势和方向)、示范性(教材所体现的课程体系具有较广泛的辐射性和示范性)和一定的前瞻性。教材由个人申报或各校推荐(通过所在高校的“编委会”成员推荐),经“编委会”认真评审,最后由清华大学出版社审定出版。

目前,针对计算机类和电子信息类相关专业成立了两个"编委会",即"清华大学出版社计算机教材编审委员会"和"清华大学出版社电子信息教材编审委员会"。推出的特色精品教材包括:

(1) 21世纪高等学校规划教材·计算机应用——高等学校各类专业,特别是非计算机专业的计算机应用类教材。

(2) 21世纪高等学校规划教材·计算机科学与技术——高等学校计算机相关专业的教材。

(3) 21世纪高等学校规划教材·电子信息——高等学校电子信息相关专业的教材。

(4) 21世纪高等学校规划教材·软件工程——高等学校软件工程相关专业的教材。

(5) 21世纪高等学校规划教材·信息管理与信息系统。

(6) 21世纪高等学校规划教材·财经管理与应用。

(7) 21世纪高等学校规划教材·电子商务。

(8) 21世纪高等学校规划教材·物联网。

清华大学出版社经过三十多年的努力,在教材尤其是计算机和电子信息类专业教材出版方面树立了权威品牌,为我国的高等教育事业做出了重要贡献。清华版教材形成了技术准确、内容严谨的独特风格,这种风格将延续并反映在特色精品教材的建设中。

清华大学出版社教材编审委员会
联系人:魏江江
E-mail:weijj@tup.tsinghua.edu.cn

前 言

目前,国内已有近两百所高校、高职、高专院校设置了物联网技术应用专业,可见,物联网相关专业人才的培养达到了高潮。物联网专业的教学目标是培养面向现代信息处理技术,从事物联网领域的系统设计、分析与科技开发及研究方面的工程技术人才。需要学生及相关科研人员具备扎实的电子技术、现代传感器、有线和无线网络通信理论、信息处理、计算机技术、系统工程等基础理论知识,掌握物联网系统的感知、识别与控制层,网络传输层与综合服务应用层关键设计等专门知识和技能,并且建立在本专业领域对新理论、新知识、新技术的跟踪能力以及较强的创新实践能力。

目前在国内的院校中,物联网工程专业下设置的具体专业课程一般为通信、网络、传感器、计算机等传统学科所开设的课程,这些课程之间的衔接缺少各科知识的系统性、针对性和连续性,没有突出物联网的专业特色。物联网专业教学大纲按照物联网三层结构规划了如下培养目标。

(1) 感知、识别与控制层:掌握传感器与 RFID 无源有源标签设计技术,无线节点硬件和核心协议栈软件设计,低功耗系统设计以及智能装置、设备的控制技术。

(2) 网络传输层:掌握多种网络网关设计,主流无线和无线网络标准,主要路由算法和网络监视、网络安全和加密原理等方面的设计。

(3) 综合管理服务应用层:掌握应用系统设计技术关键,物联网应用软件开发,应用数据结构,数据流和数据库的设计,能够独立设计不同需要的物联网管理服务应用。

其中,感知、识别与控制层作为物联网的神经末梢,是联系物理世界和信息世界的纽带。随着物联网的发展,大量的智能传感器件、物体识别设备及智能控制装置也将获得更广泛的应用。

针对上述培养目标,本书结合当前我国新设立的物联网工程专业建设和发展的需要进行编写,重点介绍在物联网感知、识别与控制层中涉及的设计和应用等相关技术。本书以培养会设计、能发展、具有创新精神和实践能力的人才为目的,以提高学生及相关科研人员的分析问题和解决实际问题的能力为出发点,全面、系统地介绍了物联网系统中感知、识别与控制层次的相关概念、关键技术以及基本组成、结构与设计方法和应用实例。

本书第 1 版已经发行 4 年时间,感谢国内数十所院校同行将此书作为物联网专业课程教材。由于物联网工程应用技术发展较快,许多知识和内容有了更新。本书第 2 版做了如下方面的优化和调整。

在第 1 章中,重新进行了规划,增加了 1.2 节物联网关键技术的介绍;在第 2 章中,细化了 RFID 工作原理及应用的介绍,增加了智能传感器方面的内容;在第 3 章中,调整了 3.3 节的内容,增添了数字滤波知识的介绍;在第 4 章中,增添了红外触摸屏相关内容;第 5 章中,增添了 CAN 总线、Wi-Fi、4G/5G 通信和北斗卫星导航系统方面的内容。另外,对第 6~8 章内容重新进行了调整和优化。同时,对各章之后的习题与思考题进行了适当调整,增添了选择题方面的内容。

　　本书作为专业课程教材,建议全部内容讲授 32~48 学时。其中,6.3 节计算机控制技术简介为选学内容。建议本课程实践教学环节设为 24~36 学时。

　　在本书的编写过程中,得到了谭国真、陈志奎和王雷教授的指导,在此表示感谢。还要感谢清华大学出版社的支持,使本书很快地出版发行。另外,本书在编写过程中参考和引用了国内外的相关著作、论文和网上资料,编者对所有被参考和引用论著的作者表示感谢。如果有的资料因没有查到出处或疏忽而未列出,请原作者原谅。

　　由于本书作者的经验与水平有限,书中如出现不准确、不适宜或疏漏的内容,希望读者给予批评指正,在此表示感谢。同时也欢迎读者,尤其是使用本书的教师和学生,共同探讨相关教学内容、教学方法等问题。敬请通过电子信箱(mhl@dlut.edu.cn)与编者联系。

编　者

2016 年 11 月

目　录

第1章

物联网简介

物联网英文名称是"The Internet of things",含义就是物物相连的互联网。如果说互联网和移动通信实现了人与人之间广泛、便利的通信,物联网则实现了物与物、物与人之间广泛且便利的通信。物联网用途广泛,遍及智能交通、数字医疗、智能电网、环境保护、政府工作、公共安全、平安家居、智能消防、工业监测等多个领域。物联网把物质世界和电子世界有机连接起来,实现了现实世界和虚拟世界的融合。

1.1 概述

物联网概念最早可以追溯到比尔·盖茨于 1995 年出版的《未来之路》。在这本书中,他想象用一根别在自己衣服上的"电子别针"与家庭电子服务设施接通,通过电子别针感知来访的位置。但是,由于当时网络技术和传感器应用水平的限制,比尔·盖茨朦胧的物联网理念没有引起重视。

"物联网"概念的问世,打破了传统的思维观念。过去一直是将物理基础设施和 IT 基础设施分开,一方面是机场、公路、建筑物等物理基础设施,而另一方面是个人计算机、宽带通信等数据设施。而在物联网时代,物理基础设施将与芯片、有线和无线通信整合为统一的基础设施。在此意义上,基础设施更像是一块新的地球工地,世界的运转就在它上面进行。其中,包括经济管理、生产运行、社会管理乃至个人生活。

1.1.1 物联网定义及特点

物联网的概念是在 1999 年正式提出的,顾名思义就是"物与物相连的互联网"。这里有以下两层含义。

(1) 物联网的核心和基础仍然是互联网,是在互联网基础上延伸和扩展的网络;

(2) 其用户端延伸和扩展到了任何物品与物品之间,人与物之间进行信息交换和通信。

目前国内对物联网的定义是:通过传感器、无线射频识别技术(Radio Frequency Identification,RFID)、红外感应器、全球定位系统、激光扫描器等信息传感设备,按约定的协议,把任何物品与互联网连接起来,进行信息交换和通信,以实现智能化识别、定位、跟踪、监控和管理的一种网络。物联网以简单 RFID 电子标签和智能传感器为基础,结合已有的网络技术、数据库技术、中间件技术等,构筑一个比 Internet 更为庞大的物-物、物-人、人-物相连的网络。

欧盟定义：物联网是将现有互联的计算机网络扩展到可以互联的物品网络。国际电信联盟(ITU)定义：From anytime, anyplace connectivity for anyone, we will now have connectivity for anything。

因此，物联网是通过各种信息传感设备，按照约定的协议，把任何物品与互联网连接起来，进行信息交换、信息通信和信息处理，以实现智能化识别、定位、跟踪、监控和管理的一种网络。

相对于已有的各种通信和服务网络，物联网在技术和应用层面具有以下特点。

(1) 感知识别普适化。作为物联网的末梢，自动识别和传感网技术近些年来发展迅猛，应用广泛。仔细观察就会发现，人们的衣食住行都能折射出感知识别技术的发展。无所不在的感知与识别将物理世界信息化，对传统上分离的物理世界和信息世界实现高度融合。

(2) 异构设备互连化。尽管物联网中的硬件和软件平台千差万别，各种异构设备(不同型号和类别的 RFID 标签、传感器、手机、笔记本等)利用无线通信模块和标准通信协议，构建成自组织网络。在此基础上，运行不同协议的异构网络之间通过"网关"互联互通，实现网际间信息共享及融合。

(3) 联网终端规模化。物联网时代的一个重要特征是"物品联网"，每一件物品均具有通信功能，成为网络终端。

(4) 管理调控智能化。物联网将大规模数据高效、可靠地组织起来，为上层行业应用提供智能的支撑平台，数据存储、组织以及检索成为行业应用的重要基础研究。与此同时，各种决策手段包括运筹学理论、机器学习、数据挖掘、专家系统等广泛应用于各行各业。

(5) 应用服务链条化。链条化是物联网应用的重要特点。以工业生产为例，物联网技术覆盖从原材料引进、生产调度、节能减排、仓储物流，到产品销售、售后服务等各个环节，成为提高企业整体信息化程度的有效途径。

1.1.2　物联网的结构组成

物联网形式多样、技术复杂、涉及面广，所涉及的内容横跨多个学科。从物联网本质上看，物联网是将各种传感器技术、网络技术、人工智能和自动化技术集成与融合，使人与物、人与人、物与物智慧对话，为我们创造一个智慧的世界。

物联网网络架构由感知识别(交互、控制)层、网络传输(接入、传输)层、综合服务应用(数据处理、行业应用)层组成，物联网结构组成示意图如图 1.1 所示。物联网各层次通过相互协同与配合，完成真正意义上的"物物相连"，并提供泛在化的物联网服务。

物联网各层之间既相对独立又联系紧密，同一层次上的不同技术互为补充，适用于不同环境，构成该层次技术的应对策略。而不同层次提供各种技术的配置和组合，根据应用需求，构成完整的解决方案。

1. 感知识别层

感知识别层主要实现智能感知和交互功能，包括信息采集、捕获、物体识别和控制等。在计算机信息处理系统中，数据的采集是信息系统的基础，这些数据通过数据系统的分析和过滤，最终成为影响我们决策的信息。在物联网的信息感知识别层，最重要的功能是对"物"

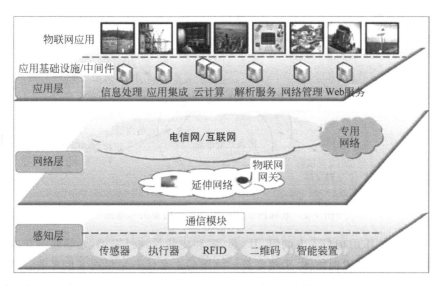

图 1.1 物联网结构组成示意图

的感知、识别和控制。

感知、识别作为物联网的神经末梢,也是联系物理世界和信息世界的纽带。感知识别层上部署了数量巨大、类型繁多的传感器,每个传感器都是一个信息源。不同类别的传感器所捕获的信息内容和信息格式不同。传感器获得的数据具有实时性,按一定的频率周期性地采集环境信息,不断更新数据。感知与识别层既包括 RFID、传感器等信息自动生成设备,也包括各种智能电子产品用来人工生成信息。随着物联网的发展,大量的智能传感器件及物体识别设备也将获得更快的发展。下面简单介绍传感器技术、物体识别技术和智能检测与控制设备。

1) 传感器技术

传感器是一种检测装置,能感知到被测的信息,并能将检测到的信息按一定规律变换成为电信号或其他所需形式的信息输出,以满足信息的传输、处理、存储、显示、记录和控制等要求。传感器是构成物联网的基础单元,是物联网获取相关信息的来源。具体来说,传感器是一种能够对当前状态进行识别的元器件,当特定的状态发生变化时,传感器能够立即察觉出来,并且能够向其他的元器件发出相应的信号,用来告知状态的变化。在物联网系统中,对各种参量进行信息采集和简单加工处理的设备,被称为物联网传感器。传感器可以独立存在,也可以与其他设备以一体方式呈现,但无论哪种方式,它都是物联网中的感知和输入部分。

2) 物体标识技术

传感器仅能够感知信号,并无法对物体进行标识。例如,可以让温度传感器感知森林的温度,但并不能标识具体的树木。要实现对特定物体的标识和信息获取,更多地要通过信息识别与认证技术。自动识别技术在物联网时代,扮演的是一个信息载体和载体认识的角色,也就是物联网的感应技术的部分,它的成熟与发展决定着互联网和物联网能否有机融合。

3) 智能检测与控制设备

由嵌入式系统构成的各类智能仪器仪表和智能控制设备完成了物联网所需的测量、控制等功能,由于这些智能设备具有一定的通信和处理功能,所以在物联网中起到了源头的作用。物联网感知识别与控制的源头示意图如图 1.2 所示。

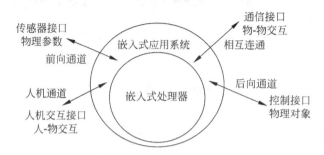

图 1.2   物联网感知识别与控制的源头示意图

信息感知层的作用相当于人的眼、耳、鼻、喉和皮肤等神经末梢,是物联网获取物体信息的来源,其主要功能是识别物体,采集信息。该层的主要任务是将现实世界的各种物体的信息通过各种手段,实时并自动地转化为虚拟世界可处理的数字化信息或者数据。信息感知层是物联网发展和应用的基础,RFID 技术、传感和控制技术、短距离无线通信技术是信息感知层涉及的主要技术。物联网所采集的信息主要有如下几种。

(1) 传感信息:如温度、湿度、压力、气体浓度、生命体征等。

(2) 物品属性信息:如物品名称、型号、特性、价格等。

(3) 工作状态信息:如仪器、设备的工作参数等。

(4) 地理位置信息:如物品所处的地理位置等。

2. 网络传输层

从网络的角度来观察,物联网具有以下几个特点:在网络终端层面呈现联网终端规模化(即物品触网)、感知识别普适化(无所不在),在通信层面呈现异构设备互连化,在综合应用层面呈现管理智能化和应用服务链条化的特点。

网络传输层的主要作用是把下层(感知识别层)设备接入物联网,供上层服务使用。互联网是物联网的核心网络,处于边缘的各种无线网络则是提供随时随地的网络接入服务。无线广域网包括现有的移动通信网络以及演进技术(包括 3G、4G、5G 通信技术),提供广阔范围内连续的网络接入服务。无线城域网包括现有的 WIMAX 技术(802.16 系列标准),提供城域范围(约 100km)高速数据传输服务。无线局域网包括现在流行的 Wi-Fi(802.11 系列标准),作为一定的区域(家庭、校园、机场等)的用户提供网络访问服务。无线个体网包括蓝牙(802.15.1 标准)、ZigBee(802.15.4 标准)、进场通信(NFC)等通信协议、短距离(约 10m),一般用作个人电子产品互连、工业设备控制等领域。各种不同类型的无线网络适用于不同的环境,合力提供便捷的网络接入,是实现物物互连的重要基础设施。

传感器采集的信息通过各种有线网络和无线网络与互联网融合,并通过互联网将信息实时而准确地传递出去,实现了信息的接入、传输和通信。网络传输层的主要作用是把物联网中感知与被识别的数据接入到综合服务应用层,供其应用。而互联网作为物联网技术的重要传输层,再将数据通过各种网络传输形式传送到数据中心、用户终端等。在传输过程中为了保障数据的正确性和及时性,必须适应各种异构网络和协议。

网络接入功能是将信息感知层采集到的信息,通过各种网络技术进行汇总,将大范围内的信息整合到一起,以供处理。该层重点强调各类接入方式,涉及的典型技术如:Ad-hoc(多跳移动无线网络)、传感器网络,Wi-Fi、3G/4G/5G、Mesh 网络、有线或卫星等方式。

接入单元包括将传感器数据直接传送到通信网络的数据传输单元(Data Transfer Unit,DTU)以及连接无线传感网和通信网络的物联网网关设备,其中物联网网关根据使用环境的不同,有行业物联网网关和家庭物联网网关两种,将来还会有用于公共节点的共享式网关。严格来说,物联网网关应该是一种跨信息感知识别层和网络传输层的设备。

无线传感器网络(WSN)是由部署在监测区域内大量的廉价微型传感器节点组成,通过无线通信方式形成的一个多跳自组织网络,从而扩展了人们与现实世界进行远程交互的能力。WSN 是一种全新的信息获取平台,能够实时监测和采集网络分布区域内的各种检测对象的信息,并将这些信息发送到网关节点,以实现复杂的指定范围内目标的检测与跟踪。所以,WSN 具有快速展开、抗毁性强等特点。由于无线网络是实现"物联网"必不可少的基础设施,安置在动物、植物、机器和物品上的电子介质产生的数字信号可随时随地通过无处不在的无线网络传送出去。

网络传输层的核心处理功能是利用互联网、移动通信网、传感器网络及其融合技术等,将感知到的信息无障碍、高可靠性、高安全性地进行传输。为实现"物物相连"的需求,物联网网络传输层将综合使用 IPv6、3G/4G/5G、Wi-Fi 等通信技术,实现有线与无线的结合、宽带与窄带的结合、感知网与通信网的结合。

3. 综合服务应用层

综合服务应用层也称为数据处理及行业应用层,数据处理主要实现信息的处理与决策,通过中间件实现网络层与物联网应用服务间的接口和功能调用,包括对业务的分析整合、共享、智能处理、管理等,具体体现为一系列业务支撑平台、管理平台、信息处理平台、智能计算平台、中间件平台等。

数据处理是在高性能计算、普适计算与云计算的支撑下,将网络内海量的信息资源通过计算分析,整合成一个可以互连互通的大型智能网络,为上层服务管理和大规模行业应用建立起一个高效、可靠和可信的技术支撑平台。如通过能力超级强大的中心计算及存储机群和智能信息处理技术,对网络内的海量信息进行实时高速处理,对数据进行智能化挖掘、管理、控制与存储。

在智能处理的同时,网络传输层中的感知数据管理与处理技术是实现以数据为中心的物联网的核心技术。感知数据管理与处理技术包括物联网数据的存储、查询、分析、挖掘、理解以及基于感知数据决策和行为的技术。在高性能计算和海量存储技术的支撑下,管理服务层将大规模数据高效、可靠地组织起来,为上层行业应用提供智能的支撑平台。数据库系统以及其后发展起来的各种海量存储技术已经广泛应用于 IT、金融、电信、商业等行业。面对海量信息,如何有效地组织和查询数据是核心问题。近两年来,"大数据"成为炙手可热的明星词汇,学术界和工业界都在探索和实现对超大规模数据的利用。

行业应用则主要包含各类应用服务,如监控服务、智能电网、工业监控、绿色农业、智能家居、环境监控、公共安全等。在高性能计算和海量存储技术的支撑下,综合服务将大规模数据高效、可靠地组织起来,为行业应用提供智能的支撑平台。

综合服务应用层的主要功能是信息处理、应用集成、云计算、解析服务、网络管理、智能控制和 Web 服务等。例如采用了"云计算"技术的运用,可以对数以亿计的各类物品进行实时动态管理。云计算平台相当于物联网的"大脑",如图1.3所示。

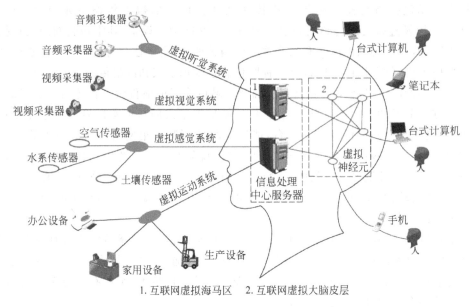

图1.3 云计算平台相当于物联网的"大脑"

云计算的核心思想,是将大量用网络连接的计算资源统一管理和调度,构成一个计算资源池向用户按需服务。提供资源的网络被称为"云","云"中的资源在使用者看来是可以无限扩展的,并且可以随时获取、按需使用;随时扩展、按使用付费。云计算是网格计算、分布式计算、并行计算、效用计算、网络存储、虚拟化和负载均衡等传统计算机和网络技术发展融合的产物。

云计算平台作为海量感知数据的存储、分析平台,将是物联网网络传输层的重要组成部分,也是技术支撑层和应用接口层的基础。在产业链中,通信网络运营商将在物联网网络层占据重要的地位。而正在高速发展的云计算平台将是物联网发展的又一助力。

行业应用是综合服务应用层根据用户的需求,构建面向各类行业实际应用的管理平台和运行平台,并根据各种应用的特点集成相关的内容服务。为了更好地提供准确的信息服务,必须结合不同行业的专业知识和业务模型,以完成更加精细和准确的智能化信息管理。如对自然灾害、环境污染等进行预测预警时,需要相关生态、环保等多学科领域的专门知识和行业专家的经验。行业应用是物联网和用户(包括人、组织和其他系统)的接口,与行业需求结合,实现物联网的智能应用。

物联网各层之间既相对独立又联系紧密。同一层次上的不同技术互为补充,以便适用于不同应用环境。而不同层次间需要提供各种技术的配置和组合,根据应用需求,构成完整的解决方案。总而言之,物联网设计方案与技术的选择应该以实际应用为导向,根据具体的需求和环境,选择合适的感知、识别与控制技术、联网技术和信息处理技术。

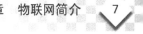

1.1.3 发展物联网的意义

物联网把新一代 IT 技术充分运用在各行各业之中,然后将物联网与现有的互联网整合起来,实现人类社会与物理系统的整合。在这个整合的网络当中,存在能力超级强大的中心计算机群,能够对整合网络内的人员、机器、设备和基础设施实施实时的管理和控制。毫无疑问,如果"物联网"时代来临,人们的日常生活将发生极大的变化。一般来讲,实现物联网的主要步骤有如下几个方面。

(1) 对物体属性进行感知与标识,物体的属性包括静态属性和动态属性。静态属性可以直接存储在电子标签中,动态属性需要先由各种类型的传感器进行实时探测。

(2) 需要一定的识别设备或仪器完成对物体属性的读取,并将信息转换为适合网络传输的数据格式。

(3) 将物体的信息通过网络传输到信息处理中心(处理中心可能是分布式的,如家里的计算机或者手机。也可能是集中式的,如中国移动的信息处理中心),由处理中心完成物体通信的相关信息处理、存储、显示以及进行对执行设备的控制。

国际电信联盟于 2005 年的一份报告曾描绘"物联网"时代的图景有如下论述。

当汽车司机出现操作失误时汽车会自动报警;公文包会提醒主人忘带了什么东西;衣服会"告诉"洗衣机对颜色和水温的要求等。还有,在应用了物联网的物流系统中,当货车装载超重时,汽车会自动提示超载了,以及超载多少。当货车内的装货空间还有剩余的时候,会提示轻重货怎样搭配。当搬运人员卸货时,一只货物包装可能会说"亲爱的,请你不要太野蛮,可以吗"。当运货司机在和别人扯闲话,货车会装作老板的声音吼道"快点儿,该发车了",等等。通过这些方式,物联网的应用能够具有更多人性化和智能化。

尽管物联网应用前景广阔,人们也应该认识到物联网的发展不是一蹴而就的,相关技术并未发展成熟。目前,影响物联网发展的主要因素有如下几个方面。

1. 个人隐私与数据安全

安全因素的考虑会影响物联网的设计,避免个人数据受窃听受破坏的威胁。除此之外,专家称物联网的发展会改变人们对于隐私的理解。以最近的网络社区流行为例,个人隐私是公众热议的话题。在物联网时代,每个人穿戴多种类型的传感器,连接入多个网络,一举一动都被监测。如何保证数据不被破坏、不被泄漏、不被滥用将成为物联网面临的重大挑战。

2. 公众信任

信息安全目前是广大群众对物联网的主要关注点。如果物联网的设计没有健全的安全机制,会降低公众对此的信任程度。所以在设计物联网之初,就有必要考虑安全的层面。

3. 标准化

标准化无疑是影响物联网普及的重要因素。目前,RFID、WSN 等技术领域还没有一套完整的国际标准,各厂家的设备往往不能实现互操作。标准化将合理使用现有标准,或者在必要时创建新的统一标准。

4. 系统开放

物联网的发展离不开合理的商业模型运作和各种利益投资。对物联网技术系统的开放,将会促进应用层面的开发和各种系统间的互操作性。另外,目前物联网相关技术仍处在不成熟阶段,需要投入大量资金支持科研,技术转化。

1.2　物联网关键技术

物联网组织结构包括感知识别层、网络传输层和综合服务应用层,其技术跨度大、涉及范围广,本节将从不同的物联网组织结构层次简单介绍一些核心的关键技术。

物联网相关技术可以分为物理世界感知识别、局域无线自组网、分布式智能处理、泛在接入、广域网络传输、后台数据处理支撑及行业应用等多方面。物联网感知识别层是物联网伸向物理世界的"触角",也是其海量信息的主要来源。技术上主要包括:物联网数据信息的采集、捕获、物体识别等环节,并形成前端的自组织网络和智慧的感知。泛在接入和广域网络传输形成了物联网网络层;而后台支撑、计算处理及应用服务完成了高性能信息处理功能,构成物联网综合服务应用层。物联网的基础性技术还包括研究物联网组成结构的技术、安全性及保密性技术及功耗控制和能量存储技术等,这些都是物联网技术的重要组成部分。

1.2.1　感知识别层关键技术

物联网感知识别层通过多种传感器(网络)、RFID、条形码、定位、地理识别系统、多媒体信息等数据采集和标识技术,实现外部世界信息的感知和识别。下面对其关键技术进行简单介绍。

1. 传感器技术

传感器能够感受规定的被测量并按照一定规律转换成可用输出信号的器件和装置。传感器一般由敏感元件、转换元件和基本电路组成。常用的传感器有可见光传感器、温度传感器、湿度传感器、压强传感器、磁传感器、加速度传感器、声音传感器、烟传感器、红外传感器、合成光传感器和土壤水分传感器。

传感器是获取物理信息的关键器件,种类繁多,功能性能各异。各传感器技术依附于敏感机理、敏感材料、工艺设备和计测技术,对基础技术和综合技术要求非常高。随着电子技术的不断进步提高,传统的传感器正逐步实现微型化、智能化、信息化、网络化。同时,也正经历着一个从传统传感器(Dumb Sensor)向智能传感器(Smart Sensor)和嵌入式 Web 传感器(Embedded Web Sensor)不断丰富发展的过程。运用新理论、新技术,采用新工艺、新结构、新材料,研发各类新型传感器,提升传感器功能与性能,降低成本是实现物联网的基础。

2. 识别与环境感知技术

识别技术涵盖物体识别、位置识别和地理识别,对物理世界的识别是实现全面感知的基础。环境感知是在识别的基础上，对环境有充分的理解。

物体识别技术以 RFID 技术(还有条码、二维码等标识技术)为代表。RFID 集成了无线通信、芯片设计与制造、天线设计与制造、标签封装、系统集成、信息安全等技术，当前已成功步入成熟发展期。目前，RFID 应用以低频和高频标签技术为主，超高频技术具有可远距离识别和低成本的优势，有望成为未来主流。

位置识别技术相对比较成熟。GPS 技术是应用较为广泛的全球定位技术，伽利略、北斗及基于蜂窝网基站的定位技术也步入商用阶段，是位置识别的重要手段。另外，小范围或室内、复杂环境定位技术也在近几年获得了较大的发展，典型代表是实时定位系统(RTLS)，这些技术都将为物联网在不同环境条件下的位置识别提供支持。

地理识别技术以 GIS(地理信息系统)为代表，以空间数据库为基础，运用系统工程和信息科学的理论，对空间数据进行科学管理和综合分析。GIS 集合了测绘学、地理学、地图学、计算机科学、卫星遥感、管理信息系统、定位系统等学科和技术的发展。近年来计算机大容量存储介质、多媒体技术和可视化技术为 GIS 的发展提供了新的技术和方法。

3. 智能化传感网节点技术

所谓智能化传感网节点是指一个微型化的嵌入式系统。在极其复杂的动态物理世界中，需要感知和检测的对象很多，譬如温度、压力、湿度、应变、位移等，需要微型化、低功耗的传感网节点来构成传感网的基础层支持平台。未来研究的关键技术如下。

(1) 针对传感网节点设备的低成本、低功耗、小型化、高可靠性等要求，研制低速、中高速传感网节点核心芯片，以及集射频、基带、协议、处理于一体，具备通信、处理、组网和感知能力的低功耗片上系统。

(2) 针对物联网行业应用研制系列节点产品。这需要采用 MEMS 加工技术，设计符合物联网要求的微型传感器，使之可识别、配接多种敏感元件，并适用于主被动各种检测方法。

(3) 研制具有强抗干扰能力的传感网节点，以适应恶劣工作环境的需求。

(4) 利用传感网节点具有的局域信号处理功能，在传感网节点附近局部完成一定的信号处理，使原来由中央处理器实现的串行处理、集中决策的系统，成为一种并行的分布式信息处理系统。

1.2.2　网络传输层关键技术

网络传输层作为物联网的中间层，借助于互联网、无线宽带及电信骨干网，承载着感知数据的接入、传输与运营等重要工作。物联网的网络传输层可能构建于"多网融合"后的骨干网络之上，也可能是各类专网。网络传输层关键技术包括接入与组网技术、网络及服务发现技术等，以及在此基础上的节点及网关相关的支撑技术。

1. 物联网节点及网关技术

移动通信网、下一代互联网、传感器网络等都是物联网的重要组成部分，这些网络通过物联网的节点、网关等核心设备协同工作，并承载着各种物联网服务的网络互连。这些设备是物联网的硬件支撑，通过集成各种计算与处理算法，完成异种异构网络的互连互通互操作。物联网网关是连接感知层和网络层的关键设备，也是不同网络进行融合的主要平台。

2．物联网接入与组网技术

无线通信网络是物联网信息传输和服务支撑的重要基础设施之一。物联网的无线通信技术涵盖传统的接入网、核心网和业务网等多个层面的内容。

物联网的网络接入是通过网关完成的，网络接入主要功能是通过现有的移动通信网(如GSM网络、3G/4G/5G网络)、无线接入网(如WiMAX)、无线局域网(Wi-Fi)、卫星网等基础设施，将来自信息感知识别层的信息传送到互联网中。根据对物联网所赋予的含义，其工作范围可以分成两部分，一部分是体积小、能量低、存储容量小、运算能力弱的智能小物体的互连，即传感网。另一部分是没有约束机制的智能终端互连，如智能家电、视频监控等。目前，对于智能小物体网络层的通信技术有两项。一项是基于ZigBee联盟开发的ZigBee协议，实现传感器节点或其他智能物体的互连；另一项技术是IPSO联盟倡导的通过IP实现传感网节点或其他智能物体的互连。

传感器网络中所包含的关键内容和关键技术主要有数据采集、信号处理、协议、管理、安全、网络接入、设计验证和信息融合等方面。

当前，物联网的网络层一般基于IP化的互联网和电信网络，而感知识别层节点利用短距离无线通信技术相互连接(如ISO/IEC 8802.15.4协议)。物联网感知识别层在地址协议、报文大小、移动性管理、远程维护与管理、安全协议等方面都与互联网不同，这些需要物联网网关进行有效转换而实现互连。

网络传输的主要功能是以IPv6和IPv4为核心建立的互联网平台，将网络内的信息资源整合成一个可以互连互通的大型智能网络，为上层服务管理和大规模行业应用建立起一个高效、可靠、可信的基础设施平台。

1.2.3　综合服务应用层关键技术

综合服务应用层主要完成智能数据处理和行业应用两部分功能。智能数据处理的主要功能是通过具有超级计算能力的中心计算机群，对网络内的海量信息进行实时的管理和控制，并为上层应用提供一个良好的用户接口。行业应用主要是集成系统底层的功能，根据行业特点，借助互联网技术手段，开发各类的行业应用接口和解决方案，将物联网的优势与行业的生产经营、信息化管理、组织调度结合起来，形成各类的物联网解决方案，构建智能化的行业应用。

综合服务应用层通过数据处理支撑平台提供跨行业、跨应用、跨系统之间的信息协同、共享、互通、服务的功能。综合服务应用层关键技术包括面向服务的体系架构的云计算，海量感知数据存储与检索技术、物联网中间件技术、具有各种行业特色的交互技术和控制技术等。

1．物联网软件与算法

物联网海量信息处理相关的关键软件系统和智能算法是物联网计算环境的"心脏"和"神经"，是物联网生态系统的重要组成部分，也是确保物联网在多应用领域安全可靠运行的神经中枢和运行中心。没有这些关键软件系统和智能算法的支持，物联网计算就没有灵魂，物联网应用、产业发展和全球化运营就缺乏保障。所以，急需大力发展物联网处理和计算中所涉及的重大关键软件系统与智能算法，着重解决一批关键技术及核心算法，这是物联网规模化发展的必要环节。在这方面急需面向物联网应用的多领域、多学科的大型综合性的平台化、一体化、构件化、语义智能化及高灵活性和高集成性的核心软件系统。具体来说，物联网软件和算法包括以下三方面的内容。

（1）面向物联网海量信息处理的软件系统共性关键技术研发。面向国家物联网重大示范应用工程，以构建大型综合性物联网软件平台为主攻方向，寻求在软件平台体系、一体化软件过程管理、可重构性技术、海量信息融合、语义智能化等方面的共性关键技术上取得重大突破。

（2）面向物联网海量信息处理的软件系统关键支撑技术研发。以综合性物联网软件平台所必需的基础软件子系统开发为战略重点，在中间件系统、语义中间件系统、集成服务代理总线、构件库系统、基于云计算的公共服务平台等关键支撑技术上取得重大进展。

（3）面向物联网海量信息处理的核心算法与优化技术研发。以物联网计算所首要解决的海量感知信息获取、识别、处理、存储、传递、检索、分析和利用为突破口，力争在核心算法研发上取得一系列重大突破，并在海量数据挖掘和知识发现的基础上，对系统语义优化、系统实时优化、系统集成与调度等优化问题进行研究，取得重大进展。

2. 物联网交互与控制

相对于移动通信网、互联网，物联网的显著差异在于对物理世界的实时感知，并通过庞大的末梢网络和骨干网络实现界面友好的面向服务的人机交互系统。这需要解决海量的信息处理和用户定制的个性化界面之间的矛盾。在大规模智能信息处理和专家系统的基础上，通过种类繁多的面向不同应用的执行器及控制设备，可以实现异地远程的实时控制，最终提供富有特色的各种个性化服务。

物联网不仅是信息网，传统的互联网已经完全可以完成对信息的整理和服务。物联网可以完成与物理世界的实时交互，并按照用户需求进行实时控制服务（如工业控制、智能家居等应用），这也是物联网的重要技术特色。海量的感知信息通过复杂的传输通路，最终实现在物联网云计算平台上的存储、处理与融合，并按照用户的需求，提供个性化的服务，这一系列操作必须赋予实时性才可以满足用户交互与控制需求，而超大规模的用户需求又存在着较大的差异，而且很多用户还存在着很多个性化需求，这都将是物联网交互与控制应用中需要解决的问题。

3. 物联网计算与服务

海量感知信息的计算与处理是物联网的核心支撑。云计算技术实现互联网存储资源和计算能力的分布式共享，涵盖了海量数据存储和共享、海量信息智能处理等方面。研究面向服务且支持节能和安全的智能化存储体系、支持云存储等存储服务的架构、动态数据对象管理和资源共享、存储服务 QoS 等，为物联网提供核心计算环境。海量信息智能处理技术研究面向网络海量内容的云计算技术，符合人类感知的可视媒体交互、多源图像高可信度融合与呈现方法，为海量信息的高效利用提供支撑。

物联网上的各项服务之间通过简单、精确地定义接口进行通信，可以不涉及底层编程接口和通信模型，让用户不触及复杂的物联网本身，就能够真正实现随时、随地与任何人、任何物进行有效的感知、互连与协同控制。

1.3　物联网应用领域简介

物联网用途广泛,遍及智能交通、环境监测、智能电网、环境保护、智能物流、医疗保健、政府工作、公共安全、平安家居、智能消防、工业监测、通信等多个领域。物联网的行业应用情况如图 1.4 所示。

图 1.4　物联网相关行业的应用示意图

1. 物联网应用领域——智能交通

目前我国的城市交通管理基本是自发进行的,每个驾驶者根据自己的判断选择行车路线,交通信号标志仅起到静态的、有限的指导作用。这导致城市道路资源未能得到最高效率的运用,由此产生不必要的交通拥堵。

智能交通系统(ITS)是将先进的传感器技术、通信技术、数据处理技术、网络技术、自动控制技术、信息发布技术等有机地运用于整个交通运输管理体系而建立起的一种实时的、准确的、高效的交通运输综合管理和控制系统。同时,智能交通作为一个非常重要的产业,将对整个中国的物联网建设起到推动作用。

物联网技术的发展为智能交通提供了更透彻的感知,道路基础设施中的传感器和车载传感设备能够实时监控交通流量和车辆状态,通过移动通信网络将信息传送至管理中心。遍布于道路基础设施和车辆中的无线和有线通信技术的有机整合为移动用户提供了泛在的网络服务,优化了人们的出行。智能交通系统需要多领域技术协同构建,例如,从交通管理系统(如车辆导航、交通信号控制、集装箱货运管理、自动车牌号码识别、测速相机),到各种交通监控系统如安全闭路电视系统。

智慧的道路是减少交通拥堵的关键,获取数据是重要的第一步。通过随处都安置的传感器,可以实时获取路况信息,帮助监控和控制交通流量。人们可以获取实时的交通信息,并据此调整路线,从而避免拥堵。未来,将能建成自动化的高速公路,更好地实现车辆与网络相连,从而指引车辆更改路线或优化行程。

还有,利用视频摄像设备进行交通流量计量和事故监测。当有车辆经过的时候,视频监测系统的摄像机将捕捉到的视频输入到处理器中进行分析以找出视频图像特性的变化。道路收费通过 RFID 技术以及利用激光、照相机和系统技术等的先进自由车流路边系统来无缝地检测、标识车辆并收取费用。

实时的交通信息服务能够为驾驶员提供实时的信息,例如交通线路、交通事故、安全提示、天气情况以及前方道路修整工程等。高效的信息服务系统能够告诉驾驶员他们目前所处的准确位置,通知他们当前路段和附近地区的交通和道路状况,帮助驾驶员选择最优的路线,这些信息将在车辆内部和其他地方都能够访问到。除此之外,智能交通系统还可以为乘客提供进一步的信息服务,例如,车内的互联网访问服务以及音乐电影的下载和在线观看。提供实时的交通信息服务包括三个主要的组成部分:信息的收集、处理和散布。每一个部分都需要不同的平台和技术设备支持。智能交通管理示意图如图 1.5 所示。

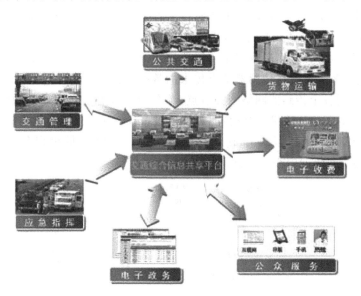

图 1.5 智能交通管理示意图

展望一下未来的交通,所有的车辆都能够预先知道并避开交通堵塞,司机可以沿最快捷的路线到达目的地;减少二氧化碳的排放;拥有实时的交通和天气信息;能够随时找到最近的停车位,甚至在大部分的时间内车辆可以自动驾驶而乘客们可以在旅途中欣赏在线电视节目。

在智能交通物联网技术中,涉及前端的检测技术、中间的传输技术以及后端的综合信息处理等技术,这是利用物联网技术、网络和设备来实现交通运输的智能化。目前,智能交通行业是物联网产业化发展落到实际应用的优先行业之一。

2. 物联网应用领域——环境监测

近年来,随着全球气候变化和环境污染的不断加剧,环境监测引起了世界各国的广泛关注,环境监测应用的需求也相应发生了变化。环境监测是指通过检测对人类和环境有影响的各种物质的含量、排放量以及各种环境状态参数,起到跟踪环境质量变化、确定环境质量水平,为环境管理、污染治理、防灾减灾等工作提供基础信息、方法指引和质量保证。传统的环境监测是以人工为主的监测模式,这样极易会受到测量手段、采样频率、取样数量、分析效率、数据处理诸方面的限制,不能及时地反映环境变化和预测变化趋势,更不能根据监测结果及时产生有关应急措施的反应。

　　应用物联网技术进行环境监控有三个显著的优势。其一是各种智能传感器的体积很小且整个网络只需要部署一次。因此部署传感器网络对监控环境的人为影响很小,这一点在对生物活动非常敏感的环境中尤其重要。其二是智能传感器的网络节点数量大,分布密度高。每个节点可以检测到局部环境的详细信息并汇总到基站,因此传感器网络具有数据采集量大、精度高的特点。最后是无线传感器节点本身具有一定的计算能力和存储能力,可以根据物理环境的变化进行较为复杂的监控。传感器节点还具有无线通信能力,可以在节点间进行协同监控。

　　一个适用于环境监测的物联网系统结构示意图如图 1.6 所示。这是一个层次型网络结构,最底层为部署在实际监测环境中的传感器节点,向上层依次为传输网络、基站,最终连接到 Internet。为获得准确的数据,传感器节点的部署密度往往很大。并且可能部署在若干个不相邻的监控区域内,从而形成多个传感器网络。传感器节点将感应到的数据传送到一个网关节点,网关节点负责将传感器节点传来的数据经由一个传输网络发送到基站上。传输网络是负责协同各个传感器网络网关节点、综合网关节点信息的局部网络。基站是能够和 Internet 相连的一台计算机,它将传感数据通过 Internet 发送到数据处理中心,同时它还具有一个本地数据库副本以缓存最新的传感数据。研究人员可以经过任意一台连入 Internet 的终端访问数据中心,或者向基站发出命令。

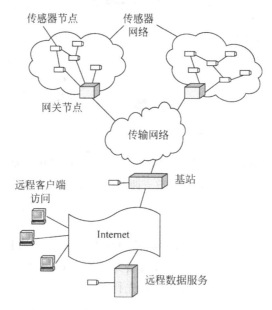

图 1.6　环境监测的物联网系统结构示意图

　　研究人员将传感器节点放置在感兴趣的监测区域内,传感器节点能够自主形成网络。每个节点搜集周围环境的温度、湿度、光照等信息。传感器节点自主形成一个多跳网络。处于传感器网络边缘的节点必须通过其他节点向网关发送数据。由于传感器节点具有计算能力和通信能力,可以在传感器网络中对采集的数据进行一定的处理。这样可以大大减少数据通信量,减少靠近网关的传感器节点的转发负担。

　　每个传感区域都有一个网关负责搜集传感器节点发送来的数据。所有的网关都连接到上层传输网络上。传输网络具有较强的计算能力和存储能力,提供网关节点和基站之间的通信带宽和通信可靠性。传感器网络通过基站与 Internet 连接。基站负责搜集传输网络送来的所有数据,发送到 Internet,并将传感数据的日志保存到本地数据库中。考虑到环境监测应用可能在非常偏远的地区进行,基站需要以无线的方式连入 Internet。对于偏远地区来说,使用卫星链路是一种比较可靠的方法。可以将监控区域附近的卫星通信站作为传感器网络的基站。

传感器节点搜集的数据最后都通过 Internet 传送到一个中心数据库存储。中心数据库提供远程数据服务,科研人员可以通过接入 Internet 的终端使用远程数据服务。

如今,物联网已开始应用于污染监测、海洋环境监测、森林生态监测、火山活动监测等重要领域。

3. 物联网应用领域——智能电力电网

"智能电网"是以先进的通信技术、传感器技术、信息技术为基础,以电网设备间的信息交互为手段,以实现电网运行的可靠、安全、经济、高效、环境友好和使用安全为目的的先进的现代化电力系统。智能电网的核心内涵是实现电网的信息化、数字化、自动化和互动化。智能电力电网示意图如图 1.7 所示。

图 1.7 智能电网的应用示意图

目前,中国电网涵盖了发电、调度、输变电、配电和用户等多个环节,主要组成部分包括信息化平台、调度自动化系统、稳定控制系统、交流输电、变电站自动化系统、配网自动化系统以及用电管理系统等。

然而现有的电力输送网络缺少动态调度,从而导致电力输送效率低下。据相关的权威部门统计,使用传统电网,大量上网的电力将被消耗在输送途中。采用智能电网后则通过先进信息系统与电网的整合,把过去静态、低效的电力输送网络转变为动态可调整的智能网络,对能源系统进行实时监测。根据不同时段的用电需求,将电力按最优方案予以分配。通过安装先进分析和优化引擎,电力提供商可以突破"传统"网络的瓶颈,而直接转向能够主动管理电力故障的"智能"电网。对电力故障的管理计划不仅考虑到了电网中复杂的拓扑结构和资源限制,还能够识别同类型发电设备。这样,电力提供商就可以有效地安排停电检测维修任务的优先顺序。如此一来,停电导致的收入损失也相应减少,而电网的可靠性以及客户的满意度都得到了提升。

随着物联网技术的推广,可以通过在各供电、输电以及用电设备上嵌入包含其信息的可识别智能芯片或可以实现智能计算的信息化设备,并利用无线及有线技术,对各设备的物理实体进行联网,从而实现从输配电到用电上的全面在线监控。实时获取各电力设备的运行信息。采用传感技术可实现对电网线路以及电网系统内外部环境的实时监控,从而快速识别环境变化对于电网运行的影响并及时进行应变,大幅提高电网的安全性和稳定性。

国家电网公司正在全面建设坚强的智能电网,即建设以特高压电网为骨干网架、各级电网协调发展的坚强电网,并实现电网的信息化、数字化、自动化、互动化。在供电安全、可靠和优质的基础上,进一步实现清洁、高效、互动的目标。基于物联网技术而建设的智能电网体系,可以实现从能源接入、输配电调度、安全监控、继电保护到用户计费计量的全过程智能化网络化控制。它可以综合利用各种智能设备来获取电网和用户的需要,智能化控制能源的存储和使用,并可以实现电网和用户之间、用户和用户之间的能源传递,优化电网的运行和管理。还可以通过用户终端设备的智能化反馈,帮助用户制定定制化的电能利用方案,提高能源利用效率,帮助用户降低电费。

4. 物联网应用领域——智能物流

智能物流则是采用物联网技术,实现了在现代化仓储和物流管理决策中的应用。这样应用物联网报关管理、仓储监测、运输管理和物流决策管理,实现物流领域的数字化、智能化的物资仓储和物流管理,使其物流管理安全、准确、高效地运行。

基于物联网的智能供应链技术可以被应用到整个零售系统(零售商、制造商和供应商),以便提高供应链各个步骤的效率,同时还可减少浪费。该技术充分利用互联网和无线射频识别网络设施支撑整个物流体系,可以使客户在任何地方、任何时间以最便捷、最高效、最可靠、成本最低的方式享受到物流服务。

智慧的供应链通过使用强大的分析和模拟引擎来优化从原材料至成品的供应链。这可以帮助企业确定生产设备的位置,优化采购地点,也能帮助制定库存分配战略。公司可以通过优化的网络设计来实现真正无缝的端到端供应链,减少资产、降低成本(交通运输、存储和库存成本)、减少碳排放,也能改善客户服务(备货时间、按时交付、加速上市)。

供应链的每个成员都应当能够追溯产品生产者以及产品成分、包装、来源等特征,也应当能够向前追踪产品成分、包装和产品的每一项活动。要设计一个具有对整个价值链可追溯性的供应链,公司必须创建流程和基础架构来收集、集成、分析和传递关于产品来源和特征的可靠信息,这应当贯穿于供应链的各个阶段(如从农场到餐桌)。它将不同的技术解决方案整合起来,使物理供应链(商品的运动轨迹)和信息供应链(数据的收集、存储、组织、分析和访问控制)能够相互集成。有了这样的供应链可视性,公司就能保护和推广品牌、主动地吸引其他股东并降低安全事故的影响。智能物流供应链示意图如图1.8所示。

智能物流已经为物流企业绘制了美好的蓝图,但真正实现起来还有很多的困难。由于目前物联网技术的智能化程度还不高,物联网的基础网络建设还没能够覆盖物流的各个环节等。这些既是智能物流发展的挑战,也是机遇,物联网已成为物流行业发展的主要推动力。

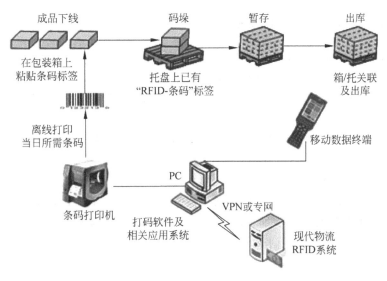

图 1.8　智能物流供应链示意图

5. 物联网应用领域——医疗系统

　　整合的医疗保健平台根据需要通过医院的各系统收集并存储患者信息,并将相关信息添加到患者的电子医疗档案,所有授权和整合的医院都可以访问。这样通过各医院之间适当的管理系统、政策和转诊系统等,资源和患者能够有效地在各个医院之间流动。这个平台满足一个有效的多层次医疗网络对信息分享的需要。

　　电子健康档案系统通过可靠的门户网站集中进行病历整合和共享,这样各种治疗活动就可以不受医院行政界限限制而形成一种整合的视角。有了电子健康档案系统,医院可以准确顺畅地将患者转到其他门诊或其他医院,患者可随时了解自己的病情,医生可以通过参考患者完整的病史做出准确的诊断和治疗。远程医疗平台应用如图 1.9 所示。

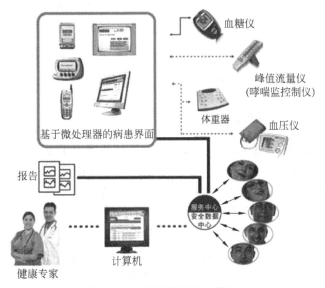

图 1.9　远程医疗平台示意图

6．物联网应用领域——感知城市

实时城市管理设立一个城市监控中心,将城市划分为多个网格。该系统能够快速收集每个网格中所有类型的信息,城市监控中心依据事件的紧急程度上报或指派相关职能部门(如火警,警察局,医院)采取适当的行动。这样,政府就可实时监督并及时响应突发事件。

整合的公共服务系统将不同职能部门(如民政、社保、警察局、税务等)中原本孤立的数据和流程整合到一个集成平台,并创建一个统一流程集中管理系统和数据,为居民提供更加便利和高效的一站式服务。

物联网在智能社区建设中的应用包括多种业务模式——智能家居、智能安防、社区卫生服务、社区综合服务等行业。例如,现在已经使用的智能门禁系统就是利用 RFID 技术,将楼宇内住户的个人信息储存到门卡上,使得楼宇住户的进出更加安全方便。感知城市示意图如图 1.10 所示。

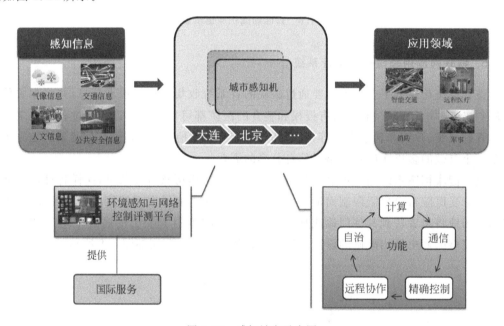

图 1.10　感知城市示意图

7．物联网应用领域——通信行业

在"2009 年中国国际信息通信展览会"上,中国移动展出了手机支付,这就是典型的物联网概念应用。手机支付实际上主要是手机 SIM 卡的更换,由普通 SIM 卡更换为 RFID-SIM 卡,而不需要对手机进行更换。用户在消费时,只需要将手机从接收器上轻轻一扫,就可以方便地进行各种购物,以及获得详细的费用清单。

中国电信一直在推介自己的全球眼技术,其实就是远程监控的物联网应用。例如海关的远程监控系统,通过画面可以对货物进行通关检查,节省人力。中国联通也正在推出公交卡手机,通过刷手机可以实现公交车票支付,这些都是典型的物联网应用。

习题与思考题

一、单项选择题

1. 物联网的全球发展形势可能提前推动人类进入"智能时代",也称(　　)。
   A. 计算时代　　　　　B. 信息时代　　　　　C. 互联时代　　　　　D. 物联时代

2. 三层结构类型的物联网不包括(　　)。
   A. 感知层　　　　　　B. 网络层　　　　　　C. 会话层　　　　　　D. 应用层

3. 物联网的核心是(　　)。
   A. 应用　　　　　　　B. 产业　　　　　　　C. 技术　　　　　　　D. 标准

4. 以下关于互联网对物联网发展影响的描述中,错误的是(　　)。
   A. 物联网就是下一代的互联网
   B. 强烈的社会需求也为物理世界与信息世界的融合提供了原动力
   C. 物联网向感知设备的多样化、网络多样化与感控结合多样化的方向发展
   D. 物联网使传统上分离的物理世界与信息世界实现了互联与融合

5. 以下关于物联网特点的描述中,错误的是(　　)。
   A. 物联网不是互联网概念、技术与应用的简单扩展
   B. 物联网与互联网在基础设施上没有重合
   C. 物联网的主要特征是:全面感知、可靠传输、智能处理
   D. 物联网计算模式可以提高人类的生产力、效率、效益

6. 以下关于物联网的智能物体的描述中,错误的是(　　)。
   A. "智能物体"是对连接到物联网中的人与物的一种抽象
   B. 智能物体具有感知、通信与计算能力
   C. 要实现全球范围智能物体之间的互联与通信就必须解决智能物体标识问题
   D. 物联网中统一采用 IPv6 地址标识智能物体

7. 利用 RFID、传感器、二维码等随时随地获取物体的信息,指的是(　　)。
   A. 可靠传递　　　　　B. 全面感知　　　　　C. 智能处理　　　　　D. 互联网

8. 以下关于物联网感知层的描述中,错误的是(　　)。
   A. 感知层是物联网的基础,是联系物理世界与虚拟信息世界的纽带
   B. 能够自动感知外部环境信息的设备包括:RFID、传感器、GPS、智能测控设备等
   C. 智能物体可以具备感知能力,而不具备控制能力
   D. 智能传感器节点必须同时具备适应周边环境的运动能力

9. 以下关于物联网体系结构特点的描述中,错误的是(　　)。
   A. 物联网的一个特点是:网络的异构性,规模的差异性,接入的多样性
   B. 物联网中传输层不可以采用互联网中的虚拟专网(VPN)结构
   C. 可采用移动通信网、无线局域网、无线自组网或多种异构网络互联的结构
   D. 物联网网络结构可以分为:感知层、传输层与应用层

10. 以下关于行业应用层的描述中,错误的是(　　)。

　　A. 行业应用层是由多样化、规模化的行业应用系统构成

　　B. 保证物联网应用系统有条不紊地工作,就必须制定一系列应用层信息交互协议

　　C. 行业应用层的主要组成部分是应用层协议

　　D. 行业应用层协议是由 E-mail、Web、FTP、播客等协议组成

11. 以下关于物联网体系结构的描述中,错误的是(　　)。

　　A. 为保证物联网有条不紊地工作必须在各层制定一系列的协议

　　B. 物联网网络体系结构是物联网网络层次结构模型与各层协议的集合

　　C. 物联网网络体系结构模型采用 OSI 参考模型

　　D. 物联网体系结构将对物联网应该实现的功能进行精确定义

12. 云计算通过共享(　　)的方法将巨大的系统池连接在一起。

　　A. CPU　　　　　　B. 软件　　　　　　C. 基础资源　　　　D. 处理能力

13. 云计算中,提供资源的网络被称为(　　)。

　　A. 母体　　　　　　B. 导线　　　　　　C. 数据池　　　　　D. 云

14. (　　)是负责对物联网的信息进行处理、管理、决策的后台计算处理平台。

　　A. 感知层　　　　　B. 网络层　　　　　C. 云计算平台　　　D. 物理层

二、简答题

1. 什么是物联网?

2. 物联网与互联网的区别主要有哪些方面?

3. 物联网的关键技术有哪些?

4. 物联网内的层次结构是如何划分的?

5. 目前影响物联网发展主要有哪些因素?

6. 介绍一下你所熟悉的物联网某一领域的应用情况。

第2章
物联网感知与识别技术

物联网系统的结构组成包括综合服务应用层、网络传输层和感知识别层三级结构形式。其中,感知、识别与控制技术是物联网的核心技术,也是联系物理世界和信息世界的纽带。本章将详细介绍物联网中的感知与识别技术,有关物联网中应用的控制技术详见第6章。

2.1 传感器及应用技术

为了研究自然现象仅依靠人的五官获取外界信息是远远不够的,于是人们发明了能代替或补充人体五官功能的传感器。最早的传感器出现在1861年,目前传感器已经渗透到人们日常生活中,例如热水器的温控器、空调的温湿度传感器等。此外,传感器也被广泛应用到工农业、医疗卫生、军事国防、环境保护等领域,极大地提高了人类认识世界和改造世界的能力。随着对物理世界的建设与完善、对未知领域与空间的拓展,人们需要信息来源的种类、数量也在不断地增加,这对信息获取方式提出了更高的要求。

2.1.1 概述

国家标准(GB/T 7665—2005)对传感器(sensor/transducer)的定义是:传感器是能感受被测量并按照一定的规律将其转换成可用输出信号的器件和装置。传感器通常由敏感元件和转换器件组成。敏感元件指传感器中能直接感受或响应被测量的部分,转换器件指传感器中将敏感元件感受或响应的被测量参量转换成适用于传输或检测的电信号部件。由于传感器的输出信号一般都很微弱,因此需要配置信号调理与转换电路对其进行放大、运算调制等。随着半导体器件与集成技术在传感器中的应用,目前传感器的信号调理及转换电路可以安装在传感器的封装里或与敏感元件一起集成在同一芯片上。

从传感器的输入端来看,传感器要能够感受出规定的被测量,传感器的输出信号应该是适合检测部件处理和传输的电信号。因此传感器处于感知与识别系统的最前端,用来获取检测信息。其性能将直接影响整个测试系统,对测量精确度起着决定性作用。

传感器作为信息获取的重要手段,与通信技术和计算机技术共同构成了信息技术的三大支柱。现代科技的进步,特别是微电子机械系统(Micro Electro Mechanical Systems,MEMS)和超大规模集成电路(Very Large Scale Integrated Circuits,VLSI)的发展,使得现代传感器走上微型化、智能化和网络化的发展路线,其典型的代表是无线传感器节点(Wireless Sensor Nodes)。

2.1.2　传感器的分类

传感器是物联网信息采集的第一道环节,也是决定整个系统性能的关键环节之一。要正确选用传感器,首先要明确所设计的系统需要什么样的传感器,其次是挑选合乎要求的性能价格比高的传感器。传感器的种类繁多,往往同一种被测量可以用不同类型的传感器来测量,如压力可用电容式、电阻式、光纤式等传感器来进行测量;而同一原理的传感器又可测量多种物理量,如电阻式传感器可以测量位移、温度、压力及加速度等。因此,传感器有许多种分类方法。例如,根据传感器功能分类、根据传感器转换工作原理分类、根据传感器用途分类、根据传感器的输出方式分类等。

1. 按传感器功能分类

如果我们从功能角度将传感器与人的5大感觉器官相对比,那么对应于视觉的是光敏传感器,对应于听觉的是声敏传感器,对应于嗅觉的是气敏传感器,对应于味觉的是化学传感器与生物传感器,对应于触觉的是压敏、温敏、流体传感器,这种分类方法非常直观。

2. 按转换原理分类

根据传感器转换工作原理可将其分为物理传感器、化学传感器两大类,生物传感器属于一类特殊的化学传感器。这种分类方法便于从原理上认识输入与输出之间的变换关系,有利于专业人员从原理、设计及应用上做归纳性的分析与研究。

物理传感器是应用压电、热电、光电、磁电等物理效应,将被测信号的微小变化转换成电信号。根据传感器检测的物理参数类型的不同,物理传感器可以进一步分为:力传感器、热传感器、声传感器、光传感器、电传感器、磁传感器与射线传感器7类。物理传感器的特点是可靠性好、应用广泛。

化学传感器是可以将化学吸附、电化学反应等过程中被测信号的微小变化转换成电信号的一类传感器。按传感方式的不同,化学传感器可分为接触式与非接触式;按结构形式的不同,可分为分离型与组装一体化传感器;按检测对象的不同,可以分为气体传感器、离子传感器、湿度传感器。化学传感器的特点是其内部结构相对复杂,准确度受外界因素影响较大,价格偏高。

生物传感器是由生物敏感元件和信号传导器组成的。生物敏感元件可以是生物体、组织、细胞、酶、核酸或有机物分子,它利用的是不同的生物元件对于光强度、热量、声强度、压力不同的感应特性。例如,对于光敏感的生物元件能够将它感受到的光强度转化为与之成比例的电信号,对于热敏感的生物元件能够将它感受到的热量转化为与之成比例的电信号,对于声敏感的生物元件能够将它感受到的声音强度转化为与之成比例的电信号。生物传感器应用的是生物机理,与传统的化学传感器和分析设备相比具有无可比拟的优势,这些优势表现在高选择性、高灵敏度、高稳定性、低成本,能够在复杂环境中进行在线、快速、连续监测。

生物计量识别技术是通过生物特征的比较来识别不同生物个体的方法。其研究的生物特征包括脸、指纹、虹膜、语音、体型和个体习惯(签字识别等)等。其中,虹膜是位于眼睛的白色与黑色瞳孔之间的圆环状部分,总体上呈现一种由内向外的放射状结构,由相当复杂的纤维组织构成。虹膜包含最丰富的纹理信息,包括很多类似于冠状、水晶体、细丝、斑点、凹点、射线皱纹和条纹等细节特征结构。这些特征由遗传基因决定,在出生之前就已经确定下来,并终生不变。据称,没有任何两个虹膜是一样的。虹膜识别是当前应用最为方便和精确的一种识别方法。

3．按用途分类

按用途分类包括温度传感器、压力传感器、力敏传感器、位置传感器、液面传感器、速度传感器、射线辐射传感器、振动传感器、湿敏传感器、气敏传感器等。这种分类方法给使用者提供了方便,容易根据测量对象来选择传感器。

4．按输出信号分类

按输出信号分类有模拟传感器、数字传感器和开关量传感器等。

另外,还有其他的一些分类方法。如按测量原理分类,按检测对象分类,按输入与输出关系线性与否分类以及按能量传递形式分类等。

2.1.3 传感器的选用原则

在实际选用传感器时可根据具体的测量目的、测量对象以及测量环境等因素合理选用,主要应考虑以下两个方面。

1．传感器的类型

由于同一物理量可能有多种传感器供选用,可根据被测量的特点、传感器的使用条件,如量程、体积、测量方式(接触式还是非接触式)、信号的输出方式、传感器的来源(国产还是进口)和价格等因素考虑选用何种传感器。

2．传感器的性能指标

(1)精度。精度是传感器的一个重要性能指标,关系到整个系统的测量精度。传感器精度越高,价格越昂贵。

(2)灵敏度。当灵敏度提高时,传感器输出信号的值随被测量的变化加大,有利于信号处理。但传感器灵敏度提高,混入被测量中的干扰信号也会被放大,影响测量精度。因此,要求传感器本身应具有较高的信噪比,尽量减少从外界引入的干扰信号。

(3)稳定性。传感器的性能不随使用时间而变化的能力称为稳定性。传感器的结构和使用环境是影响传感器稳定性的主要因素。应根据具体使用环境选择具有较强环境适应能力的传感器,或采取适当措施减小环境的影响。

(4)线性范围。传感器的线性范围(模拟量)是指输出与输入呈正比的范围。在选择传感器时,当传感器的种类确定以后首先要看其量程是否满足要求。

(5)频率响应特性。传感器的频率响应特性决定了被测量的频率范围,传感器的频率响应特性好,可测的信号频率范围宽。在实际应用中传感器的响应总是会有一定延迟,当然延迟时间越短越好。

2.1.4 常用传感器简介

物联网中常选用温度传感器、压力传感器、气敏传感器、湿度传感器、加速度传感器、光电传感器、磁电式传感器等。下面将分别予以介绍。

1. 温度传感器

温度是表征物体冷热程度的物理量,是物体内部分子无规则剧烈运动程度的标志。物体的很多物理现象和化学性质都与温度有关,在很多生产过程中,温度都直接影响着生产的安全、产品质量、生产效率、能源的使用情况等,因而对温度测量方法及测量的准确性提出了更高的要求。为了定量地描述温度,引入一个概念——温标。温标就是温度的数值表示的标尺,是温度的单位制。

温度测量方法按照感温元件是否与被测介质接触,可以分为接触式与非接触式两大类。接触式测温的方法就是使温度敏感元件与被测温度对象相接触,测温传感器的输出大小即反映了被测温度的高低。接触式测温传感器的优点是结构简单、工作可靠、测量精度高、稳定性好、价格低。缺点是测温时由于要进行充分的热交换,所以有较大的滞后现象。还有不方便用于对运动物体的温度进行测量,被测对象的温度场易受传感器接触的影响和测温范围受感温元件材料性质的限制等。

非接触式测温的方法就是利用被测温度对象的热辐射能量随其温度的变化而变化的原理,通过测量与被测温度对象有一定距离处被测物体发出的热辐射强度来测得被测温度对象的温度。常见非接触式测温的温度传感器主要有光电高温传感器、红外辐射温度传感器等。这类传感器的优点是不存在测量滞后和温度范围的限制,可测高温、腐蚀、有毒、运动物体及固体、液体表面的温度而又不会影响被测温度。缺点是受被测温度对象热辐射率的影响,测量精度较低。另外,使用中测量距离和中间介质对测量结果是会有些影响的。

测量温度的传感器有热电阻、热电偶、半导体温敏晶体管、集成温度传感器等多种类型。在能满足测量范围、精度、速度、使用条件等情况下,应侧重考虑成本、相配电路是否简单等因素进行取舍,尽可能选择性能价格比高的传感器。

1) 热电阻

热电阻采用的主要金属材料是铜和铂。当有电场存在时,自由电子在电场作用下定向运动便形成电流。随着金属温度升高,原子核的热运动加强和自由电子碰撞的机会增多,形成电子波散射,阻碍了电子的定向运动,金属的导电能力降低,电阻增加。金属导体具有正的温度特性。电阻值与温度之间有良好的线性关系。

铂电阻的电阻体是用直径为 0.02~0.07mm 的铂丝,按一定规律绕在云母、石英或陶瓷上而制成的。铂是目前公认最好的制作热电阻的材料,它性能稳定,重复性好,测量精度高,其电阻值与温度之间有很近似的线性关系。铂电阻主要用于制成标准电阻温度计,其测量范围一般为 $-200\sim650℃$。

铜电阻的电阻体是一个铜丝绕组,绕组是由 0.1mm 直径的漆包绝缘铜丝分层双向绕在圆形骨架上构成的。铜电阻的特点是价格便宜,重复性好,电阻温度系数大,其测温范围为 $-50\sim150℃$。主要缺点是电阻率小,测温范围小。因此,铜电阻常用于介质温度不高、腐蚀性不强、测温元件体积不受限制的场合。

另外还有热敏电阻,热敏电阻是一种新型的半导体测温元件。按温度系数可分为负温度系数热敏电阻(NTC)和正温度系数热敏电阻(PTC)两大类。NTC 研制得较早,也较成熟。最常见的是由金属氧化物组成的,如锰、钴、铁、镍、铜等多种氧化物混合烧结而成。典型的 PTC 通常是在钛酸钡陶瓷中加入施主杂质以增大电阻温度系数。它的温度与电阻特性曲线呈现非线性的关系。

2) 热电偶

当两种不同导体 A 和 B 被连接成一闭合回路时,若两节点处的温度不同,则在两导体间产生热电势,回路中就会产生电流。这种现象称为热电效应,两种导体的组合为热电偶。热电偶的特点是精度高、性能稳定、结构简单、易制作、互换性好、适于远传和多点切换、测温范围广。具体类型包括铜-康铜(T 型,$-200\sim350℃$),镍铬-镍硅(K 型,$-200\sim1100℃$),镍铬-铜镍(E 型,$-200\sim600℃$),铂铑 10-铂(S 型,$-200\sim1600℃$),铂铑 30-铂铑 6(B 型,$-200\sim1800℃$)热电偶。

3) 半导体温敏晶体管

温敏二极管是利用二极管正向压降与温度的关系实现温-电转换。即温度每升高 $1℃$,PN 结的正向压降 V_D 就下降约 $2mV$。温敏三极管的温度特性比温敏二极管好,并具有一定的放大能力。

4) 集成温度传感器

目前,物联网中常采用数字式集成温度传感器。例如,Dallas 公司的 DS18B20 数字式集成温度传感器,其性能特点如下。

(1) 采用 Dallas 公司独特的单线总线技术,通过串行通信接口(I/O)直接输出被测温度值,适配各种微控制器或微处理器。

(2) 测温范围是 $-55\sim+125℃$,在 $-10\sim+85℃$ 范围内,可确保测量误差不超过 $\pm0.52℃$。

(3) 温度分辨力可编程。用户可分别设定各路温度的上、下限并写入随机存储器 RAM 中。利用报警搜索命令和寻址功能,可迅速识别出发生了温度越限报警的器件。

(4) 内含 64 位经过激光修正的只读存储器 ROM,出厂前就作为 DS18B20 唯一的产品序列号,存入存储器 ROM 中。在构成大型温控系统时,允许在单线总线上挂接多片 DS18B20。

(5) 内含寄生电源。该器件既可由单线总线供电,也可选用外部 $+3.3\sim+5V$ 电源(允许电压范围 $+3.0\sim+5.5V$)供电。进行温度/数字转换时的工作电流约为 $1mA$,待机电流仅为 $0.75\mu A$,典型功耗为 $+3.3\sim+5mW$。

(6) 具有电源反接保护电路。当电源电压的极性接反时,能保护 DS18B20 不会因发热而烧毁。

DS18B20 与微控制器或微处理器的通信过程是:系统搜索 DS18B20 的序列号;启动在线 DS18B20 做温度变换;读出在线 DS18B20 变换后的温度数据,从而实现温度测量。DS18B20 封装格式和多个集成温度传感器的连接如图 2.1 所示。

另外,还有电流型集成温度传感器(AD590)、电压型集成温度传感器(LM354 系列)等。

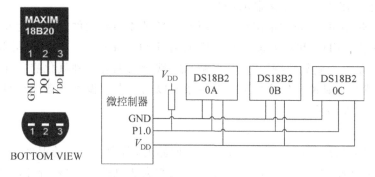

图 2.1   DS18B20 封装格式和多传感器的连接示意图

2. 压力传感器

力是物质之间的一种相互作用。力可以使物体产生形变,在物体内产生应力,也可以改变物体的机械运动状态或改变物体所具有的动能和势能。由于对力本身是无法进行测量的,因而对力的测量总是通过观测物体受力作用后,形状、运动状态或所具有的能量的变化来实现的。在国际单位制中,力是一个导出量,由质量和加速度的乘积来定义。依据这一关系,在法定计量单位中规定:使 1kg 质量的物体产生 $1m/s^2$ 加速度的力称为 1 牛顿,记为 1N,作为力的计量单位。

力值测量所依据的原理是力的静力效应和动力效应。力的静力效应是指弹性物体受力作用后产生相应形变的物理现象。由虎克定律可知:弹性物体在力作用下产生形变时,若在弹性范围内,物体所产生的变形量与所受的力值成正比。因此只需通过一定手段测出物体的弹性变形量,就可间接确定物体所受的力的大小。可见利用静力效应测力的特征是间接测量力传感器中"弹性元件"的变形量。力的动力效应是指具有一定质量的物体受到力的作用时,其动量将发生变化,从而产生相应加速度的物理现象。由牛顿第二定律可知:当物体质量确定后,该物体所受力与由此力所产生的加速度间,具有确定的对应关系。因此只需测出物体的加速度,就可间接测得力值。可见利用动力效应测力是通过测量力传感器中质量块的加速度而间接获得力值。

力传感器可以是位移型、加速度型或物性型。按其工作原理则可以分为:电阻应变式、电感式、电容式、压电式与压磁式等。下面以应变片式力传感器为例,进行简单介绍。

金属丝相应受力时,电阻可以表示为

$$R = \rho L / S$$

若电阻丝受到拉力 F 作用时,电阻丝长度 L 将伸长,横截面积 S 相应减少,电阻率则因晶格发生变形等因素而改变,引起电阻值变化。应用时首先采用黏结剂将应变片贴到被测件上,这样应变片可以将被测件的应变转换成电阻相对变化。然后,再进一步转换成电压或电流值进行测量。在实际应用中,通常采用电桥电路实现这种转换。

应变式电阻传感器是一种利用电阻应变效应,由电阻应变片和弹性敏感元件组合起来的传感器。将应变片粘贴在各种弹性敏感元件上,当感受到外力、位移、加速度等参数的作用时,电阻应变片将这些参数的变化转换为电阻的变化。根据敏感元件材料与结构的不同,应变片可分为金属电阻应变片和半导体式应变片。

1) 金属电阻应变片

电阻丝应变片主要由敏感栅、基底、盖片和引线构成。将金属丝粘贴在基片上,上边覆一层薄膜,使它们成为一个整体,这就是电阻应变片的基本结构。当金属丝在外力作用下发生机械变形时,则引起电阻值变化。

2) 半导体应变片

半导体材料(Si,Ge)在应力作用下,晶格间距发生变化,能带的宽度发生变化,使载流子的浓度发生变化,迁移率也发生变化,从而导致电导率的变化即称为半导体压阻效应。例如,扩散硅型压阻式传感器(又称固态压阻式传感器)是在半导体材料的基片上,采用集成电路工艺制成的。半导体力学量传感器,主要用于测量力、加速度、扭矩、压力、差压等物理量。半导体应变片最突出的优点是体积小,灵敏度高,频率响应范围很宽,输出幅值大,不需要放大器,可直接与微控制器连接使用,使测量系统简单;但它具有温度系数大,应变时非线性比较严重的缺点。

3. 气敏传感器

气敏传感器主要是用于测量气体的类别、浓度及成分。按构成气敏传感器所用材料的特性,其分为半导体和非半导体两大类。其中,半导体气敏传感器目前应用最多。半导体气敏传感器是利用半导体敏感元件与气体接触时,它的特性发生变化,从而检测气体的成分及浓度。半导体式气体传感器分类按原理分为电阻型、非电阻型;按测量气体分为 H_2、O_2、CO 等;按制作方法分为烧结型、薄膜型、厚膜型、半导体型;按结构分为旁热式、直热式。

1) 二极管气敏传感器

金属与半导体接触形成肖特基势垒,这样构成金属-半导体二极管。它同样具有二极管正向导通、反向截止特性。当金属和半导体界面处吸附某种气体时,这种气体将使整流特性发生变化。随着被测气体浓度增加,电流也会增大。

2) Pd-MOSFET 氢敏传感器

此种传感器利用平面工艺制成。随着被测气体浓度增加,阈值电压 V_T 减小。测量 V_T 值,则可确定被测气体的变化量。

4. 湿度传感器

湿度传感器的分类有陶瓷湿度传感器(如 $MgCr_2O_4$ 系列)、膜状湿度传感器(如 Fe_3O_4 覆膜系列)、氧化铝湿度传感器(如 Al_2O_3 膜式、多孔 Al_2O_3 系列)、元素半导体湿度传感器(如 Si、Ge 等半导体材料)、化学感湿膜传感器(如电解质系列、高分子电解质)等类型。

1) 陶瓷湿度传感器

陶瓷湿度传感器通常采用的材料大多为多孔状的多晶体、金属氧化物半导体,如 $MgCr_2O_4$ 就是一种较好的感湿材料。

2) 半导体陶瓷湿度传感器

半导体陶瓷湿度传感器是表面电阻控制型器件,当没有吸湿前电阻值较大,可达 $10^8 \sim 10^6 \Omega \cdot cm$。随着湿度的增加,电阻值将下降几个数量级,从而实现湿电转换。

3) 碳膜湿度传感器

上面讲的湿度传感器都是负的感湿特性,而碳膜湿度传感器则是正的感湿特性。碳膜湿度传感器是在陶瓷基片上制成梳状电极,在其上面涂一层电树脂和导电粒子(碳粒子)构成电阻膜而制成的。电阻膜吸附水分子后产生膨胀、导电粒子间距变大,因而电阻膜的电阻值升高。在低湿时,电阻因电阻膜的收缩而变小。

5. 用于位移测量的传感器

位移测量在工程中应用很广。其中一类是直接检测物体的移动量或转动量,如检测机床工作台的位移和位置、振动的振幅、物体的变形量等。另一类是通过位移测量,特别是微位移的测量来反映其他物理量的大小,如力、压力、扭矩、应变、速度、加速度、温度等。此外,物位、厚度、距离等长度参数也可以通过位移测量的方法来获取,所以位移测量也是非电量电测技术的基础。

在工程应用中,一般将位移测量分为模拟式测量和数字式测量两大类。在模拟式测量中,需要采用能将位移量转换为电量的传感器。这类传感器发展非常迅速,随着传感器技术及检测方法的进步,几乎包含从传统到新型传感器的各种类型。常见的有电阻式传感器、电感式传感器、电容式传感器、电涡流式传感器、光电式传感器及光导纤维传感器、超声波传感器、激光及辐射式传感器、薄膜传感器等。数字式测量方法是将线位移或角位移转换为脉冲信号输出的测量方法,常用的转换装置有感应同步器、旋转变压器、磁尺、光栅和各种脉冲编码器等。

此外,根据传感器原理和使用方法的不同,位移测量可分为接触式测量和非接触式测量两种方式。根据作用机理的不同还可分为主动式测量和被动式测量等方式。

用于位移测量的传感器很多,因测量范围的不同,所用传感器也不同。小位移量的测量通常采用应变式、电感式、差动变压器式、电容式、霍尔式等传感器,测量精度可以达到$0.5\% \sim 1.0\%$,其中电感式传感器的测量范围要大一些,有些可达100mm。小位移量传感器主要用于测量微小位移,从微米级到毫米级,如进行蠕变测量、振幅测量等。大位移量的测量则常采用感应同步器、计量光栅、磁栅、编码器等传感器。这些传感器具有较易实现数字化,测量精度高、抗干扰性能强、避免了人为的读数误差、方便可靠等特点。

6. 加速度传感器

速度、加速度是物体机械运动的重要参数。物体运动时单位时间内的位移增量就是速度,单位是m/s。当物体运动的速度不变时称为等速运动。如果物体运动的速度是变化的,则单位时间内速度的增量就是加速度。加速度不变的运动称为等加速度运动。实际上,大多数物体的运动都不是完全等速的或完全等加速的,如摆的运动,其加速度、速度均是变化的。

常用的加速度传感器有压电式加速度传感器、电容式加速度传感器、光纤式加速度传感器、霍尔式加速度传感器、差动式变压器加速度传感器、压阻式加速度传感器等。速度、加速度的测量在工业、农业、国防中应用较多。例如,对汽车、火车、轮船及飞机等行驶速度和加速度的测量,工程中对大型设备、堤坝、桥梁等振动情况的测量等。

压电式加速度传感器是利用压电晶体的正压电效应来测量加速度的。压电加速度传感器中的压电元件由两片压电片组成,采用并行连接。一根引线接至两片压电片中间的金片上,另一端直接与基座相连,压电片通常采用压电陶瓷制成。压电片上放一块重金属制成的质量块,用弹簧压紧,对压电元件施加预负载。整个组件装在一个有厚基座的金属壳体中,壳体和基座约占整个传感器重量的一半。测量时,通过基座底部螺孔将传感器与试件刚性地固定在一起,传感器感受与试件相同频率的振动。由于弹簧的刚度很大,因此,质量块也感受与试件相同的振动。质量块就有一正比于加速度的交变力作用在压电片上,由于压电效应,在压电片两个表面上就有电荷产生。传感器的输出电荷(或电压)与作用力成正比,亦即与试件的加速度成正比。这种结构谐振频率高,频响范围宽,灵敏度高,而且结构中的敏感元件(弹簧、质量块和压电元件)不与外壳直接接触,受环境影响小。

另外,电容式加速度传感器的精度较高、频率响应范围宽、量程大,可用于较高加速度值的测量。光纤式加速度传感器最大的优点是不受电磁感应的影响,具有优越的安全防爆性能。霍尔式加速度传感器的输出电动势与加速度之间有较好的线性关系。

7. 光电式传感器

如果在光电晶体上的两极间加上电压,则会有电流流动。当光照在晶体上时,电流就会增加,即材料的电阻下降,电导率增加,该现象称为光电导效应。

光电传感器按工作原理大致可分为4大类:利用光电导效应工作的光传感器(如光敏电阻);利用光电效应工作的光传感器,如光敏二极管、光敏三极管、光电池、光电耦合器、CCD器件等;利用热释放效应工作的光传感器和利用光电发射效应工作的光传感器。下面介绍一下常用的几种光电式传感器。

1) 光敏电阻

光敏电阻根据光电导效应实现光电转换。光敏元件对于各种光的响应灵敏度是随入射光的波长变化而变化的。对应于一定敏感程度的波长区间,称为光谱响应范围。对光谱响应最敏感的波长数值,称为光谱响应峰值波长,峰值波长取决于制造光敏元件所用半导体材料的禁带宽度。

2) 光电二极管

在光电二极管上加有反向电压,则管中那些多余的载流子所建立的电场的方向,将与外加电压所建立的电场相同。在内外两个电场的共同作用下,光生载流子参与导电,从而形成电流。此电流也是反向电流,但比无光照射时PN结的反向电流大得多。通常,把光照下流过光电二极管的反向电流称为管子的光电流,流过不受光照的PN结反向漏电流称为暗电流。既然光电二极管的光电流是光生载流子参与导电而形成的,而光生载流子的数目又直接取决于光照强度,因此,光电流必定随入射光的强度变化而改变。这就表明,加有反向电压的光电二极管能够把光信号变成光电流信号。

3) 硅光电晶体三极管

硅光电晶体三极管与光电二极管不同,它具备三极管的放大功能。通常,基极和集电极的PN结完成了光电三极管承担的任务。也就是说,入射光在PN结附近被吸收,形成电子和空穴,电子向集电极方向移动。空穴向基极方向移动,形成了基极电流 I_{BO}。通过三极管的放大原理,这时 I_{co} 变成放大了 β 倍的集电极电流。

4) 光电池

当入射光照在两种结合的半导体时,若光子能量大于半导体材料的基带宽度时,则每吸收一个光子能量,将产生一个电子-空穴对。光照越强,产生的电子-空穴对越多。这些电子在 N 区集结,使 N 区带负电,光生空穴在 P 区集结,使 P 区带正电,这样 P 区和 N 区之间就形成光生电动势。把 PN 结两端用导线连接起来,电路中便产生了电流,这就是光电效应,也是光电池的工作原理。

光电池主要是把光能转换成电能的器件,也可以作为光电信号的探测。制造光电池的材料有硅、硒、锗、多晶硅等。目前,以硅光电池应用最为广泛。

光电式传感器是将光信号转换成电信号的光敏器件,可用于检测直接引起光强变化的非电量,如光强、辐射测温、气体成分分析等。也可用来检测能转换成光量变化的其他非电量,如零件线度、表面粗糙度、位移、速度、加速度等。

光传感器也可用在数字控制系统中组成光编码器;在自动售货机中检测硬币数目;在各种程序控制电路中作为定时信号发生器;在高速印刷机中作定时控制或印字头的位置控制。反射型光传感器正日益广泛地应用于传真、复印机等设备的纸检测或图像色彩浓度调整。光电式传感器具有响应快、性能可靠、能实现非接触测量等优点。

8. 磁电式传感器

磁电式传感器是利用电磁感应原理将被测量(如位移、速度、加速度等)转换成电信号的一种传感器,也称为电磁感应传感器。根据电磁感应定律,当 N 匝线圈在恒定磁场内运动时,穿过线圈的磁通在线圈内会产生感应电动势。线圈中感应电动势的大小和线圈的匝数与穿过线圈的磁通变化率有关。一般情况下,匝数是确定的而磁通变化率与磁场强度、磁路磁阻、线圈的运动速度有关,故只要改变其中一个参数都会改变线圈中的感应电动势。

目前,磁传感器的种类繁多。其中应用最多的是半导体磁敏传感器,如霍尔元件、磁敏二极管、磁敏三极管和磁敏集成电路等,这种传感器可广泛使用于自动控制、信息传递、电磁测量等各个领域。

磁敏二极管是电特性随外部磁场改变而变化的一种二极管。当输出电压一定,磁场为正时,随着磁场增加,电流减小,表示磁阻增加;磁场为负时,随着磁场向负反向增加,电流增加,表示磁阻减小。

霍尔效应是导体材料中的电流与磁场相互作用而产生电动势的物理效应。集成霍尔传感器的霍尔测量仍以半导体硅作为主要材料,按其输出信号的形式可分为线性型和开关型两种。开关集成霍尔传感器是把霍尔器件的电压经过一定的处理和放大,输出一个高电平或低电平的数字信号。它能与数字电路直接配合使用,因此可直接满足控制系统的需要。

9. 转速传感器

旋转轴的转速测量在工程上经常遇到,以每分钟的转数来表达,即 r/min。测量转速的传感器种类繁多,按测量原理可分为模拟法、计数法和同步法;按变换方式又可分为机械式、电气式、光电式和频闪式等。

10. 智能传感器

智能传感器是一种带有微处理器的传感器,兼有信息检测、信号处理、信息记忆、逻辑思维与判断等智能化功能,是传感器、计算机和通信技术结合的产物。

智能传感器系统主要由传感器、微处理器(或计算机)及相关电路组成,如图 2.2 所示。

传感器将被测的物理、化学量转换成相应的电信号,送到信号调理电路中,经过滤波、放大、A/D 转换后送到微处理器。微处理器对接收的信号进行计算、存储、数据分析处理后,一方面通过反馈回路对传感器与信号调理电路进行调节,以实现对测量过程的调节和控制;另一方面将处理的结果传送到输出接口,经接口电路处理后按输出格式、界面定制输出数字化的测量结果。微处理器是智能传感器的核心,由于微处理器充分发挥各种软件的功能,使传感器智能化,大大提高了传感器的性能。

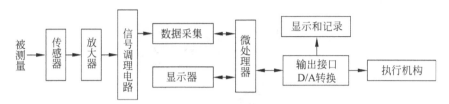

图 2.2　智能传感器原理框图

智能传感器比传统传感器在功能上有极大提高,几乎包括仪器、仪表的全部功能,主要表现在以下方面。

(1) 逻辑判断、统计处理功能。智能传感器能分析、统计和修正检测数据,能进行非线性、温度、噪声、响应时间、交叉感应以及缓慢漂移等误差补偿。还能根据系统工作情况决策各部分的供电和向上位计算机传送数据的速率,使系统工作在最低功耗状态和传送效率优化状态。由于有很强的计算功能,智能传感器能方便地处理大规模数据,提高了测量准确度。

(2) 自检、自诊断和自校准功能。智能传感器可通过对环境的判断、自诊断进行零位和增益等参数的调整。当智能传感器由于某些内部故障而不能正常工作时,通过故障诊断软件和自检软件,并借助内部检测线路可找出异常现象或出现故障的部件。操作者输入零值或某一标准值后,自校准程序可自动进行在线校准。

(3) 软件组态功能。智能传感器设置有多种模块化的硬件和软件,用户可通过操作指令,改变智能传感器的硬件模块和软件模块的组合状态以达到不同应用目的、完成不同功能,能够实现多传感、多参数的复合测量,增加传感器的灵活性和可靠性。

(4) 双向通信和标准化数字输出功能。智能传感器具有数字标准化数据通信接口,能与微处理器直接相连或与接口总线相连,相互交换信息,这是智能传感器的关键标志之一。

(5) 人机对话功能。智能传感器与仪表等组合在一起,配备各种显示装置和输入键盘,使系统具有灵活的人机对话功能。

(6) 信息存储与记忆功能。可存储各种信息,如装置历史信息、校正数据、测量参数、状态参数等。对检测数据的随时存取,可大大加快信息的处理速度。

根据应用场合的不同,目前推出的智能传感器可选择具有上述全部功能或部分功能。与传统传感器相比,智能传感器具有量程宽、准确性与灵活性高、可靠性与稳定性高、自适应能力强和性价比高的特点。智能传感器外形结构如图 2.3 所示。

目前,在物联网应用中的某些综合智能无线传感节点(Mote)上就载有光照传感器、温湿度传感器以及大气压传感器等多种传感器。在进行系统设计时,选择可替换、精度高的传感器对于环境监测至关重要,另一个选择传感器的重要因素是传感器的启动时间。在启动

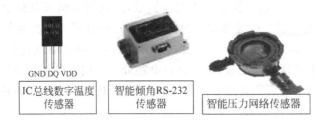

图 2.3　传感器＋嵌入式处理器→智能传感器

时间内传感器需要一个持续的电流作用,因此需要采用启动时间较短的传感器以节省能量。无线传感节点传感器的参数如表 2.1 所示。

表 2.1　智能无线传感节点的参数

传感器	精确度	替换精度	采样频率/Hz	启动时间/ms	工作电流/mA
光学传感器	N/A	10%	2000	10	1.235
I²C 温度传感器	1K	0.20K	2	500	0.150
大气压传感器	1.5mPa	0.5%	10	500	0.010
大气压温度传感器	0.8K	0.24K	10	500	0.010
湿度传感器	2%	3%	500	500～3000	0.775
温度电堆传感器	3K	5%	2000	200	0.170
热敏电阻传感器	5K	10%	2000	10	0.126

多种传感器联合使用可以完成一些比较复杂的监测操作。例如,联合使用温差传感器、热敏电阻和光敏电阻可以测量云层的覆盖度。同一种传感器也可以有不同的用途。例如,大气压传感器既可以在初始高度已知的情况下作为高度仪,也可以作为风速和风向测量仪。

2.2　自动识别技术

在现实生活中,各种各样的活动或者事件都会产生数据,这些数据的采集与分析对于生产或者生活决策来说十分重要。如果没有这些实际的数据支持,生产和决策就成为一句空话,缺乏现实基础。数据的采集是信息系统的基础,这些数据通过数据系统的分析和过滤,最终成为影响我们决策的信息。

在信息系统早期,相当一部分数据的处理都是通过手工录入的。这样,不仅数据量十分庞大,劳动强度大,而且数据误码率较高,也失去了实时的意义。为了解决这些问题,人们研究和发展了各种各样的自动识别技术,将人们从繁重且不精确的手工劳动中解放出来,提高了系统信息的实时性和准确性,从而为生产的实时调整、财务的及时总结以及决策的正确制定提供了正确的参考依据。

自动识别技术是信息数据自动识读、自动输入计算机的重要方法和手段,即是一种高度自动化的信息和数据采集技术。自动识别技术近几十年来在全球范围内得到了迅猛发展,初步形成了一个包括条形码技术、IC 卡技术、光学字符识别技术、无线射频识别技术(RFID)、生物计量识别及视觉识别技术等集计算机、光、磁、物理、机电、通信技术为一体的高新技术学科。

2.2.1　概述

在 20 世纪 20 年代,人们发明了由基本元件组成的条形码识别设备。时至今日,条形码技术已经无处不在,几乎找不到没有条形码烙印的商品。商场的条形码扫描系统就是一种典型的自动识别技术。售货员通过扫描仪扫描商品的条形码,获取商品的名称、价格,输入数量,后台 POS 系统即可计算出该批商品的价格,从而完成账单的结算。当然,顾客也可以采用银行卡支付的形式进行支付,银行卡支付过程本身也是自动识别技术的一种应用形式。

进入 21 世纪,条形码在越来越多的情况下已经不能满足人们的需求。虽然价格低廉,但它有过多的缺点,如读取速度慢、存储能力小、工作距离近、穿透能力弱、适应性不强以及不能进行写操作等。与此同时,非接触射频识别(RFID)技术以飞快的发展速度席卷全球,改变了条形码一统天下的现状。RFID 技术具有防水、防磁、穿透性强、读取速度快、识别距离远、存储数据能力大、数据可进行加密、可进行读写等特点。

自动识别技术就是应用一定的识别装置,通过被识别物品和识别装置之间的接近活动,自动地获取被识别物品的相关信息,并提供给后台的计算机处理系统来完成相关后续处理的一种技术。本节首先对各种自动识别技术进行介绍,然后再深入讨论非接触射频识别技术。常用的自动识别方法如图 2.4 所示。

在一个现代化的信息处理系统中,自动数据识别单元完成了系统原始数据的收集工作,解决了人工数据输入的速度慢、误码率高、劳动强度大、工作简单重复性高等问题,为计算机信息处理提供了快速、准确的数据输入的有效手段。

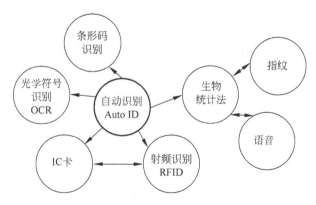

图 2.4　自动识别方法综合示意图

2.2.2 自动识别技术的分类与特征

自动识别技术根据识别对象的特征可以分为数据采集技术和特征提取技术两大类别。其中,数据采集技术的基本特征要求是被识别物体具有特定的识别特征载体(如标签等)。然而,对应特征提取技术则是根据被识别物体本身的行为特征(包括静态、动态和属性的特征)来完成数据的自动采集。

本节将介绍自动识别技术中经常用的几种具体识别技术,如条形码技术、光学字符识别(OCR)技术、IC卡识别技术和生物计量识别技术等,并给出基本特性的简单比较。

1. 条形码技术

条形码技术是伴随计算机应用产生并发展起来的一种识别技术。计算机及网络出现后,手工输入的方式在生产制造、运输、控制等领域成为系统的瓶颈。人们需要一种可以快速准确地对物体进行识别以配合计算机系统处理的技术,条形码技术应运而生。经过几十年的发展,条形码技术已被广泛应用于各行各业。相比较手工输入方式而言,它具有速度快、精度高、成本低、可靠性强等优点,在自动识别技术中占有重要的地位。

目前市场上流行的有一维条形码和二维条形码。其中,一维条形码所包含的全部信息是一串几十位的数字和字符,而二维条形码相对复杂,但包含的信息量极大增加,可以达到几千个字符。当然,计算机系统还要有专门的数据库保存条形码与物品信息的对应关系。当读入条形码的数据后,计算机上的应用程序就可以对数据进行操作和处理了。

条形码技术有很多优点。首先,作为一种经济实用的快速识别输入技术,条形码极大地提高了输入速度。其次,条形码的可靠性高。键盘输入的数据出错率一般为1/300,而采用条形码技术误码率低于百万分之一,同时条形码也有一定的纠错能力。另外,条形码制作简单,可以方便地打印成各种形式的标签,它对设备和材料没有特殊要求。条形码识别设备的成本相对较低,操作也很容易。

1) 一维条形码技术

一维条形码是将宽度不等的多个反射率相差很大的黑条(条)和白条(空),按照一定的编码规则排列,用以表达一组信息的图形标识符。条形码通过激光扫描读出,即通过照射在黑色线条和白色间隙上的激光的不同反射来读出可以识别的数据。所有一维条形码都有一些相似的组成部分,具有一个空白区,称为静区,位于条形码的起始和终止部分边缘的外侧;可以标出物品的生产国、制造商、产品名称、生产日期、图案分类等信息内容;校验符号在一些码制中也是必需的,它可以用数学的方法对条形码进行校验以保证译码后的信息正确无误。

目前,应用的一维条形码目前大概有二十多种。其中,广泛使用的条形码是 EAN 码(欧洲商品条形码),EAN 码是美国通用产品条形码的进一步发展。目前,美国通用产品条形码只是欧洲商品条形码的一个子集,两种条形码可以兼容。

欧洲商品条形码由 13 个数字组成:国家标记、联邦统一的企业编号、厂商的商品编号以及一个校验数字(见图 2.5 和图 2.6)。除了欧洲商品条形码外,以下条形码在其他领域也有着广泛的应用。

例如,在医学临床应用的 Cobabat 条形码,可以适用于对安全要求很高的领域;ITF25

条形码(交叉 25 码),多应用于汽车工业、商品仓库、产品品种、船舶集装箱物流和重工业;CODE39 条形码,多应用于加工工业、后勤、大学和图书馆等。

国家标记		联邦统一的企业编号					生产者的个人商品编号					校验码
4	0	1	2	3	4	5	0	8	1	5	0	9
BRD 联邦德国		厂址:依登特大街 1 号 80001号,慕尼黑					巧克力100g					

图 2.5 欧洲商品条形码的编码结构举例

将条形码转化为有意义的信息,需要经历扫描和译码两个过程。物体的颜色是由其反射光的类型决定的,白色物体能反射各种波长的可见光,黑色物体则吸收各种波长的可见光。当条形码扫描器光源发出的光经条形码反射后,反射光射入扫描器内部的光电转换器上,光电转换器将强弱不同的反射光信号转化为相应的电信号。电信号经条形码扫描器的放大电路增强之后,再送到整形电路将模拟信号转换为数字信号。白条、黑条的宽度不同,相应的电信号持续时间长短也不相同。然后译码器通过测量脉冲数字电信号"0""1"的数目来判别条和空的数目,通过测量脉冲数字电信号持续的时间长度来判别条和空的宽度。最后根据对应的编码规则将条形符号转化为相应的数字、字符等信息。图 2.7 为一个手持式条形码扫描仪。规格参数:扫描距离 0~50mm;扫描宽度 80mm;扫描速度 50scans/s。

图 2.6 含有 ISBN 号的条形码

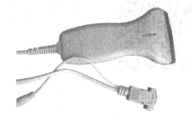

图 2.7 条形码扫描仪

上述这些条形码都是一维条形码。为了提高一定面积上的条形码信息密度和信息量,又发展出了一种新的条形码编码形式,即二维条形码。

2) 二维条形码技术

条形码给人们的工作和生活带来了巨大的改变。然而,一维条形码仅仅是一种商品的标识,它不含有对商品的任何描述,人们只有通过后台的数据库,提取相应的信息才能明白商品标识的具体含义。在没有数据库或物联网不便的地方,这一商品标识变得意义不大。此外,一维条形码无法表示汉字的图像信息,在有些应用汉字和图像的场合,显得十分不便。同时,即使建立了数据库存储产品信息,而这些大量的信息需要一个很长的条形码标识。如应用储运单元条形码、应用 EAN/UPC128 条形码,都需要占有很大的印刷面积,给印刷和包装工作带来的不便就可想而知了。

于是人们迫切希望不从数据库中查出信息,便能直接从条形码中获得大量产品信息。

现代高新技术的发展，迫切要求条形码在有限的几何空间内表示更多的信息，从而满足千变万化的信息需求。二维条形码正是为了解决一维条形码无法解决的问题而诞生的，在有限的几何空间内印刷大量的信息。

20世纪70年代，在计算机自动识别领域出现了二维条形码技术，这是在传统条形码基础上发展起来的一种编码技术。自1990年起，二维条形码技术在世界上开始得到广泛的应用，现已应用于国防、公共安全、交通运输、医疗保健、工业、商业、金融、海关及政府管理等领域。

一维条形码只能从一个方向读取数据，而二维条形码是用某种特定的几何图形按一定规律在平面（二维方向）上分布的黑白相间的图形上记录数据符号信息的。二维条形码在代码编制上巧妙地利用构成计算机内部逻辑基础的"0""1"比特流的概念，使用若干个与二进制相对应的几何形体来表示文字数值信息，通过图像输入设备或光电扫描设备自动识读以实现信息自动处理。二维条形码具有条形码技术的一些共性：每种码制有其特定的字符集；每个字符占有一定的宽度；具有一定的校验功能等。同时还具有对不同行的信息的自动识别功能和处理图形旋转变化等功能。

二维条形码可以从水平、垂直两个方向来获取信息。因此其包含的信息量远远大于一维条形码，并且具备自纠错功能。但是二维条形码的工作原理与一维条形码却是类似的，在进行识别的时候，将二维条形码打印在纸带上。阅读条形码符号所包含的信息，需要一个扫描装置和译码装置，统称为阅读器。阅读器的功能是把条形码条符宽度、间隔等空间信号转换成不同的输出信号，并将该信号转化为计算机可识别的二进制编码输入计算机。扫描器又称光电读入器，它装有照亮被读条形码的光源和光电检测器件，并且能够接收条形码的反射光。当扫描器所发出的光照在纸带上时，每个光电池根据纸带上条形码的有无来输出不同的图案。将来自各个光电池的图案组合起来，从而产生一个高密度信息图案，经放大、量化后送译码器处理。译码器存储有需要译读的条形码编码方案数据库和译码算法。在早期的识别设备中，扫描器和译码器是分开的，目前的设备大多已合成一体。二维条形码QR码图案如图2.8所示。

图2.8 采用QR码形式的
二维条形码图案

与一维条形码一样，二维条形码也有许多不同的编码方法。根据这些编码原理，可以将二维条形码分为以下三种类型。

（1）线性堆叠式二维条形码是在一维条形码的基础上，降低条形码行的高度，安排一个纵横比大的窄长条形码行，并将各行在顶上互相堆积，每行间都用一模块宽的厚黑条相分隔。典型的线性堆叠式二维条形码有Code 16K、Code 49、PDF417等形式。

（2）矩阵式二维条形码是采用统一的黑白方块的组合，而不是不同宽度的条与空的组合。它能够提供更高的信息密度，存储更多的信息。与此同时，矩阵式的条形码比堆叠式的具有更高的自动纠错能力，更适用于在条形码容易受到损坏的场合。矩阵式符号没有标识起始和终止的模块，但它们有一些特殊的"定位符"，定位符中包含符号的大小和方位等信息。矩阵式二维条形码和新的堆叠式二维条形码能够用先进的数学算法将数据从损坏的条形码符号中恢复。典型的矩阵二维条形码有Aztec、Maxi、QR Code等。

（3）邮政条形码是通过不同长度的条进行编码，主要用于邮件编码，如 Postnet、BPO4-State 等。

二维条形码具有以下特点。

① 存储量大。二维条形码可以存储 1100 个字，比起一维条形码的 15 个字，存储量大为增加。而且，还能够存储中文和处理英文、数字、汉字、记号等。

② 抗损性强。二维条形码采用了世界上先进的数学纠错理论，如果破损面积不超过 50%，可以照常破译出由于玷污、破损等原因丢失的信息，误读率为 6100 万分之一。

③ 安全性高。二维条形码具有多重防伪特性，它可以采用密码防伪、软件加密及利用所包含的信息如指纹、照片等进行防伪。因此，具有极强的保密、防伪性能，使其安全性大幅度提高。另外，抗干扰能力强，与磁卡、IC 卡相比，二维条形码由于其自身的特性，具有强抗磁力、抗静电能力。

④ 印刷多样性、可传真和影印。对于二维条形码来讲，它不仅可以在白纸上印刷黑字，还可以进行彩色印刷，而且印刷机器和印刷对象都不受限制，印刷起来非常方便。另外，二维条形码经传真和影印后仍然可以使用，而一维条形码在经过传真和影印后机器就无法进行识读。

⑤ 编码范围广。二维条形码可以对照片、指纹、掌纹、签字、声音、文字等所有可数字化的信息进行编码。

⑥ 容易制作且成本很低。利用现有的点阵、激光、喷墨、热敏，热转印、制卡机等打印技术，即可在纸张、卡片、PVC，甚至金属表面上印出二维条形码。因此所增加的费用仅是油墨的成本。另外，可变二维条形码的形状可以根据载体面积及美工设计等进行改变和调整。

2. 光学字符识别

早在 20 世纪 60 年代，人类就已经开始研究光学符号识别器（Optical Character Recognition，OCR），这种让机器按照人类方式来阅读和识别的方法可以算是自动识别技术的初始阶段。光学符号识别系统最主要的优点是信息密度高，在机器无法识别的情况下人类也可以用眼睛阅读数据。然而，光学符号识别系统因其价格昂贵、系统复杂而受到很大的限制。近年来，光符号识别虽然没有在自动识别领域获得成功，却在人工智能和图像处理等其他领域得到了长足的发展和进步。近几年又出现了图像字符识别技术和智能字符识别技术。

目前广泛应用 OCR 的领域有办公室自动化中的文本输入、邮件自动处理、与自动获取文本过程相关的其他领域。具体包括在零售价格识读、订单数据输入、单证、支票和文件识读、微电路，以及小件产品上状态特征识读等方面。OCR 的优点是人眼可识读、可扫描；但输入速度和可靠性不及条形码，其数据格式有限，通常要用接触式扫描器。

用扫描仪或数字化设备可以把平面图像转化为位图图像。扫描是从平面图中获取全彩色图像的最简单方法，不足之处是费时较多。静止的图像是一个矩阵，是由一些排成行和列的点组成的。阵列中的各项数字用来描述构成图像的各个点（称为像素点 Pixel）的强度与颜色等信息，图像文件在计算机中的存储格式有 BMP、GIF、JPG 等。

另外，还有从视频设备（摄像机）上捕捉动态视频图像信息，首先通过接口将其传入计算机,再经过转换后才能存入存储设备上。视频编码的国际标准有静止图像压缩标准、运动图像压缩标准、视频通信编码标准。

3. IC卡识别技术

IC卡(Integrated Circuit Card)是集成电路卡的英文简称,在有些国家也被称为智能卡(Smart Card)、智慧卡(Intelligent Card)、微电路卡(Microcircuit Card)等。IC卡实际上是一种数据存储系统,如必要还可以附加计算能力。为了方便携带,IC卡通常被封装入塑料外壳内做成卡片的形式。

IC卡是1970年由法国人Roland Moreno发明的,他第一次将可编程设置的IC芯片放于卡片中,使卡片具有更多的功能。IC卡在外形上和磁卡极为相似,但它们的存储方式和介质完全不同。磁卡是通过改变磁条上的磁场变化来存储信息,而IC卡是通过嵌入卡中的电擦除式可编程只读存储器(EEPROM)集成电路芯片来存储数据信息。

IC卡根据是否带有微处理器可以分为存储卡和CPU卡两种。存储卡仅包含存储芯片而无微处理器,一般的电话IC卡属于此类。而带有存储芯片和微处理器芯片的大规模集成电路的IC卡被称为CPU卡,它具备数据读写和处理功能,因而具有安全性高、可离线操作等突出优点。根据IC卡与读卡器的通信方式,可以分为接触式IC卡和非接触式IC卡(无线射频识别技术RFID)两种。接触式IC卡通过卡片表面多个金属接触点与读卡器进行物理连接来完成通信和数据交换;非接触式IC卡通过无线通信方式与读卡器进行通信,不需要与读卡器进行物理连接。IC卡与磁卡相比较,具有以下优点。

(1) IC卡的存储容量大,具有数据处理能力,同时可对数据进行加密和解密,便于应用,方便保管;

(2) IC卡安全保密性高,防磁,防一定强度的静电,抗干扰能力强,可靠性比磁卡高,使用寿命长,一般可重复读写10万次以上。

4. 生物计量识别技术

通过生物特征的比较来识别不同生物个体的方法,从某种意义上说,也是一种自动识别技术,如近年来发展迅猛的语音识别和指纹识别。这种识别技术通常被称为生物计量学(Biometrics),所研究的生物特征包括脸、指纹、手掌纹、虹膜、视网膜、语音、体形、个人习惯等,相应的识别技术有人脸识别、指纹识别、虹膜识别、视网膜识别、语音识别、体形识别、键盘敲击识别、签字识别等。

5. 无线射频识别技术

进入21世纪,条形码在越来越多的情况下已经不能满足人们的需求。虽然价格低廉,但它有过多的缺点,如读取速度慢、存储能力小、工作距离近、穿透能力弱、适应性不强以及不能进行写操作等。与此同时,另外一项逐步成熟的识别技术彻底改变了条形码一统天下的现状,这就是非接触式的无线射频识别技术。作为条形码的完美替代品,RFID技术有许多独特优势:防水、防磁、穿透性强、读取速度快、识别距离远、存储数据能力大、数据可进行加密、可进行读写等。RFID技术最大的特性是能够提供更细致、精确的产品供货信息,并能实现货物供给过程的自动化。

射频技术的基本原理是电磁理论。射频系统的优点是不局限于视线,识别距离比光学系统远。另外,射频识别卡具有读写能力,可携带大量数据,同时具有难以伪造和智能性较高等特点。射频识别和条形码一样,是非接触式识别技术。由于无线电波能"扫描"数据,所以 RFID 挂牌可做成隐形的,有些 RFID 识别产品的识别距离可以达到几百米,RFID 标签可做成可读写的。

RFID 产业潜力无穷,应用的领域范围遍及制造、物流、医疗、运输、商业、国防等领域。

2.3　无线射频识别技术

无线射频识别技术是一种非接触的自动识别技术,其基本原理是利用射频信号和空间耦合(电感或电磁耦合)传输特性,实现对被识别物体的自动识别。

RFID 最早出现在 20 世纪 80 年代,较其他技术明显的优点是电子标签和阅读器无须接触便可完成识别。它的出现改变了条形码依靠"有形"的一维或二维几何图案提供信息的方式,通过芯片来提供存储在其中的数量巨大的"无形"信息。RFID 首先在欧洲市场上得以使用,最初被应用在一些无法使用条形码跟踪技术的特殊工业场合(如被用于目标定位、身份确认及跟踪库存产品等),随后在世界范围内普及。由于射频识别技术起步较晚,至今没有制定出统一的国际标准。

射频标签最大的优点就在于非接触性,因此完成识别工作时无须人工干预,能够实现自动化且不易损坏,可识别高速运动物体并可同时识别多个射频标签,操作快捷方便。另外,射频标签不怕油渍、灰尘污染等恶劣的环境。注意,RFID 识别的缺点是标签成本相对较高。

2.3.1　RFID 系统的组成

完整的自动识别计算机管理系统包括自动识别硬件系统和软件系统,其中软件系统包括应用程序接口或中间件和应用软件。也就是说,自动识别系统完成系统的采集和存储工作。应用系统软件对自动识别系统所采集的数据进行应用处理,而应用程序接口软件则提供自动识别系统和应用系统软件之间的通信接口。最后将自动识别系统采集的数据信息转换成应用软件系统可以识别和利用的信息,并进行数据传递。

1. RFID 硬件组成

目前应用的 RFID 系统硬件通常由传送器、接收器、微处理器、天线和标签 5 部分构成。其中,传送器、接收器和微处理器通常都被封装在一起,又统称为读写器(或称阅读器、读头)。这样,人们经常将 RFID 系统分为读写器、天线和标签三大部分。

读写器是 RFID 系统最重要也最复杂的一个部分。因读写器一般是主动向标签询问标识信息,所以有时又被称为询问器。读写器一方面通过标准网口、RS-232 串口或 USB 接口同主机相连,另一方面通过天线同 RFID 标签通信。

天线同读写器相连,用于在标签和读写器之间传递射频信号。读写器可以连接一个或多个天线,但每次使用时只能激活一个天线。天线的形状和大小会随着工作频率和功能的不同而不同。RFID 系统的工作频率从低频到微波,范围很广,这使得天线与标签芯片之间的匹配问题变得很复杂。某些设备中,常将天线与阅读器、天线与标签模块集成在一个设备单元中。

标签(tag)是由耦合元件、芯片及微型天线组成的,每个标签内部存有唯一的电子编码,通常为 64 位、96 位甚至更高,其地址空间大大高于条码所能提供的空间,因此可以实现单品级的物品编码。标签进入 RFID 读写器扫描场以后,接收到读写器发出的射频信号,依据感应电流获得的能量发送出存储在芯片中的电子编码(被动式标签),或者主动发送某一频率的信号(主动式标签)。

RFID 标签的原理和条形码相似,但与其相比还具有以下优点。

(1)体积小且形状多样。RFID 标签在读取上并不受尺寸与形状限制,不需要为了读取精度而配合纸张的固定尺寸和印刷品质。

(2)耐环境性。条形码容易被污染而影响识别,但 RFID 对水、油等物质却有极强的抗污性。另外即使在黑暗的环境中,RFID 标签也能够被读取。

(3)可重复使用。标签具有读写功能,电子数据可被反复覆盖,因此可以被回收而重复使用。

(4)穿透性强。标签在被纸张、木材和塑料等非金属或非透明的材质包裹的情况下也可以进行穿透性通信。

(5)数据安全性。标签内的数据通过循环冗余校验的方法来保证标签发送的数据准确性。

在 RFID 的实际应用中,电子标签附着在被识别的物体上(表面或内部),当带有电子标签的被识别物品通过其可识读范围时,读写器自动以无接触的方式将电子标签中的约定识别信息取出来,从而实现自动识别物品或自动收集物品标志信息的功能。RFID 的工作过程如图 2.9 所示。

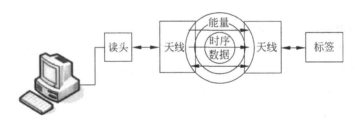

图 2.9　RFID 工作过程示意图

RFID 作为物联网感知和识别层次中的一种核心技术,对物联网的发展起着重要的作用。RFID 系统主要由数据采集和后台数据库网络应用系统两大部分组成。目前已经发布或者正在制定中的标准主要与数据采集相关,其中包括电子标签与读写器之间的接口、读写器与计算机之间的数据交换协议、RFID 标签与读写器的性能和一致性测试规范以及 RFID 标签的数据内容编码标准等。此外,为了更好地完成无线射频识别技术的识读功能,在较大型的 RFID 系统中,还需要用到中间件等附属设备来完成对多读头识别系统的管理。RFID 芯片、电子标签如图 2.10 所示,各种读写器如图 2.11 所示。

图 2.10 RFID 芯片与各种电子标签

图 2.11 各种固定式和便携式读写器

2. RFID 软件系统

随着 RFID 技术的逐渐普及,大量信息的传输将在其应用过程中产生数据爆炸效应。如何管理这些数据并对其合理使用,完全取决于应用软件的设计和性能。RFID 应用软件的开发贯穿了从底层数据采集到高层资源管理规划和智能企业经营决策等全部企业运转过程。为了使 RFID 应用软件和服务的质量更为高效和可靠,并使开发的应用软件能够及时响应快速变化的各种业务需求,就需要引入 RFID 中间件技术。

RFID 中间件是一种面向消息的、可以接收应用软件端发出的请求、对指定的一个或多个读写器发起操作并接收、处理后向应用软件返回结果数据的特殊化软件。中间件在 RFID 应用中除了可以屏蔽底层硬件带来的多种业务场景、硬件接口、适用标准造成的可靠性和稳定性问题,还可以为上层应用软件提供多层、分布式、异构的信息环境下业务信息和管理信息的协同。中间件的内存数据库还可以根据一个或多个读写器的读写器事件进行过滤、聚合和计算,抽象出对应用软件有意义的业务逻辑信息并构成业务事件,以满足来自多个客户端的检索、发布/订阅和控制请求。

RFID 软件系统中上层中间件及应用软件与读写器进行交互,实现操作指令的执行和数据汇总上传。在上传数据时,读写器会对 RFID 标签的事件进行去重过滤或简单的条件过滤,将其加工为读写器事件后再上传,以减少与中间件及应用软件之间数据交换的流量。因此读写器中的微处理器实现一部分中间件的功能,如信号状态控制、奇偶位错误校验与修正等。

在 RFID 读写器中的软件部分都是生产厂家在产品出厂时固化在读写器模块中的,主要集中在智能单元中。按功能划分,主要包括以下 3 类软件。

(1) 控制软件负责系统的控制与通信,控制天线发射的开启,控制读写器的工作方式,负责与应用系统之间的数据传输和命令交换等;

(2) 启动程序主要负责系统启动时导入相应的程序到指定的存储器空间,然后执行导入的程序;

(3) 解码组件负责将指令系统翻译成读写器硬件可以识别的命令,进而实现对读写器的控制操作;将回送的电磁波模拟信号解码成数字信号,进行数据解码、防碰撞处理等。

2.3.2　RFID 技术的分类方法

从 2001 年至今,RFID 标准化问题日趋为人们所重视。RFID 产品种类更加丰富,有源电子标签和无源电子标签均得到了发展。电子标签成本不断降低,规模应用行业不断扩大,RFID 技术的理论得到了丰富和完善。单芯片电子标签、多电子标签识读、无线可读可写、无源电子标签的远距离识别、适应高速移动物体的 RFID 正在成为现实。

1. 按照标签的供电形式分类

射频标签按照标签的供电形式可分为有源和无源两种。有源射频标签由于标签内含有电池,所以识别距离较长(可达几十米甚至上百米)。但是由于自带电池,有源标签的体积比较大,无法制作成薄卡(例如信用卡标签)。

无源射频标签内部一般不含有电池,本身是利用与之耦合的读写器发射的电磁场能量作为自己的能量。所以它的重量轻、体积小、价格便宜,可以被制成为各种各样的薄卡或挂扣卡。但是,这种供电形式的发射距离会受到限制,一般是几厘米至几十厘米。如需要较长距离的识别,就需要有较大的读写器发射功率支持。

2. 按照标签的数据调制方式分类

按照标签的数据调制方式分类为被动式、主动式和半主动式。在通常应用中,一般无源系统用作被动式,有源系统为主动式。主动式的射频系统用自身的射频能量主动地发送数据给读写器。

1) 被动式标签

被动式标签要靠外界提供能量才能正常工作,标签产生电能的装置是天线与线圈。当标签进入系统的工作区域时,天线接收到特定的电磁波,线圈就会产生感应电流,在经过整流电路时,激活电路上的微型开关,给标签供电。被动式标签具有永久的使用期,常用在标签信息需要每天读写或频繁读写多次的场合。被动式标签的缺点主要是数据传输的距离要比主动式标签短,需要敏感性比较高的信号接收器(读写器)才能可靠识读。

被动式的射频系统需要使用调制散射方式发射数据,它必须利用读写器的载波来调制自己的信号。在有障碍物的情况下,读写器的能量必须来去穿过障碍物两次。而主动方式的射频标签发射的信号仅穿过障碍物一次。因此,主动方式工作的射频标签适用于有障碍物的应用中,距离更远(达上百米)。

被动式标签的通信频率可以是高频(HF)或超高频(UHF)。第一代被动式标签采用高频通信,其通信频段为 13.56MHz。通信距离较短(1m 左右),主要用于访问控制和非接触式交互。第二代被动式标签采用超高频通信,其通信频段为 860～960MHz。通信距离较长,可达 3～5m,并且支持多标签识别,即读写器可同时准确识别多个标签。

2) 主动式标签

主动式标签因标签内部携带电源又被称为有源标签。主动式的射频系统用自身的射频能量主动地发送数据给读写器(读头),调制方式可以采用调幅、调频或调相形式。电源设备和与其相关的电路决定了主动式标签要比被动式标签体积大、价格昂贵。但主动式标签通信距离更远,可以达到上百米且工作可靠性高。

主动式标签有两种工作模式。其一是主动工作模式,在这种模式下标签主动向四周进行周期性广播,即使没有读写器的存在也会这样做。另一种工作模式为唤醒模式,为了节约电源并减小射频信号噪声,标签一开始处于低耗电量的休眠状态。读写器识别时需先广播一个唤醒命令,只有当标签接收到唤醒命令时标签才会以自供电形式发送内部的编码。这种低能耗的唤醒工作模式通常可以使主动式标签的寿命长达几年。

主动式标签的缺点主要是标签的使用寿命受到限制,而且随着标签内电池电力的消耗,数据传输的距离会越来越短,从而影响系统的正常工作。也就是说,主动式标签的工作性能相对于一个时间段是稳定的。

3) 半主动标签

半主动式标签兼有被动式标签和主动式标签的所有优点,内部携带电池,能够为标签内部计算提供电源。这种标签可以携带传感器,可用于检测环境参数,如温度、湿度、移动性等。

半主动标签系统也称为电池支援式反向散射调制系统。由于标签本身带有电池,但只起到对标签内部数字电路供电的作用,标签并不通过自身能量主动发送数据。与主动式标签不同的是,当被读写器的能量场"激活"时,它们的通信像被动式标签一样通过阅读器发射的电磁波获取通信能量。

3. 按照标签的工作频率分类

工作频率是 RFID 系统的一个很重要的参数指标,它决定了工作原理、通信距离、设备成本、天线形状和应用领域等各种因素。按照工作频率的不同,RFID 系统集中工作在低频、高频和超高频三个区域。

低频(LF)范围一般为 30Hz～300kHz。RFID 典型的低频工作频率有 125kHz 和 133kHz 两个。低频标签一般都为无源标签,其工作能量是通过电感耦合的方式从读写器耦合线圈的辐射场中获得,通信范围一般小于 1m。除金属材料外,低频信号一般能够穿过任意材料的物品而不缩短它的读取距离。虽然该频率的电磁场能量下降很快,却能够产生相对均匀的读写区域,非常适合近距离、低速、数据量要求较少的识别应用。相对其他频段的 RFID 产品而言,该频段数据传输速率比较慢,因标签天线匝数多而成本较高,标签存储数据量也很少。其典型的应用包括畜牧业的管理系统、汽车防盗和无钥匙开门系统、自动停车场收费和车辆管理系统、自动加油系统、门禁和安全管理系统等领域。

高频(HF)范围一般为 3～30MHz。RFID 典型工作频率为 13.563MHz,通信距离一般也小于 1m。该频率的标签不再需要线圈绕制,可以通过腐蚀印刷的方式制作标签内的天线,采用电感耦合的方式从读写器辐射场获取能量。除金属材料外,该频率的波长可以穿过大多数的材料,但是往往会降低读取距离。在高频工作的 RFID 具有一定的防碰撞特性,也可以同时读取多个电子标签,并把数据信息写入标签中。另外,高频标签的数据传输率比低频标签高,价格也相对便宜。其典型的应用包括图书管理系统、服装生产线和物流系统、三表预收费系统、酒店门锁管理、大型会议人员通道系统、固定资产管理系统、智能货架的管理等领域。

超高频(UHF)范围一般为:330MHz～3GHz,3GHz 以上为微波范围。采用超高频和微波的 RFID 系统一般统称为超高频 RFID 系统,典型的工作频率为 433MHz,860～900MHz,2.45GHz,5.8GHz。超高频标签可以是有源的,也可以是无源的,通过电磁耦合方式同阅读器通信。通信距离一般为 4～6m,最大可超过 10m。注意,超高频频段的电波不能通过污水、灰尘、雾等悬浮颗粒物质。超高频读写器有很高的数据传输速率,在很短的时间内可以读取大量的电子标签。读写器一般安装定向天线,只有在读写器天线定向波速范围内的标签才可被读写。标签内的天线一般是长条状或标签状,天线有线性和圆极化两种设计来满足不同应用的需求。从技术及应用角度来说,标签并不适合作为大量数据的载体,其主要功能还是在于标识物品并完成非接触识别过程。典型的数据容量指标有 1024b、128b、64b 等。其经常应用于供应链管理、生产线自动化、航空包裹管理、集装箱管理、铁路包裹管理、后勤管理系统、火车监控、高速公路收费等领域。

4. 按照标签的可读写性分类

按照射频标签内部使用存储器类型的不同可分成可读写卡(RW)、一次写入多次读出卡(WORM)和只读卡(ROM)三种形式。RW 卡一般比 WORM 卡和 ROM 卡贵,如信用卡等。WORM 卡是用户可以一次性写入的卡,写入后数据不能改变。ROM 存有一个唯一的号码 ID,不能修改,这样具有较高的安全性。这种形式的存储器仅用于标识目的的标识标签。

2.3.3　RFID 系统的基本工作原理

RFID 源于雷达技术,其工作原理和雷达极为相似。首先读写器通过天线发出电子信号,标签接收到信号后发射内部存储的标识信息,读写器再通过天线接收并识别标签发回的信息,最后读写器再将识别结果发送给主机。电子标签与读写器(或读头)之间通过耦合元件实现射频信号的空间(无接触)耦合,并根据时序关系实现能量的传递和数据的交换。发生在读写器和电子标签之间的射频信号的耦合类型有如下两种形式。

(1)电感耦合。采用变压器模型,通过空间高频交变磁场实现耦合,如图 2.12 所示。电感耦合方式一般适合于中、低频工作的近距离射频识别系统。典型的工作频率有:125kHz,225kHz 和 13.56MHz。识别作用距离小于 1m,典型作用距离为 10～20cm。

(2)电磁反向散射耦合。采用雷达原理模型,发射出去的电磁波,碰到目标后反射,同时携带回目标信息,如图 2.13 所示。电磁反向散射耦合方式一般适合于高频、微波工作的远距离射频识别系统。典型的工作频率有:433MHz,915MHz,2.45GHz 和 5.8GHz,识别作用距离可为 1～10m。

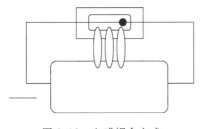

图 2.12 电感耦合方式

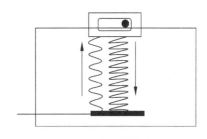

图 2.13 电磁耦合方式

只读被动标签与读头(读写器)系统(LF 和 UHF)结构体如图 2.14 所示,只读主动标签与读头系统结构体如图 2.15 所示,可读写被动标签与读头系统(LF 和 UHF)结构体如图 2.16 所示,可读写的主动标签与读头系统结构体如图 2.17 所示。

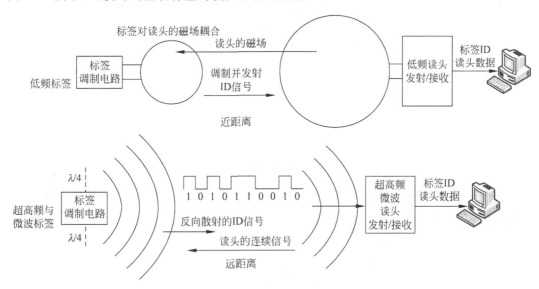

图 2.14 只读被动标签与读头系统(LF 和 UHF)

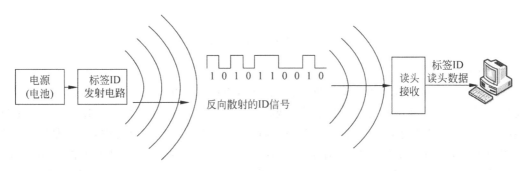

图 2.15 只读主动标签与读头系统

在射频识别系统的工作过程中,始终以能量为基础,通过一定的时序方式来实现数据的交换。因此,在 RFID 工作的空间通道中存在三种事件模型:以能量提供为基础的事件模型,以时序方式实现数据交换的实现形式事件模型,以数据交换为目的的事件模型。下面分

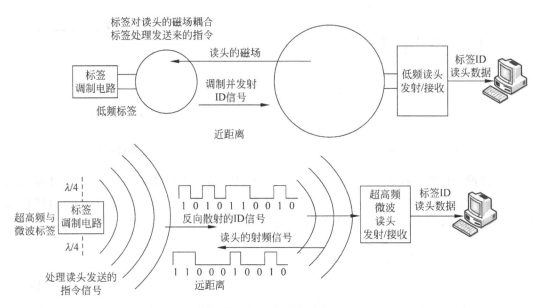

图 2.16　可读写被动标签与读头系统(LF 和 UHF)

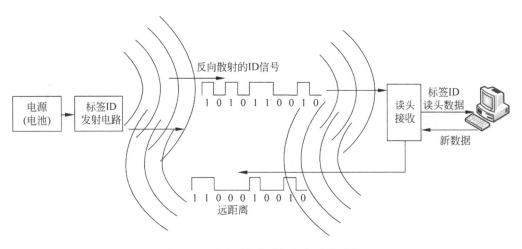

图 2.17　可读写的主动标签与读头系统

别给予说明。

在读写器向被动式电子标签提供工作能量时,当标签未在射频识别场内,标签由于没有能量的激活而处于休眠状态。当标签进入射频识别场后,读写器发射出来的射频波激活标签电路,标签通过整流的方法将射频波转换为电能存储在标签中的电容中,从而为标签的工作提供能量,完成数据的交换。对于半主动式标签来讲,射频场只起到了激活的作用。主动式标签始终处于主动工作状态,与读写器发射出的射频波相互作用,具有较远的识读距离。

时序指的是读写器和标签的工作次序问题,也就是读写器首先主动唤醒标签(相当于读写器发出"你在哪里?"的询问),然后标签自报家门(相当于标签一直在呼唤"我在这里")。

对于被动式标签来讲,一般采用读写器先进行询问的形式。对于多标签同时识读来讲,可以采用读写器先讲的形式,也可以是标签先讲的形式。对于多标签同时识读,"同时"也只是相对的概念。为了实现多标签无冲撞同时识读,对于读写器先讲的方式,读写器先对一批标签发出隔离指令,使得读头识读范围内的多个电子标签被隔离,最后只保留一个标签处于活动状态与读写器建立无冲撞的通信联系。通信结束后指定该标签进入休眠,再指定一个新的标签执行无冲撞通信指令。如此重复,便完成多标签同时识读。对于标签先讲的方式,标签随机地反复发送自己的识别标志 ID,不同的标签可在不同的时间段被读写器正确读取,完成多标签的同时识读。

读写器与标签之间的数据通信包括读写器向标签的数据通信和标签向读写器的数据通信。在读写器向标签的数据通信中,又包括离线数据写入和在线数据写入。无论是只读射频标签还是可读写的射频标签,都存在离线写入的情况。这是因为,对于任何一只射频电子标签来讲,都具有唯一的 ID 号,且不可更改。这样的 ID 号可以在标签制造时由工厂固化写入(工厂编程),终身不变。但是,无论哪种写入方式,ID 号一旦写入,就不能在 RFID 系统中更改。

射频标签的可写性能对系统提出了很高的技术要求,要求具有较大的能量、较短的写入距离、较慢的写入速度、较低的数据写入速率、较复杂的写入校验过程等。这就导致射频标签成本的提高,也在某种程度上增加了标签数据的安全隐患。

对于标签向读头的数据通信过程,其工作方式包括以下两种形式。

(1) 标签收到读头的射频能量时,即被激活并向读写器反射标签存储的数据信息。

(2) 标签被激活后,根据读写器指令转入数据发送状态或休眠状态。

在以上的两种工作方式中,前者属于单向通信方式,后者属于半双工通信方式。

读写器与应用系统之间的接口通常用一组可由应用系统开发工具(如 VC++,VB,PB 等)调用的标准接口函数表示。标准接口函数的功能大致包括以下 4 个方面。

(1) 应用系统根据需要向阅读器发出阅读器配置命令。

(2) 读写器向应用系统返回所有可能的读写器的当前配置状态。

(3) 应用系统向读写器发送各种命令。

(4) 读写器向应用系统返回所有可能命令的执行结果。

随着读写器通信距离的增加,识别区域的面积也逐渐增大,常常会引发多个标签同时处于读写器的识别范围之内。但由于读写器与所有标签共用一个无线通道,当两个以上的标签在同一时刻向读写器发送标识信号时,信号将产生叠加而导致读写器不能正常解析标签发送的信号,即多个射频标签进入识别区域时信号互相干扰的情况。这个问题通常被称为标签信号冲突问题(或碰撞问题),解决冲突碰撞问题的方法被称为防冲突算法(或防碰撞算法,反冲突算法)。

RFID 防冲突碰撞问题与计算机网络媒介访问层中的网络冲突本质上是一样的,但由于 RFID 系统尤其是标签硬件能力限制,使得传统网络中的很多算法很难适用于 RFID 系统。例如,标签没有冲突检测功能、标签之间不能相互通信、所有的冲突碰撞仲裁(或冲突判定)都需要由读写器来实现。一般来说无线网络中有 4 种类型解决冲突的方法,即空间分多址(SDMA)、码分多址(CDMA)、频分多址(FDMA)和时分多址(TDMA),从 RFID 系统的通信形式、系统复杂性以及成本考虑,时分多路是最有实际应用价值也是最常见的一类防冲突方法。时分多路方法简单地说就是让所有标签在读写器的统一指挥下,在不同时间片分别发送识别信号,这样就能保证标签信号不会相互干扰。正是因为 RFID 有了防冲突算法,使得读写器在很短的时间段内能够批量识别多个标签。最先进的 RFID 系统采用了很好的防冲撞协议,在同一时间可以识别工作区域内的所有标签(多达 300 个以上)。目前,现有的防冲突算法可以分为基于 ALOHA 机制的算法和基于二进制树两种类型。

2.3.4 RFID 系统的技术参数

用来衡量无线射频识别技术的参数比较多,下面分别简单介绍。

1. 标签的技术参数

标签的技术参数主要包括如下方面:

(1)标签的能量需求。指的是激活标签芯片电路所需要的能量范围,在一定距离内的标签,电能量太小就无法激活。

(2)标签的传输速率。指的是标签向读写器反馈所携带的数据的传输速度以及接收来自读头的写入数据命令的速率。

(3)标签的读写速度。由标签被读头识别和写入的时间决定,一般为毫秒级,因此超高频标签的识别速度可以达到 $1\sim100\text{m/s}$。

(4)标签的工作频率。指的是标签工作时所采用的频率,即低频、高频或者超高频、微波等。

(5)标签的内存。指的是电子标签携带的可供写入数据的内存量,一般可以达到 1KB 的数据量。

(6)标签的封装形式。主要取决于标签天线的形状,不同的天线可以封装成不同的标签形式,运用在不同的场合,具有不同的识别性能。

2. 读写器的技术参数

读写器的技术参数有读写器的工作频率以及是否可调、读写器的输出功率、读写器的传输速率、读写器的输出端口形式等。

(1)读写器的工作频率。它是和标签相对应的,一般来讲,较高级的产品都设计成可调频率。

(2)读写器的输出功率必须符合使用国家或者地区对于无线发射功率的许可标准,以满足人类的健康等需求。

(3)读写器的输出端口形式。它可以根据用户的需要设计成 RS-232、RS-485、RJ-45、无线网络等形式,不同的输出接口形式具有不同的数据传输距离。

3. 系统的技术参数

系统的技术参数有系统的识读距离、数据的传输速率、系统和后台的协议标准等,系统的识别距离指标签的有效识别距离。典型 RFID 系统技术参数比较如表 2.2 所示。

表 2.2 典型 RFID 系统技术参数比较

频率	低频(LF)	高频(HF)	超高频(UHF)	微波(μWF)
载波频率	<135kHz	13.56MHz	860~930MHz	>2.4GHz
国家和地区	所有	大多数	大多数	大多数
数据传输率	低,8kb/s	高,64kb/s	高,64kb/s	高,64kb/s
识别速度	低,<1m/s	中,<5m/s	高,<50m/s	中,<10m/s
标签结构	线圈	印刷线圈	双极天线	线圈
传播性能	可穿透导体	可穿透导体	线性传播	
防冲撞性能	有限	好	好	好
识别距离	<60cm	10cm~1.0m	1~6m	被动式 20~50cm 主动式 1~15m

注意:无论是有源产品还是无源产品,均可以设定不同波特率的标签,并同时对多个读写器传输的数据进行处理。

射频识别技术应用领域及适用技术如表 2.3 所示。

表 2.3 射频识别技术应用领域及适用技术

区分	领域	主 要 内 容	适用技术
物流/流通	制造业	附着在部件、TQM 及部件传送(JIT)	915MHz
	物质流管理	附着在 palette、货物、集装箱等。降低费用及提供配送信息,收集 CRM 数据	433MHz
	支付	需要注油、过路费等非现金支付时自动计算费用	13.56MHz
	零售业	商品检索及陈列场所的检索,库存管理,防盗,特性化广告等	915MHz
	装船/受领	附着 palette 或集装箱、商品,缩短装船过程及包装时间	433MHz
	仓储业	个别货物的调查及减少发生错误,节省劳动力	915MHz
健康管理/食品	制药	为了视觉障碍者,在药品容器附着存储处方、用药方法、警告等信息的 RFID 标签,并通过识别器把信息转换成语音,并进行传送	915MHz
	健康管理	防止制药的伪造和仿造,提供利用设施的识别手段,附着在老年性痴呆患者的收容设施及医药品/医学消耗品	915MHz
	畜牧业流通管理	家畜出生时附着 RFID 标签,把饲养过程及宰杀过程信息存储在中央数据库里	125kHz 134kHz
确认身份/保安/支付	游乐公园/活动	给访客附着内置 RFID 芯片的手镯或 ID 标签,进行位置跟踪及防止迷儿,群体间位置确认服务	433MHz
	图书馆、录像带租赁店	在书和录像带附着 RFID 芯片,进行借出和退还管理,防止盗窃	13.56MHz 915MHz
	保安	用作个人 ID 标签,防止伪造,确认身份及控制出入,跟踪对象及防止盗窃	2.45GHz
	接客业	自动支付及出入控制	13.56MHz
运输	交通	在车辆附着 RFID 标签,进行车辆管理(注册与否、保险等)及交通控制实时监控管理大众交通情况	433MHz 915MHz 2.45GHz

2.3.5　RFID 系统的运行环境与接口方式

本节主要介绍无线射频识别系统的运行环境、接口方式和接口软件三个方面的内容。

1. 运行环境

运行环境应当包括读写器、标签、应用程序和计算机平台等。无线射频识别技术的运行环境比较宽松,从应用软件系统的运行环境来看,可以在现有的任何系统上运行基于任何编程语言的任何应用软件。计算机平台系统包括 Windows 系列、Linux 等平台系统。

2. 接口方式

接口方式主要指的是读头和应用系统计算机的接口方式,RFID 系统的接口方式非常灵活,包括 RS-232、RS-485、以太网(RJ-45)、WLAN 802.11(无线网络)等接口。

3. 接口软件

制造厂商会提供相应的接口软件甚至软件的源代码,通过这种接口软件可以对设备进行测试,可以直接生产一定格式的数据文件供用户分析使用,也可以向其他应用软件提供数据接口。TagMaster 和 iPico 分别是目前已经进入中国的知名有源和无源 RFID 射频设备制造商。其中,TagMaster 软件需要与设备联机才能进入下一级菜单,而 iPico 的 ShowTags 则可以离线进行软件分析。

2.3.6　RFID 技术的应用

RFID 是一种能够让物品"开口说话"的技术。在"物联网"系统中,由于 RFID 标签中存储着规范而具有互用性的信息,通过无线通信网络把它们自动采集到中央信息系统,实现物品(商品)的识别,进而通过开放性的计算机网络实现信息交换和共享,完成对物品的"透明"管理。

RFID 是一种简单的无线系统,一般可由一个读写器(含天线)和很多标签(含天线)组成。RFID 读写器及电子标签的形状如图 2.18 所示。下面举例说明一种实用 RFID 系统的读写器和标签模块的相关功能和技术参数,仅供参考。

1. RFID 读卡器模块

RFID 读卡器模块的主要功能与技术参数介绍如下。
- 读多种 IC 卡:EM 或兼容 ID 卡等。
- LED 指示:通电时红色,读卡时绿色。
- 连接方式:RS-232 接口。
- 适用 IC 卡:EM ID 卡等。
- 读卡距离:3~15cm。
- 通信方式:RS-232 通信、USB 通信、键盘口通信。
- 通信格式:RS-232、ASCII 编码。

- 输出格式：10 位卡号或 10 位序列号。
- 读卡时间：0.3s。
- 激发频率：125kHz 或 13.56MHz。
- 工作温度：−40℃～150℃。
- 尺寸：110mm×80mm×30mm。

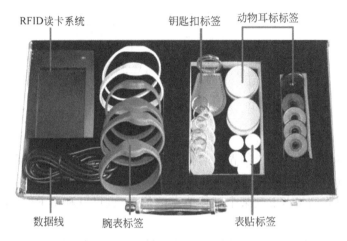

图 2.18 RFID 读卡器及电子标签

2. RFID 标签模块

RFID 标签模块的主要功能与技术参数介绍如下：
- 按工作频率分为高频卡 13.56MHz 和低频卡 125kHz。
- 按读写分为只读卡（即 ID 卡）和读写卡（即 IC 卡）。其中，ID 卡为常用的 125kHz，读 8 位或 10 位卡号。IC 卡为常用的是 13.56MHz，可读可写。
- 封装材料：PVC 材料。

3. RFID 组网技术应用

读写器的通信串口和多串口卡相连，再将多串口卡（多端口并接器）的输出端口（串口）和计算机系统相连，计算机对数据进行本地过滤、存储等操作后接入局域网或者远程网络。

多串口卡实际上起到了一个简单的数据中间件的作用。可以经过简单的设计，使多串口卡起到数据过滤与校验的作用，RFID 组网拓扑结构如图 2.19 所示。

每个读写器与计算机直接相连，计算机经过本地数据处理后按照一定的协议向数据库或者获准授权使用这些数据的其他终端分发数据，这种系统拓扑结构明晰，但是投资较高，对软件系统要求较高。

4. RFID 与无线传感器网络应用

由于 RFID 抗干扰性较差，而且有效距离一般小于 10m，这限制了 RFID 的应用。RFID 技术与无线传感器网络技术的融合，例如将 ZigBee 的无线传感器网络同 RFID 结合起来，利用前者高达 100m 的有效半径，形成 WSID（Wireless Sense-ID）网络，将具有更广

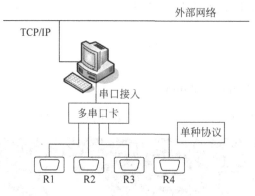

图 2.19　多读写器采用多串口卡组成网络

泛的应用前景。

无线传感器网络不关心某一节点的位置,因此对节点一般都不采用全局标识。而 RFID 技术对节点的标识有着得天独厚的优势,将两者结合共同组成网络可以相互弥补对方的缺陷,既可以将网络考虑到某个具体节点的信息,也可以利用 RFID 的标识功能轻松地找到节点的位置。

很多主动式和半主动式电子标签结合传感器进行设计,使得传感器节点使用 RFID 读写器作为它们感知能力的一部分,RFID 系统与传感器网络系统的融合如图 2.20 所示。

一些传感器可以通过电子标签发送数据给读写器,而这些电子标签并不完全是无线传感器网络的节点,因为它们之间缺乏通过相互协同构成的自组织(Ad-Hoc)网络进行通信,但是它们超越了一般的电子标签。

电子标签已经在一些行业中进行了应用和推广,但传感器技术还处于开发阶段,温度标签、振动传感器、化学传感器等能大大提高 RFID 技术的功能。

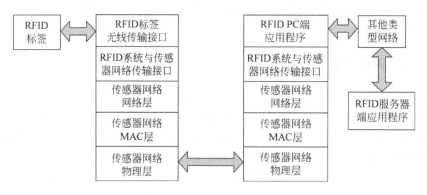

图 2.20　RFID 系统与传感器网络系统的融合

RFID 系统与传感器网络系统的三种融合方式如下所示:

第一种方式是无线传感器节点和 RFID 标签结合形成一个异构网络,在监测区域中混合部署标签和传感器节点,各自独立地执行监测任务,由一个智能基站收集来自标签和传感器节点的信息并对信息进行融合和处理,然后发送到上位机或是远程 LAN。

这一新系统将由三级设备组成,第一级是一个不受能量限制的无线装置,称为智能基站。该装置可位于监测区域附近,并负责与上位机通信。该装置包含一个 RFID 阅读器、一个用来处理数据的 32 位的微处理器和一个网络接口。它几乎可以和有线设备视为一体,但它采用无线连接的方式和核心网相连,以获取更高的可扩展性。第二和第三级是普通的 RFID 标签和传感器网络。该异构网络的体系结构如图 2.21 所示。

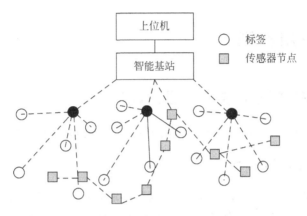

图 2.21 异构 RFID 无线传感器网络体系结构

第二种融合方式是一种分布式的简化的多功能传感器读写器,其中 RFID 标签可以像自组织的无线传感器网络中的节点那样密集地部署,部分智能节点可以读取邻近的较少数的标签,这样就形成了类似分簇的网络结构,见图 2.22。

智能节点全自动地工作,把数据信息采用多跳的方式发送到 sink 节点。由于在同一区域内的标签的信息比较类似,所以这些信息可以在每个智能节点中通过简单有效的数据压缩方法进行压缩,网络中这种读写器能够实现自组织运行和相互间协作。

这种融合方式增加了网络中读写器的数量,但单个读写器的复杂度大大降低,适合于需要分布式监控大量 RFID 标签的应用领域,如零售业的货物仓储系统等。

第三种是一种主动式智能传感标签组成的无线通信网络,智能传感标签如同传感器节点一样,可以通过多跳的方式传递数据,最终将数据发送到 sink 节点,网络只需要一个阅读器,等同于无线传感器网络中的基站,有效地减少了阅读器和有线网络设备的数量,该网络的体系结构如图 2.23 所示。

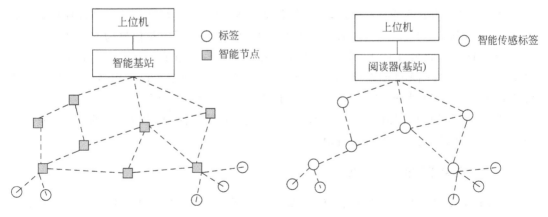

图 2.22 分布式智能节点网络体系结构　　　　　图 2.23 智能传感标签网络系统结构

网络监控区域内的信息在标签间多跳传输直至到达最终目标,而不是传统的直接由标签发送到读写器。监测到的信息利用无线传感器网络的网络协议来传输,这样的方式简单直接,但对标签技术要求较高,相信随着电子技术以及无线通信技术的发展,应用前景将十分广阔。

2.4 RFID 应用实例

2.4.1 汽车防盗系统读写器的设计

U2270B 低频读写器芯片可以用于汽车防盗、门禁考勤和动物识别等方面。

1. U2270B 低频读写器芯片

U2270B 芯片是 Atmel 公司生产的低频读写器芯片(或称基站),该基站可以对一个非接触式的 IC 卡进行读写操作。其芯片的射频频率工作在 100～150kHz 的范围内,在频率为 125kHz 的标准情况下,数据传输速率可以达到 5000b/s。基站芯片的工作电源可以是汽车电瓶或其他的 5V 标准电源。U2270B 具有与多种微控制器有很好的兼容接口,在低功耗模式下低能量消耗,并可以为 IC 卡提供电源输出。U2270B 引脚的功能如表 2.4 所示。

表 2.4　引脚功能

引脚号	名称	功能描述	引脚号	名称	功能描述
1	GND	地	9	COIL1	驱动器 1
2	Output	数据输出	10	V_{EXT}	外部电源
3	$\overline{OE}$	使能	11	DV_S	驱动器电源
4	Input	信号输入	12	V_{Bat}	电池电压接入
5	MS	模式选择	13	Standby	低功耗控制
6	CFE	载波使能	14	V_S	内部电源
7	DGND	驱动器地	15	RF	载波频率调节
8	COIL2	驱动器 2	16	HIPASS	调节放大器增益带宽参数

由 U2270B 构成的读写器模块,关键部分是天线、射频读写基站芯片 U2270B 和微处理器。工作时,基站芯片 U2270B 通过天线以约 125kHz 的调制射频信号为 RFID 卡提供能量(电源),同时接收来自 RFID 卡的信息,并以曼彻斯特编码输出。天线一般由铜制漆包线绕制,直径 3cm、线圈 100 圈即可,电感值为 1.35mH。微处理器可以采用多种型号,如单片机 AT8 9S51,ARM 处理器等。由 U2270B 构成的读写器模块如图 2.24 所示。

U2270B 芯片的内部由振荡器、天线驱动器、电源供给电路、频率调节电路、低通滤波电路、高通滤波电路、输出控制电路等部分组成。

2. 汽车防盗系统的工作原理

汽车防盗装置应具有无接触、工作距离大、精度高、信息收集处理快捷、环境适应性好等特点,以便加速信息的采集和处理。射频识别以非接触、无视觉、高可靠的方式传递特定的

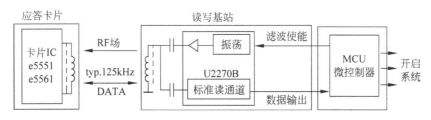

图 2.24　U2270B 构成的读写器模块框图

识别信息,适合用于汽车防盗装置,能够有效地达到汽车防盗的目的。

　　汽车防盗装置的基本原理是将汽车启动的机械钥匙与电子标签相结合,即将小型电子标签直接装入到钥匙把手内,当一个具有正确识别码的钥匙插入点火开关后,汽车才能用正确的方式进行启动。该装置能够提供输出信号控制点火系统,即使有人以破坏的方式进入汽车内部,也不能通过配制钥匙启动汽车达到盗窃的目的。

　　(1) 汽车防盗系统的基本组成

　　一个典型的汽车防盗系统由电子标签和读写器两部分组成。电子标签是信息的载体,应置于要识别的物体上或由个人携带;读写器可以具有读或读写的功能,这取决于系统所用电子标签的性能。

　　电子标签是数据的载体,由线圈(天线)、用于存储有关标识信息的存储器及微电子芯片组成。读写器用于读取电子标签的数据,并将数据传输给微处理器。微处理器是控制部分,用来给汽车防盗系统解锁。

　　系统的硬件电路主要选择了电子标签、读写电路(采用芯片 U2270B)、单片机(AT89S51)、语音报警电路、电源监控电路、存储接口电路和汽车发动机电子点火系统。防盗系统的基本组成如图 2.25 所示。

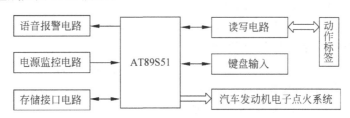

图 2.25　防盗系统的基本组成框图

　　语音报警电路以美国 ISD 公司生产的语音合成芯片 ISD2560 为核心,该芯片采用 EEPROM 将模拟语音信号直接写入存储单元中,无须另加 A/D 或 D/A 变换来存放或重放。如果电子标签里面的密钥正确,单片机就发出正确的信号给汽车电子点火系统,汽车才可以启动,此时语音报警电路不工作;如果有人非法配置钥匙启动汽车,单片机就发出信号给语音系统,语音系统会立刻发出报警声音。

　　(2) 硬件电路设计

　　系统中的硬件电路主要选择了基站芯片 U2270B、单片机 AT89S51、语音合成芯片 ISD2560 和双 RS232 发送/接收器 MAX232 等。U2270B 是电子标签和单片机之间的接口,一方面向电子标签传输能量、交换数据;另一方面负责电子标签与单片机之间的数据通信。

汽车防盗系统的硬件电路如图 2.26 所示。

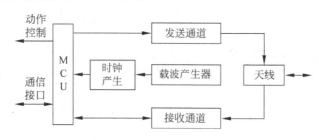

图 2.26　汽车防盗系统的硬件电路框图

3. 软件系统设计

软件系统设计包括读卡软件设计、写卡软件设计、语音报警程序设计和串行通信程序设计等。IC 卡发射的数据由基站天线接收后,由 U2270B 处理后经基站芯片的 Output 脚把得到的数据流发给微处理器 AT89S51 的输入口。

这里基站芯片只完成信号的接收和整流的工作,而信号解码的工作要由微处理器来完成。微处理器要根据输入信号在高电平、低电平的持续时间来模拟时序进行解码操作。

2.4.2　不停车收费系统应用实例

1. ETC 系统简介

电子不停车收费系统(Electronic Toil Collection,ETC)是通过安装在车辆挡风玻璃上的电子标签与在收费站 ETC 车道上的微波天线之间的专用短程通信,利用计算机联网技术与银行进行后台结算处理,从而达到车辆通过路桥收费站无须停车就能交纳费用的目的,如图 2.27 所示。

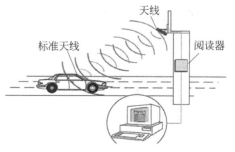

图 2.27　高速 ETC 通道示意图

ETC 系统是利用射频(微波或红外)技术、电子技术、计算机技术、通信和网络技术、信息技术、传感技术、图像识别技术等高新技术的设备和软件(包括管理)所组成的先进系统,以实现车辆无须停车即可自动收取道路通行费用。目前,大多数的 ETC 系统均采用微波技术。

不停车收费系统通过路边车道设备控制系统的信号发射与接收装置(称为路边读写设备,简称 RSE),识别车辆上设备(称为车载器,简称 OBU)内特有编码,判别车型,计算通行费用,并自动从车辆用户的专用账户中扣除通行费。对使用 ETC 车道的未安装车载器或车载器无效的车辆,则视作违章车辆,实施图像抓拍和识别,会同交警部门事后处理。

ETC 系统按收费站收费方式,可分为开放式和封闭式;按收费站车道配置,可分为 ETC 专用车道、人工收费)车道。鉴于我国道路实际情况,在较长的一段时间内,ETC 和人工收费将共存。

不停车收费的车道控制系统包括以下三大关键子系统：车辆自动识别技术（AVI）、自动车型分类技术（AVC）和违章车辆抓拍技术（VEC）。

2．ETC系统及其应用对比分析

目前，AVI使用的微波DSRC通信规约主要存在主动式和被动式两种工作方式，其技术性能比较如表2.5所示。

表 2.5 微波 DSRC 通信技术性能

工作方式项目	全双工主动式（Active）	半双工被动式（Passive）
通信频率	5.8GHz	5.8GHz
载波间隔	10MHz	50MHz
通信速率上行	1Mbps	0.25Mbps
通信速率下行	1Mbps	0.5Mbps
通信效率	高	低
可靠性（抗干扰）	高	低
电波发射能力	自行发射电波	依赖接收的能量发射电波
对路边天线发射功率要求	小，10mW	大，2W
通信距离	约30m	约7m
可同时通信车辆数	最大8台	1台
通信信息量（40km/h）	539kb	46kb
适用领域	ETC，提供交通信息、车辆管理	ETC
与ITS兼容	可以	不可以
标准	日本	欧洲（CEN）
车载器	高	低

一般来说对于公路收费系统，车辆的大小和形状不同，需要大约4m的读写距离和很快的读写速度，也就要求系统的频率应该在UHF波段，即902～928MHz。射频卡一般在车的挡风玻璃后面。

现在最现实的方案是将多车道的收费口分为两个部分：自动收费口、人工收费口。天线架设在道路的上方。在距收费口约50～100m处，当车辆经过天线时，车上的射频卡被头顶上的天线接收到，判别车辆是否带有有效的射频卡。读写器指示灯指示车辆进入不同车道，人工收费口仍维持现有的操作方式，进入自动收费口的车辆，通行费款被自动从用户账户上扣除，且用指示灯及蜂鸣器告诉司机收费是否完成，不用停车就可通过，挡车器将拦下恶意闯入的车辆。

高速公路电子收费系统实现了半自动和ETC两种收费方式。可选用射频卡作为通行券，支持现金、预付卡、储值卡等支付方式；上级能监控下级的操作异常事件；实时监测出入口车道的设备状态；各级系统可以自动统计交通量、通过曲线图；实现了对路费、通行券、票据、设备等的严格管理，杜绝舞弊行为；能够提供独特的专家分析系统等。按照高速公路电子收费系统分级思想，分为收费结算中心、收费站管理系统和收费车道子系统三方面。

3．系统基本部件

系统基本部件主要包括射频标签、读写器、车辆分离器、天棚指示灯、专用键盘、道路监控摄像机、图像采集卡、智能道闸、费额显示牌、车道控制器、车辆检测器、交通灯、报警打、雾灯和票据打印机等。

（1）射频标签

射频标签是一种安装在车辆上的无线通信设备,可允许在车辆高速行驶状态下与路旁的读写设备进行单向或双向通信。它装有微处理器芯片和接收与发射天线,在高速行驶中(可达 50km/h)与相距 8～15m 远的读写器进行微波或红外线通信。

在通信过程中,射频标签需配备电池或接装车辆电源,射频标签一般为有源器件。车辆识别挡风玻璃标签是专用于粘贴在载重车辆挡风玻璃后面,配合以专用读写设备,可以实现对目标车辆远距离和移动中的自动识别,还可以读写用户自定义的数据。

（2）读写器

主要功能特点：天线外置；读写距离 0～30m 之间可以调节,最大距离达 150m；射频功率小于 1mW,待机状态无射频输出；具有方向性识别,相邻通道绝无干扰；读写速度 100kb/s。

外置天线的功能特点：带有坚固的铝制安装片,具有多偶极天线阵及匹配系统；水平面至垂直面的半功波速幅面上具备 47°可变调整区,以满足一方向的识读区大于另一方向的识读区的应用安装要求。

同时还需要有车辆分离器、道路监控摄像机、智能道闸、费额显示牌等等。

4. 收费车道子系统

收费车道子系统包含的主要设备有车道计算机、专用键盘、显示器、车道控制器、收费员操作台、票据打印机、智能道闸、车道摄像机、费额显示器、字符叠加器、闪光报警器、雾灯、车道红绿信号灯、天棚灯、红绿交通灯、射频卡读写器、人口发卡机和出口收卡机。

习题与思考题

一、选择题

1. 下面哪个不是物理传感器？（　　）
   　A. 视觉传感器　　　B. 嗅觉传感器　　　C. 听觉传感器　　　D. 触觉传感器
2. 机器人的皮肤采用的是（　　）。
   　A. 气体传感器　　　B. 味觉传感器　　　C. 光电传感器　　　D. 温度传感器
3. 位移传感器接收（　　）信息,并转化为电信号。
   　A. 力　　　　　　　B. 声　　　　　　　C. 位置　　　　　　D. 光
4. 以下关于智能传感器自学习、自诊断与自补偿能力的描述中,错误的是（　　）。
   　A. 能够对采集的数据进行预处理,剔除错误或重复数据,进行数据的归并与融合
   　B. 通过自学习,能够调整传感器的工作模式,重新标定传感器的线性度
   　C. 能够采用拓扑控制算法,调整相邻节点通信关系的自补偿能力
   　D. 根据自诊断算法发现不稳定因素,采用自修复方法改进传感器的工作可靠性
5. 以下关于智能传感器复合感知能力的描述中,错误的是（　　）。

A. 使用新型传感器或集成多种感知能力的传感器

B. 具有对物体与外部环境的物理量、化学量或生物量的复合感知能力

C. 综合感知无线信号的强度、频率、噪声与干扰等参数

D. 帮助人类全面地感知和研究环境的变化规律

6. 以下关于一维条形码特点的描述中,错误的是(　　)。

A. 一维条形码在垂直方向表示存储的信息

B. 一维条形码编码规则简单,识读器造价低

C. 数据容量小,一般只包含字母和数字

D. 条形码一旦出现损坏将被拒读

7. 二维码目前不能表示的数据类型(　　)。

    A. 文字 　　　　　　B. 数字 　　　　　　C. 二进制 　　　　　　D. 视频

8. (　　)抗损性强、可折叠、可局部穿孔、可局部切割。

    A. 二维条码 　　　　B. 磁卡 　　　　　　C. IC 卡 　　　　　　D. 光卡

9. 迄今为止最经济实用的一种自动识别技术是(　　)。

    A. 条形码识别技术 　　　　　　　　　　B. 语音识别技术

    C. 生物识别技术 　　　　　　　　　　　D. IC 卡识别技术

10. 以下关于二维条形码特点的描述中,错误的是(　　)。

A. 二维条形码在水平和垂直方向的二维空间存储信息

B. 信息译码可靠性高、纠错能力强、制作成本低、保密与防伪性能好

C. 信息容量与编码规则无关

D. 某个部分遭到一定程度损坏,可以通过其他位置的纠错码还原出损失的信息

11. 射频识别技术属于物联网产业链的(　　)环节。

    A. 标识 　　　　　　B. 感知 　　　　　　C. 处理 　　　　　　D. 信息传送

12. 以下哪一项用于存储被识别物体的标识信息?(　　)

    A. 天线 　　　　　　B. 电子标签 　　　　C. 读写器 　　　　　　D. 计算机

13. 有源标签与阅读器通信所需的射频能量由(　　)提供。

    A. 标签电池 　　　　B. 阅读器电池 　　　C. 外部能源 　　　　　D. 交互能源

14. 高频电子标签的工作频段是(　　)。

    A. 125～134kHz 　　B. 13.56MHz 　　　C. 868～956MHz 　　D. 2.45～5.8GHz

15. 射频识别系统的另一个主要性能指标是(　　)。

    A. 作用时间 　　　　B. 作用距离 　　　　C. 作用强度 　　　　　D. 作用方式

16. 在低频 125kHz 和 13.56MHz 频点上一般采用(　　)。

    A. 无源标签 　　　　B. 有源标签 　　　　C. 半无源标签 　　　D. 半有源标签

17. (　　)标签工作频率是 30～300kHz。

    A. 低频电子标签 　　　　　　　　　　　B. 高频电子标签

    C. 特高频电子标签 　　　　　　　　　　D. 微波标签

18. (　　)标签工作频率是 3～30MHz。

    A. 低频电子标签 　　　　　　　　　　　B. 高频电子标签

    C. 特高频电子标签 　　　　　　　　　　D. 微波标签

19. （   ）标签工作频率是300MHz～3GHz。
    A. 低频电子标签　　　　　　　　　　B. 高频电子标签
    C. 特高频电子标签　　　　　　　　　D. 微波标签

20. （   ）标签工作频率是2.45GHz。
    A. 低频电子标签　　　　　　　　　　B. 高频电子标签
    C. 特高频电子标签　　　　　　　　　D. 微波标签

21. RFID卡（   ）可分为：有源(active)标签和无源(passive)标签。
    A. 按供电方式分　　　　　　　　　　B. 按工作频率分
    C. 按通信方式分　　　　　　　　　　D. 按标签芯片分

22. RFID卡（   ）可分为：低频(LF)标签、高频(HF)标签、超高频(UHF)标签以及微波(μW)标签。
    A. 按供电方式分　　　　　　　　　　B. 按工作频率分
    C. 按通信方式分　　　　　　　　　　D. 按标签芯片分

23. RFID卡（   ）可分为：主动式标签(TTF)和被动式标签(RTF)。
    A. 按供电方式分　　　　　　　　　　B. 按工作频率分
    C. 按通信方式分　　　　　　　　　　D. 按标签芯片分

24. 以下关于被动式RFID标签工作原理的描述中,错误的是（   ）。
    A. 被动式RFID标签也叫做"无源RFID标签"
    B. 当无源RFID标签接近读写器时,标签处于读写器天线辐射形成的远场范围内
    C. RFID标签天线通过电磁感应产生感应电流,感应电流驱动RFID芯片电路
    D. 芯片电路通过RFID标签天线将存储在标签中的标识信息发送给读写器

25. 以下关于主动式RFID标签工作原理的描述中,错误的是（   ）。
    A. 主动式RFID标签也叫做"有源RFID标签"
    B. 有源RFID标签定时发送信息
    C. 当有源标签收到读写器发送的读写指令时,标签向读写器发送存储的标识信息
    D. 有源标签的读写器向标签发送读写指令,标签向读写器发送标识信息的过程

26. 以下关于半主动式RFID标签工作原理的描述中,错误的是（   ）。
    A. 半主动RFID标签体积比无源标签小、重量轻、造价低、使用寿命长
    B. 内置的电池在没有读写器访问的时候,只为芯片内很少电路提供电源
    C. 只有在读写器访问时,内置电池向RFID芯片供电,以增加读写距离与可靠性
    D. 半主动RFID标签一般用在可重复使用的集装箱和物品的跟踪上

27. 以下关于标签工作频率的描述中,错误的是（   ）。
    A. RFID标签可以根据自己的需要选择使用从低频到高频的各个频段
    B. 按照工作频率的不同,RFID可以分为低频、中高频、超高频与微波4类
    C. RFID工作频率直接影响到芯片设计、天线设计、工作模式、作用距离等
    D. 选择RFID标签工作频率需要防止不同无线通信系统之间的干扰

28. 以下关于RFID读写器功能的描述中,错误的是（   ）。
    A. 读写器与RFID标签、读写器与计算机之间的通信
    B. 能够实现在有效读写区域内实现对多个RFID标签同时读写的能力

    C. 能够对固定或移动 RFID 标签进行识别与读写

    D. 能够校验出传送到计算机数据中的错误

29. 以下关于影响标签读写效果因素的描述中,错误的是(　　)。

    A. 标签粘贴的位置   B. 读写器天线位置

    C. 标签的颜色   D. 标签与读写器天线的距离

30. 以下关于 RFID 标签读写器天线与射频模块功能的描述中,错误的是(　　)。

    A. RFID 标签读写器由读写器天线与射频模块、读写器控制器与加密认证模块
组成

    B. 读写器天线与射频模块向近场的无源 RFID 标签发送电磁波,激活电子标签

    C. 读写器天线与射频模块接收无源或有源标签发送的标识信息

    D. 读写器天线与射频模块根据应用系统指令,向可读写标签发送写指令与数据

31. 以下关于 RFID 读写器控制器功能的描述中,错误的是(　　)。

    A. 采集有源标签电池电量信息

    B. 通过校验发现和纠正数据传输错误

    C. 通过 IEEE 802.15.4 标准发送与接收数据

    D. 协调多标签读写的操作过程,防止和减少"碰撞"现象的发生

32. 以下(　　)特征不是人一出生就已确定并且终身不变的。

    A. 指纹   B. 视网膜   C. 虹膜   D. 手掌纹线

二、问答题

1. 传感器的类型有哪些?

2. 简述一下传感器的选用原则。

3. 传感器的主要性能指标有哪些?

4. 简介温度传感器的类型以及各自特点。

5. 列举物联网中经常选用的传感器。

6. 什么是智能识别技术? 举例说明。

7. 智能识别系统能够完成哪些功能?

8. 简述 RFID 系统的组成。

9. 简述 RFID 技术的基本工作原理。

10. RFID 技术是如何分类的?

11. RFID 的基本技术参数有哪些?

12. 简述无线射频识别系统的运行环境。

13. 简述 RFID 系统与传感器网络系统的几种融合方式。

14. 简述汽车防盗系统的工作原理与硬件组成。

15. 根据你的了解,对不停车收费系统的组成及工作原理进行一下简单的介绍。

第 3 章

物联网的数据获取与处理技术

信息的采集和获取是物联网主要的数据来源,物联网的各种应用都是通过各类信息和数据来实现的。感知与识别技术是物联网的基础,物联网感知识别层采集和获取信息和数据的形式主要有如下几种。

(1) 使用各种传感器采集物理数据,如温湿度、pH 值、压力等各种物理传感器和化学传感器。

(2) 使用 Wi-Fi/WAPI、RFID 等完成短距离的信息读取和传递。其中,RFID 技术由于具有实时读取功能,已经成为物联网典型的基础技术之一。

(3) 采用麦克风、摄像头等信息采集设备将所采集的音、视频信息作为监控目标的信息数据。然后使用智能技术等对音视频进行内容的分析和提取相关数据信息。

物联网中的数据采集和获取系统由硬件和软件两部分组成。硬件部分主要包括各种感知和识别装置或设备,软件部分包括嵌入式操作系统、信号的采集、处理与分析等功能模块程序等。

在采集和获取信号的过程中,还会面临着数据处理的问题。例如,如何避免受到各种噪声和干扰,以及如何从实际检测数据中提取真正反映被测量的信息等。本章介绍的数据处理的任务就是采取各种方法最大限度地消除这些误差,尽可能把精确的数据提取给使用者。

3.1 模拟信号的检测与数据采集

物理世界中大部分信号都是连续变化的模拟量信号,微处理器能够对它们进行处理的前提是先把模拟信号变换为数字信号。在物联网信号采集与获取系统中,通常采用传感器将被检测到的物理量经传感器转化成电信号,然后再经过信号放大、滤波、采样、编码等环节处理后才能被微处理器所用。

3.1.1 检测系统的特性与性能指标

根据系统工程学理论,一个系统总可以用数学模型或函数描述。即用某种模型或函数表征传感器的输出和输入间的关系和特性,从而用这种关系指导传感器的设计、制造、校正和使用。但是,精确地建立一个系统的数学模型是困难的。在工程上总是采用一些近似方法建立起系统的初步模型,然后经过反复模拟实验确立系统的最终数学模型。这种方法同样适用于传感器数学模型的建立。下面介绍传感器静态和动态数学模型的一般描述方法。

1. 静态检测特性与性能指标

静态检测是指测量时,检测系统的输入、输出信号不随时间变化或者变化很缓慢。静态检测时,系统所表现出的响应特性称为静态响应特性。通常用来描述静态响应特性的指标有测量范围、灵敏度、非线性度、回程误差等。一般用标定曲线来评定检测系统的静态特性,理想线性装置的标定曲线是直线,而实际检测系统的标定曲线并非如此。通常采用静态测量的方法求取输入输出关系曲线,作为标定曲线。多数情况还需要按最小二乘法原理求出标定曲线的拟合直线。静态检测系统的主要性能指标如下。

(1) 测量范围。检测系统能正常测量的最小和最大输入量之间的范围,被定义为测量范围。

(2) 灵敏度。当测试装置的输入 x 有一增量 Δx,引起输出 y 发生相应变化 Δy 时,灵敏度定义为 $S = \Delta y / \Delta x$。

(3) 非线性度。标定曲线与拟合直线的偏离程度就是非线性度。

(4) 回程误差。测试装置在输入量由小增大和由大减小的测试过程中,对于同一个输入量所得到的两个数值不同的输出量之间的最大差值被定义为回程误差。

2. 检测系统的动态特性

在动态测量时,由于被测信号随时间的变化迅速改变,其输出信号会受到检测系统动态特性的影响,因此需要了解检测系统的动态特性。对于测量动态信号的检测系统,要求检测系统在输入量改变时,其输出量能立即随之不失真地变化。在实际检测过程中,若由于检测系统选用不当,输出量不能良好地追随输入量的快速变化将会导致较大的测量误差。因此,研究检测系统的动态特性有着十分重要的意义。

系统的动态响应特性一般通过描述系统的微分方程、传递函数、频率响应函数、单位脉冲响应函数等数学模型来进行研究。

3.1.2　系统的组成结构与工作方式

传感器用于获取被测信息,在其输出的信号中不可避免地包含杂波信号,幅度也不一定适合直接进行模数(A/D)转换,所以需要将传感器输出的信号进行调理。完成放大、滤波、幅度变换等功能的电路称为信号调理电路。调理后的信号经采样/保持电路、模数转换电路转换为数字信号后可送入微处理器进行处理,以上的相关电路统称为模拟量输入通道。

从被转换模拟信号的数量及要求看,模拟量检测系统可分为单通道结构和多通道结构两种方式。

1. 单路采集方式

当只有一个被测信号时通常采用单通道结构,这种方式也通常用于对频率较高的模拟信号进行 A/D 转换。传感器输出的信号进入信号调理电路进行滤波、放大等处理后,送入 A/D 转换器(ADC)。然后,将 ADC 输出的数字信号送入微处理器。在无线传感网络的节点中多采用单路采集方式,其内部一般由传感器、信号调理电路和微处理器(内含 ADC)组成。

2．多路采集方式

实际的数据采集系统往往需要同时测量多种物理量或对同一种物理量设置多个测量点,因此多路模拟输入通道也具有一定的普遍性。

按照系统中数据采集电路是各路共用一个ADC,还是每路各用一个ADC,可将多路模拟输入通道分为分散采集式和集中采集式两大类型。其中,多路分散采集方式是采用分时进行数据采集,分时输入的结构形式如图 3.1(a)所示。多路集中采集方式则是采用同时进行数据采集,分时输入的结构形式如图 3.1(b)所示。

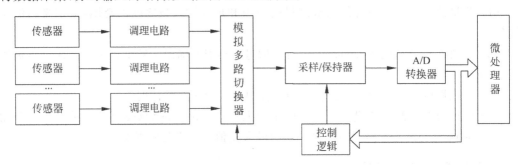

(a) 多路分时采集分时输入结构

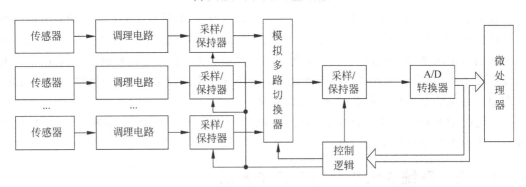

(b) 多路同步采集分时输入结构

图 3.1　多路采集式结构组成示意图

3.1.3　模拟信号的检测方法

在物联网系统的实际应用中,很多的信号都是连续变化的模拟量。微处理器对它们进行处理的前提是先把模拟信号变换为数字信号,完成这种变换的器件称为 ADC。对于常见的各类 ADC,尽管工作的方式有很大的差异,但最终都能够完成将电压信号变换为数字信号的功能。因此各类模拟量信号只要能够通过某种方式变换为电压信号,就可以进而变换为数字信号送到微处理器中进行处理。

本节主要介绍常见电压类信号、电流类信号和电阻型信号等的检测。

1．电压类信号的检测

对电压类信号检测的要求有如下几方面。

（1）被测电压的频率可以是直流、低频、高频信号，其频率范围为0Hz到几百兆赫，甚至达到吉赫量级。

（2）被测电压值可以小到微伏，甚至毫微伏级，或是大到上千伏。

（3）由于检测器件的输入阻抗是被测电路的额外负载，为了尽量减少检测器件接入电路后对被测电路的影响，因此要求检测器件具有高的输入阻抗。

（4）由于电压测量的基准是直流标准电池，同时在直流测量中各种分布性参量的影响极小，因此采用直流电压的测量方式可获得极高的准确度。

（5）当测量仪器工作在高灵敏度时，干扰会引入测量误差，因此要求检测电路具有高的抗干扰能力。

2. 电流类信号的检测

测量电流的基本原理是将被测电流通过已知电阻（取样电阻），在电阻两端产生与被测电流成正比关系电压。在检测系统中，一般以电流信号的最大值确定所需电阻。例如最大值为 100mA，ADC 的输入最大值为 10V，则可选电阻为 0.1kΩ。如果将自动量程分为 4 个挡位，可提高测量精度。即可用 4 个 25Ω 的电阻串联，再通过模拟开关引出不同档次的信号，电路如图 3.2 所示。图中运算放大器起输入缓冲作用，这种方法对于直流电流和交流电流的测量都适用。

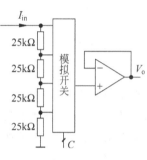

图 3.2　电流检测示意图

3. 电阻型信号的检测

测量电阻最简单的方法是利用一个恒定电流通过电阻变成电压后再进行转换。下面介绍两种常见的转换电路。

1）恒流法测电阻

图 3.3 为恒流法测电阻的一种基本电路，其中，R_X 为被测电阻，I_c 是已知的恒流源。图 3.4 为另一种恒流法测电阻的基本电路，其中，V_e 为基准电压源，R_O 为标准电阻，I_c 为流过负载的电流。

2）恒压法测电阻

如图 3.5 所示电路，设 V_{ref} 为恒定的电压，R_O 为标准电阻，则 $V_O = V_{ref}R_O/(R_X + R_O)$，经过推导后得到

$$R_X = V_{ref}R_O/V_O - R_O$$

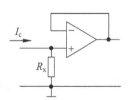

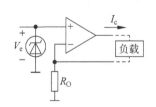

图 3.3　恒流法测电阻示意图一　　图 3.4　恒流法测电阻示意图二　　图 3.5　恒压法测电阻示意图

值得注意的是,采用恒压法测电阻时,参考电压、标准电阻的误差会直接反映在测量值中。

3.1.4 模拟信号的调理电路

信号调理电路是数据获取的组成部分,其输入是各种模拟采集器件或设备的输出电信号,输出是能更好地满足后续标准设备或装置要求的信号。例如,若传感器的输出电压信号较小(如毫伏级)或信号中存在一定的干扰,那么将该信号接入 ADC 前,必须首先经过信号调理电路对其进行处理。信号调理电路通常具有放大、滤波、信号变换、线性化、电平移动等功能。

在某些测量系统中信号调理的任务较复杂,除了实现上述功能外还要有诸如零点校正、温度补偿、误差修正和量程切换等功能环节。本节主要介绍信号调理电路中的放大电路、滤波电路、信号变换电路和信号线性化电路部分。

1. 放大器

放大器是信号调理电路中的重要元件,合理选择使用放大器是系统设计的关键。为了提高检测的精度需要放大电路兼有高输入阻抗、高共模抑制比、低功耗等特性。针对被放大信号的特点,并结合数据采集电路的现场要求,目前使用较多的放大器有测量放大器(或称仪表专用放大器)和程控增益放大器。

1)测量放大器

在数据采集系统中,被检测的物理量经过传感器变换成模拟电信号,其往往是很微弱的毫伏级电压信号,需要用放大器加以放大。目前市场上可以采购到的通用运算放大器一般都具有较大的失调电压和温漂,因此不能直接用于放大较微弱信号(微伏级或微安级)。

测量放大器是一种带有精密差动电压增益的器件,由于它具有高输入阻抗、低输出阻抗、强抗共模干扰能力、低温漂、低失调电压和高稳定增益等特点,使其在检测微弱信号的系统中被广泛用作前置放大器。

测量放大器一般是由三个运算放大器组成的,如图 3.6 所示。同相放大器 A_1、A_2 构成输入级,信号从 A_3 输出。

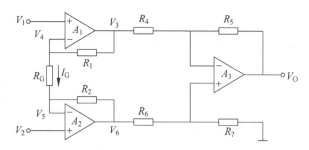

图 3.6 测量放大器示意图

测量放大器中的元器件尽量对称,即图中 $R_1 = R_2$,$R_4 = R_6$,$R_5 = R_7$。放大器闭环增益为

$$A_f = -(1 + 2R_1/R_G)R_5/R_4$$

假设 $R_4=R_5$，即第二级运算放大器增益为 1，则可以推出测量放大器闭环增益为

$$A_f=-(1+2R_1/R_G)$$

由上式可知，通过调节电阻 R_G，可以很方便地改变测量放大器的闭环增益。当采用集成测量放大器时，R_G 一般为外接电阻。

典型的集成测量放大器有美国 Analog Device 公司的 AD522、AD512、AD620、AD623、AD8221，BB 公司的 INA114、118，Maxim 公司的 MAX4195、MAX4196、MAX4197 等。其中，INA114 是一种通用测量放大器，尺寸小、精度高、价格低。其主要性能如下。

(1) 失调电压低(≤50μV)；

(2) 漂移小(≤0.25μV/℃)；

(3) 输入偏置电流低(≤2nA)；

(4) 共模抑制比高(在增益为 $G=1000$ 时≥115dB)。

2）程控增益放大器

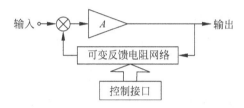

图 3.7　程控增益放大器

在许多实际应用中，为了在整个测量范围内获取合适的分辨率，常采用可变增益放大器。可变增益放大器的增益由微处理器的程序控制，这种由程序控制增益的放大器称为程控放大器。可变增益放大器内部结构如图 3.7 所示。

在图 3.7 中，可变电阻网络框内包含多个不同阻值的电阻和模拟开关。其中，模拟开关的闭合位置受控制接口信号的控制，模拟开关闭合位置不同使反馈电阻不同，从而实现放大器的增益由程序控制。如果放大倍数小于 1，程控反相放大器构成程控衰减器。

集成程控放大器种类繁多，如单端输入的 PGA103、PGA100；差分输入的 PGA204、PGA205 等。以 BURR-BROWN 公司的 PGA202/203 程控放大器为例，它应用灵活方便，又无须外围芯片，而且 PGA202 与 PGA203 级联使用可组成 1～8000 倍的 16 种程控增益，其性能参数如下。

(1) PGA202 的增益倍数为 1,10,100,1000；PGA203 的增益倍数为 1,2,4,8。

(2) 增益误差：$G<1000$ 时，0.05%～0.15%；$G=1000$ 时，0.08%～0.1%。

(3) 非线性失真：$G=1000$ 时，0.02%～0.06%。

(4) 快速建立时间：2μs，快速压摆率：20V/μs。

(5) 共模抑制比：80～94dB。

(6) 频率响应：$G<1000$ 时，1MHz；$G=1000$ 时 250kHz。

(7) 电源供电范围：±6～±18V。

PGA202/203 采用双列直插封装，根据使用温度范围的不同，分为陶瓷封装(−25～+85℃)和塑料封装(0～+70℃)两种。引脚排列和内部结构如图 3.8 所示。其中，A_0、A_1 为增益数字选择输入端。

PGA202 不需任何外部调整元件就能可靠工作。但为了保证性能更好，在正、负电源端分别连接一个 1μF 的旁路钽电容到模拟地，且尽可能靠近放大器的电源引脚，如图 3.9 所

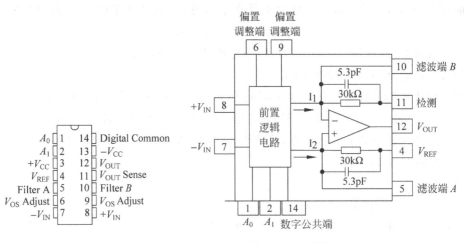

图 3.8　PGA202/203 引脚排列和内部结构图

示。由于 11 脚、4 脚上的连线电阻都会引起增益误差,因此 11 脚、4 脚连线应尽可能短。

2. 滤波器

滤波器是一种用来消除干扰杂波的器件,将输入或输出经过过滤而得到纯净的直流电信号。滤波器就是对特定频率的频点或该频点以外的频率进行有效滤除的电路,其功能就是得到一个特定频率或消除一个特定频率。例如,有低频滤波器、高频滤波器、带通滤波器和带阻滤波器等。总之,滤波器让有用信号尽可能无衰减地通过,对无用信号尽可能大地衰减。

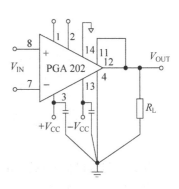

图 3.9　PGA202 的基本用法

在进行模拟滤波设计时,也应考虑尽可能使用集成解决方案。常用的集成滤波器有:低通电源开关滤波器,如 MAX7420、MAX7480、MAX7419、MAX7418 等;可配置开关电容滤波器,如 MAX260、MAX263 等。

信号的滤波可采用模拟滤波的方式,也可采用数字滤波的方式。与模拟滤波方式相比,数字滤波具有灵活性强、滤波效果好的特点。而且滤波操作由微处理器执行软件实现,不需要额外的硬件电路。与其他器件相比,由处理器进行数字滤波时功耗相对低而且参数调整容易。由于模拟滤波具有分辨率有限、动态范围小、响应慢等缺点,因此,在满足滤波性能要求的前提下应尽可能选用数字滤波方式。有关数据滤波技术详见 3.3.1 节。

3. 信号变换电路

为了使信号便于处理,对各种输出信号进行变换也是常用的信号调理手段。例如,采用电压/频率变换对电压信号进行频率调制,以便电气隔离和数字化;采用交流/直流变换将输入信号的交流参数,如峰值、有效值、绝对平均值提取出来;采用电压/电流变换可将电压信号变成抗干扰能力强的电流源信号。

在对信号变换电路进行设计时,同样应优先考虑选用要求外围元器件少的集成器件实现。常用的集成电压/频率变换器有 AD537、AD650、AD652、VFC32K、VFC100A、LM331、RC4151 等,常用的集成交流/直流变换器有 AD536、AD636、AD637 等。

4. 信号线性化电路

由于大多数传感器对被测对象的变化具有非线性响应,必须附加线性调理电路进行调整。因此,信号的线性化也是一种通用的信号调理环节。

信号的线性化过程可通过硬件电路的形式实现,也可通过软件处理形式实现。硬件线性化实现较困难,而且范围有限。同时硬件电路也给系统带来了一定的功耗负担,而与硬件电路相比,一般情况下由处理器实现线性化时所消耗的功率相对低。所以,应优先考虑以软件处理方式替代硬件线性化。这不仅容易实现,而且功耗也相应减少。但是,软件处理方式会带来一定的时延。所以,必须是在满足实时性要求的前提下优先考虑软件线性化。当不能采用软件线性化方式时,一般选用集成模拟运算器件的实现方式,也会比采用分立元器件方式的功耗要低。

3.1.5　模/数转换器原理及应用

在嵌入式处理器系统中处理的都是数字量,而自然界中大部分物理量又都是模拟量,所以需要一种转换器件来将模拟量转换成数字量,这种器件就是模/数转换器(A/D 转换器或ADC)。模/数转换器一般常用于信号的检测系统中,而数模转换器(DAC)与之正好相反,一般用于控制系统的输出电路中。

模拟信号是具有连续值的信号,例如温度或速度,其可能值有无限多个。数字信号是具有离散值的信号。在微处理器系统中,数字信号可以用二进制编码表示。有了模拟信号和数字信号之间的转换,就可以将微处理器用于模拟环境中。

1. A/D 转换器的分类

按照 A/D 转换器工作原理区分,常用的 A/D 转换器有逐次逼近型、积分型、Σ-$\triangle$ 调制型、并行比较型和压频变换等类型。下面将简单介绍这几种类型 A/D 转换器的主要特点,以便在实际应用中进行选择。

逐次比较型:逐次比较型 A/D 内部由一个比较器和 D/A 转换器采用逐次比较逻辑构成。工作时从最高位 MSB 开始,顺序地对每一位将输入电压与内置的 D/A 转换器输出进行比较,经 n 次比较而输出数字值。优点是速度较高、功耗低。

双积分型:积分型 A/D 工作原理是将输入电压转换成时间或频率,然后由定时器/计数器获得数字值。优点是具有高分辨率和抗工频干扰能力强。缺点是转换精度依赖于积分时间,所以转换速度相对要慢一些。

Σ-$\triangle$ 调制型:Σ-$\triangle$ 型 A/D 由积分器、比较器、一位 D/A 转换器和数字滤波器等组成。其中,Σ 表示求和,$\triangle$ 表示增量。其工作原理近似于积分型,将输入的电压积分转换为时间信号,用数字滤波器处理后得到数字值。因此具有低速高分辨率的特点,常用于音频测量等方面的应用。

并行比较型:并行比较型 A/D 采用多个比较器,仅做一次比较就能实现转换。由于转

换速率极高，n 位的转换器需要 2^n 个电阻和 $2n-1$ 个比较器。因此其电路规模大、价格高，适用于视频等速度特别高的领域。

电压/频率变换型：电压/频率变换型是通过间接转换方式实现模数转换的。其原理是首先将输入的模拟电压信号转换成频率，然后用计数器将频率转换成数字量。其优点是分辨率高、功耗小、价格低。

按照 A/D 转换器的转换精度区分，有 8 位、10 位、12 位、14 位、16 位、24 位、3 位半、4 位半等类型。

按照 A/D 转换器的转换速度区分，有慢速、中速、高速 ADC 等类型。

按照 A/D 转换器的输出接口方式区分，有并行接口和串行接口方式。

2. A/D 转换器的主要技术指标

A/D 转换器主要的技术指标如下。

1) 分辨率和量化误差

ADC 的分辨率又称为 ADC 的精度，其定义为 ADC 所能分辨的输入模拟量的最小变化量。例如，满量程输入电压为 5V、内部为 8 位的 ADC，则分辨率为

$$5V/(2^8-1) = 5000mV/255 = 19.6mV$$

有时也将分辨率以 ADC 输出的二进制或十进制数的位数 LSB 表示。例如，输出为 12 位二进制数，分辨率为

$$LSB = 1/2^{12} = 1/4096$$

由 ADC 的有限分辨率而引起的误差称为量化误差，即有限分辨率 A/D 的阶梯状转移特性曲线与无限分辨率 A/D 的转移特性曲线之间的最大偏差。通常是指 1/2 个最小数字量的模拟变化量，表示为 1/2 LSB。

2) 转换速度

A/D 转换器的转换速度常用转换时间或转换速率描述。转换时间指完成一次 A/D 转换所需要的时间。转换速率是转换时间的倒数，一般指在 1s 内可以完成的转换次数。转换速率越高越好。例如，积分型 ADC 的转换时间是毫秒级，属于低速 ADC；逐次比较型 ADC 是微秒级，属于中速 ADC；全并行型 ADC 可达到纳秒级，属于高速 ADC。

3) 转换误差

转换误差通常以输出误差的最大值形式给出，表示实际输出的数字量与理论上应该输出的数字量之间的差别，一般以相对误差的形式给出，并以最低有效位的倍数表示。例如，转换误差<±LSB2，表示实际输出的数字量与理论应得到的输出数字量之间的误差小于最低有效位的半个字。转换误差综合地反映了 ADC 在一定使用条件下总的偏差(不包含量化误差，因为量化误差是必然存在不可消除的)，通常会在技术参数手册中给出。

4) 满量程输入范围

满量程输入范围是指 ADC 输出从零变到最大值时对应的模拟输入信号的变化范围。例如，某 12 位 ADC 输出 000H 时对应输入电压为 0V，输出 FFFH 时对应输入电压为 5V，则其满量程输入范围是 0~5V。

其他指标还有偏移误差、线性度等。

3. A/D 转换器的选用原则

不同的系统所要求使用的 A/D 转换器输出的数据位数、系统的精度、线性度等也不同。一般而言,选用 A/D 转换器的原则应主要考虑下列几点。

1) 采样速度

采样速度决定了数据采集系统的实时性。采样速度由模拟信号带宽、数据通道数和每个周期的采样数来决定。采集速度越高,对模拟信号复原得越好,也即实时性越好。根据奈奎斯特采样定理可知,数据采集系统对源信号无损再现的必要条件是,采样频率至少为被采样信号最高频率的两倍。

2) A/D 转换精度

A/D 转换精度与 A/D 转换的分辨率有密切关系。在一个复杂的检测系统中,各环节的误差、信号源阻抗、信号带宽、A/D 转换器分辨率和系统的通过率都会影响误差的计算。正常情况下,A/D 转换前向通道的总误差应小于等于 A/D 转换器的量化误差,否则选取高分辨率 A/D 转换器也没有实际意义。

3) 孔径误差

A/D 转换是一个动态的过程,需要一定的转换时间。而输入的模拟量总是在连续不断变化的,这样便造成了转换输出的不确定性误差,即孔径误差。为了确保较小的孔径误差,则要求 A/D 转换器具有与之相适应的转换速度。否则,就应该在 A/D 转换器前加入采样/保持电路以满足系统的要求。

4) 系统通过率

系统的通过率由模拟多路选择器、输入放大器的稳定时间、采样/保持电路的采集时间及 A/D 转换器的转换时间确定。

5) 基准电压源

基准电压源的参数有电压幅度、极性及稳定性,基准电压源对 A/D 转换的精度有很大的影响。

另外,在实际应用中还要考虑成本及芯片来源等其他因素。

4. 逐次逼近型 A/D 转换器

逐次逼近型 A/D 转换器的转换过程与用天平称重相似。天平称重物过程是从最重的砝码试放,与被称物体进行比重。若物体重于砝码,则该砝码保留,否则移去。再加上第二个次重的砝码,由物体的重量是否大于砝码的重量决定第二个砝码是留下还是移去。照此一直加到最小一个砝码为止。将留下的砝码重量相加,就是物体的重量。

逐次逼近型 A/D 转换器内部结构组成主要包括比较器、D/A 转换器及基准电压 V_{REF}、控制电路、逐次近似寄存器等部分。在目前应用的一些中高档微处理器中,内部都集成有逐次比较式 A/D 转换器。逐次逼近型 A/D 转换器就是将输入模拟信号 V_i 与不同的比较电压 V_o 做多次比较,使转换所得的数字量在数值上逐次逼近输入模拟量对应值。在比较工作开始时,需要设置逐次逼近寄存器输入数字量,按照从高位到低位逐次进行。通过 D/A 转换后的 V_o 的不同输出电压与 V_i 的比较来确定各位数码的“0”“1”状态,使转换所得的数字量在数值上逐次逼近输入模拟量的对应值。

下面举例说明 4 位逐次逼近型 A/D 转换器转换过程，4 位逐次逼近型 A/D 转换器结构如图 3.10 所示。假设输入模拟电压 $V_i = 3.44V$，D/A 转换器的基准电压 $V_{REF} = 5V$。

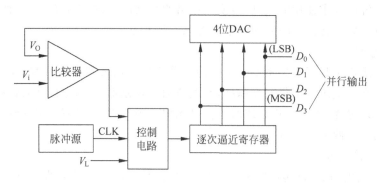

图 3.10　4 位逐次逼近 A/D 转换结构原理图

A/D 转换开始前将逐次逼近寄存器输出清零（即 0000），4 位 DAC 输出的模拟电压 $V_O = 0$。首先在 CLK 第一个时钟脉冲作用下，控制逐次逼近寄存器输出为 1000，经过 D/A 转换器转换为与之对应的新模拟电压 $V_O = V_{REF}/2 = 2.5V$，送入比较器与模拟输入信号 $V_i = 3.44V$ 进行比较。由于 $V_i > V_O$，逐次逼近寄存器高位的 1 应保留。在第二个时钟脉冲作用下，按同样的方法将次高位置 1，使逐次逼近寄存器输出 1100，此时经 D/A 输出 $V_O = 3V_{REF}/4 = 3.625V$。由于 $V_i < V_O$，确定次高位的 1 应该删除。在第三个时钟脉冲作用下，使逐次逼近寄存器输出 1010，此时经 D/A 输出 $V_O = 5V_{REF}/8 = 3.125V$。由于 $V_i > V_O$，确认逐次逼近寄存器该位的 1 应保留。在第四个时钟脉冲作用下，使逐次逼近寄存器输出 1011，此时经 D/A 输出 $V_O = 11V_{REF}/16 = 3.4375V$。由于 $V_i > V_O$，确认逐次逼近寄存器该位的 1 应保留。所以，经 4 次比较后最终得到转换数值为 1011。

逐次逼近型 ADC 的转换时间取决于输出数字位数 n 和时钟频率，如转换的位数越多或转换时钟频率越低，则 A/D 转换所需要的时间越长。在 ADC 输出相同位数的情况下，该转换方式的转换速度较快并且所用器件少，故在大多数嵌入式微处理器内部都集成有该类型 ADC。

5. A/D 转换器接口应用

由于目前不同厂商生产的 A/D 转换器种类繁多，性能参数又各有不同，所以在将 A/D 转换器与微处理器相连时，应该考虑如下一些问题。

（1）数据输出线的连接，按数据线的输出方式主要分为并行和串行两种；

（2）A/D 转换的启动信号的连接；

（3）转换结束信号的处理方式；

（4）时钟的提供；

（5）参考电压的接法，采用片内式还是外接参考电压。

1）A/D 转换器的控制方式

根据 A/D 转换器与微处理器的连接方式及要求的不同，A/D 转换器的控制方式有程序查询方式、延时等待方式和中断方式。

(1) 程序查询方式

首先由微处理器向 A/D 转换器发出启动信号,然后读入转换结束信号,查询转换是否结束。若结束,读取数据。否则继续查询,直到转换结束。该方法简单可靠,但查询占用微处理器时间,效率较低。

(2) 延时等待方式

微处理器向 A/D 转换器发出启动信号之后,根据 A/D 转换器的转换时间延时,一般延时时间稍大于 A/D 转换器的转换时间,延时结束读入数据。该方式简单,不占用查询端口,但占用微处理器时间,效率较低,适合微处理器处理任务少的情况。

(3) 中断方式

微处理器启动 A/D 转换后可去处理其他事情,A/D 转换结束后主动向微处理器发出中断请求信号,响应中断后再读取转换结果。微处理器可以和 A/D 转换器并行工作,提高了微处理器工作效率。

2) 微处理器片内 ADC 应用实例

S3C2440 是韩国三星电子公司推出的一款基于 ARM920T 处理器核的 16/32 位 RISC 体系结构和指令集的嵌入式微处理器。ARM920T 核由 ARM9TDMI、存储管理单元 MMU 和高速缓存三部分组成。其中,MMU 可以管理虚拟内存;高速缓存由独立的 16KB 地址和 16KB 数据高速 Cache 组成。内部含有两个内部协处理器 CP14 和 CP15。CP14 用于调试控制,CP15 用于存储系统控制以及测试控制。微处理器内部采用了 $0.13\mu m$ 的 CMOS 标准宏单元和存储器单元,以及内部高级微控制总线 AMBA 总线架构。通过提供一套完整的通用系统外设,减少整体系统成本和无须配置额外的组件。S3C2440 其低功耗、全静态的设计特别适合于对成本和功率敏感型的应用,主要面向手持式设备以及高性价比、低功耗便携式产品的应用。

S3C2440 微处理器内部集成了一个 8 通道 10 位 A/D 转换器,A/D 转换器自身具有采样保持功能。并且,S3C2440 的 A/D 转换器支持触摸屏接口。触摸屏接口可以控制或选择触摸屏触点用于 X/Y 坐标的转换。触摸屏接口包括触摸触点控制逻辑和有中断产生逻辑的 ADC 接口逻辑。A/D 转换器的主要特性如下。

(1) 分辨率:10 位;精度:± 1LSB。

(2) 线性度误差:$\pm 1.5 \sim 2.0$LSB。

(3) 最大转换速率:当 CLK 频率为 50MHz 和预分频器(预定标器)值为 49,共 10 位转换时间如下。

$$AD \text{ 转换器频率} = 50\text{MHz}/(49+1) = 1\text{MHz}$$
$$\text{转换时间} = 1/(1\text{MHz}/5\text{cycles}) = 1/200\text{kHz} = 5\mu s$$

注意:ADC 设计在最大 2.5MHz 时钟下工作,所以转换率最高达到 500ks/s。

(4) 输入电压范围:0~3.3V。

(5) 系统具有采样保持功能,常规转换和低能源消耗功能,独立/自动的 X/Y 坐标转换模式。

S3C2440 微处理器 A/D 转换器与触摸屏接口内部结构图如图 3.11 所示。

S3C2440 微处理器中带有逐次逼近型的 ADC,其内部结构主要由逐次逼近寄存器 SAR、D/A 转换器、比较器以及时序和控制逻辑电路等部分组成。当 ADC 被触摸屏接口使

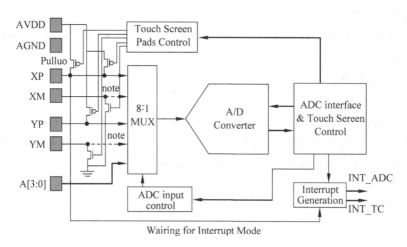

图 3.11 A/D 转换器和触摸屏接口的功能模块图

用时,图中 XP 连接触摸屏 X 轴的输入端,YP 连接触摸屏 Y 轴的输入端,XM 和 PM 应该接触摸屏接口的地。当不使用触摸屏设备时,触摸屏触点(YM、YP、XM、XP)无效,这些引脚应该用于作为 ADC 的模拟输入引脚(AIN4、AIN5、AIN6、AIN7)转换用。

S3C2440 微处理器内部 ADC 控制寄存器 ADCCON 的功能描述如表 3.1 所示。

表 3.1 ADCCON 的功能描述

寄存器	地址	读写	描述	复位值
ADCCON	0x58000000	R/W	ADC 控制寄存器	0x3FC4

ADCCON 寄存器各位定义如表 3.2 所示。

表 3.2 ADCCON 各位定义

ADCCON	位	描 述	初始值
ECFLG	[15]	转换标志结束(只读 0:AD 转换在过程中;1:AD 转换结束)	0
PRSCEN	[14]	AD 转换器预分频器使能 0:无效;1:有效。恒定设置 1	0
PRSCVL	[13:6]	AD 转换器预分频器值,数值:0~255. 注意:ADC 的频率应该设置为至少小于 PCLK 的 1/5(Ex. PCLK=10MHz,ADC 频率<2MHz)	0xFF
SEL_MUX	[5:3]	模拟输入通道选择。000:AIN0 001:AIN1 010:AIN2 011:AIN3 100:YM 101:YP 110:XM 111:XP	0
STDBM	[2]	操作模式输入通道选择 0:普通操作模式(可以连续采样);1:备份模式(Standby Mode,只有在中断时采样),一般设置成普通模式	1
READ_START	[1]	AD 转换通过读取开始 0:通过读取操作开始无效;1:通过读取操作开始有效	0
START	[0]	AD 转换开始有效。如果 READ_START 有效,该值无效。 0:无操作;1:AD 转换开始且该位在开始后清零	0

ADC 测试实例硬件连接如图 3.12 所示,编写程序流程如图 3.13 所示。

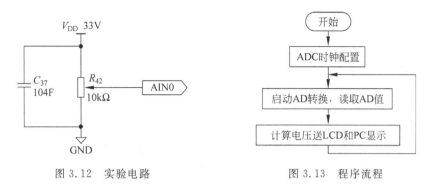

图 3.12 实验电路   图 3.13 程序流程

编程注意事项如下。

(1) A/D 转换的数据可以通过中断或查询的方式来访问。使用中断方式整个转换时间(从 ADC 开始到转换数据读取)可能会因为中断服务程序的返回时间和数据访问时间而延长。使用查询方式,通过查看 ADCCON[15]位(转换标志结束位),ADCDAT 寄存器的读取时间可以确定。

(2) 提供另外的开启 A/D 转换的方法。在 ADCCON[1]置 1(A/D 转换开始读取模式),只要转换数据被读取,A/D 转换同时开始。

ADC 测试程序编写如下。

```c
void Test_Adc(void)
{
    unsigned short a0 = 0;                    //保存转换的二进制转换结果
    float Vi;                                 //输入的模拟电压
    /* 保存浮点数转换成字符串的数组 */
    char adc_value[] = {'0','.','0','0','0','0','V','\0'};
    /* 保存 rADCCON 的配置,测试后还原,当使用到多路测试时有用 */
    U32 rADCCON_save = rADCCON;
    /* 打印串口提示信息 */
    Uart_Printf("ADC INPUT Test,press ESC key to exit! \n");
    /* 设置时钟分频化 */
    preScaler = ADC_FREQ;
    /* 打印 ADC 转换频率 */
    Uart_Printf("ADC conv.freq. = % dHz\n",preScaler);
    /* 设置分频系数 */
    preScaler = 50000000/ADC_FREQ - 1;        //PCLK:50.7MHz
    /* 打印分频值 */
    Uart_Printf("PCLK/ADC_FREQ - 1 = % d\n",preScaler);
    /* 不按下 Esc 键,则循环转换电压 */
    while(Uart_GetKey()!= ESC_KEY)
    {
        /* 电压采集 */
        a0 = ReadAdc(0);
        /* 计算电压 */
        Vi = (a0 * 3.3)/1024;
        /* 串口打印电压值 */
```

```
        Uart_Printf("AIN0:%0.4fV\n",Vi);

        /*电压转换成字符串*/
        sprinft(adc_value,"%0.4f",Vi,);

        /*LCD显示电压值*/
        Draw_Text_8_16(10,200,0x0,0xffff,"voltage:");
        Draw_Text_8_16(10+8*8,200,0x0,0xffff,(const unsigned char *)adc_value);
        Delay(300000);                          //延时
    }
    rADCCON = rADCCON_save;                      //测试完成恢复 rADCCON 值
    Uart_Printf("\nrADCCON = 0x%x\n",rADCCON);   //打印 rADCCON 值
}


/*利用冒泡排序法排序取中值*/
#define N 11
unsigned short filter(void)
{
    unsigned short value_buf[N];
    unsigned short temp;
    char count,i,j;
    for(count = 0;count < N;count++)
    {
        value_buf[count] = ReadAdc(0);
        Delay(1);
    }
    for(j = 0;j < N-1;j++)
    {
    for(i = 0;i < N-1;i++)
        {
        if(value_buf[i]> value_buf[i+1])
            {
                temp = value_buf[i];
                value_buf[i] = value_buf[i+1];
                value_buf[i+1] = temp;
            }
        }
    }
    return value_buf[(N-1)/2];
}


/*读取指定 ADC 模拟通道,返回精度为 10 位的 AD 值*/
unsigned short ReadAdc(int ch)
{
    /*预分频技能,设置分频值 preScaler,选择读取通道 ch*/
    rADCCON = (1 << 14)|(preScaler << 6)|(ch << 3);   //设置通道
    /*启动 ADC 转换*/
    rADCCON| = 0x1;
    /*等待 ADC 启动完成*/
    while(rADCCON&0x1);
    /*等待 ADC 转换结束*/
```

```
        while(!(rADCCON&0x8000));
        /* 返回 10 位二进制 AD 转换结果 */
        return((int)rADCDAT0&0x3ff);
}
```

3.2　数字信号与非电量参数的检测技术

数字信号的检测技术包括对开关量信号、时间型信号、频率及周期型信号的检测技术和非电量参数的检测技术。

3.2.1　开关量信号的检测

开关量信号是指只有开和关(或通和断、高和低)两种状态的信号,它们可以用二进制数 0 和 1 表示。对采用嵌入式微处理器的检测系统而言,其内部已具有并行 I/O 端口。当外界开关量信号的电平幅度与微处理器或微控制器 I/O 端口电平幅度相符时,可直接检测和接收开关量输入信号。但如电平不符,则必须经过电平转换才能输入到微处理器或微控制器的 I/O 端口。由于外部输入的开关量信号经常会产生瞬时高压、过电流或接触抖动等现象,因此为了使信号安全可靠,开关量信号在输入微处理器之前需要接入相关的输入接口电路,以便对外部信号进行滤波、电平转换和隔离保护等。这种对开关量形式的信号进行放大、滤波、隔离等处理,使之成为微处理器能接收的逻辑信号的电路被称为开关量输入通道。

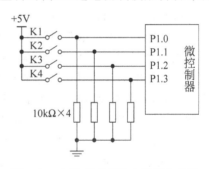

图 3.14　四路开关量输入通道电路图

简单的四路开关量输入通道如图 3.14 所示。当开关断开时,相应的微处理器输入口的状态为"0"。当开关闭合时,相应的微处理器输入口的状态为"1",由此可以识别开关的状态。

3.2.2　时间型信号的检测

时间型信号的检测又称为时间间隔的测量。时间间隔的测量包括在一个周期信号波形上同相位两点间的时间间隔(即波形周期)的测量,包括同一信号波形上两个不同点之间的时间间隔的测量。还可以包括两个信号波形上,两点之间的时间间隔检测。典型的时间型信号的测量工作波形如图 3.15 所示。从图 3.15 中可以看出,根据累计的时标脉冲的个数就可以计算出被检测的时间间隔。

另外,如果需要检测某个信号的脉冲宽度,可以采取在该脉冲的上升沿开始对时标脉冲进行计数,在被检测脉冲的下降沿停止计数,这样所计时标数即为脉冲宽度所经历的时间。在实际检测中,首先需要将被测信号经电平转换为电平适合于微控制器处理的信号。如果待测时间适合微处理器的定时器处理,可直接利用微处理器的定时器求得。如在图 3.16 所示的电路中,可以用查询的方式采样被测脉冲宽度。在信号的上升沿启动内部定时器,在信号的下降沿关闭内部定时器,最后用定时器的计数值和时基确定所求脉冲宽度的时间值。

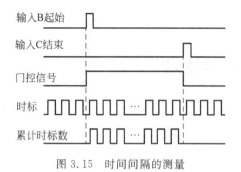

图 3.15　时间间隔的测量

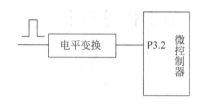

图 3.16　利用微处理器的定时器检测方式

3.2.3　频率及周期型信号的检测

频率量和周期量是数字脉冲型信号,其信号幅值的大小与被测值无关。但是信号幅值过小达不到 TTL 电平时,微处理器将不能识别,如果信号幅值过大又会损坏检测芯片。所以,该类信号也要有前置放大或者衰减电路。这样,可以使测量电路具有较宽的适应性。此外,被测信号也可能带有一定的干扰信号,因此需要增加一些适当的低通滤波措施。

基本的频率测量电路如图 3.17 所示,这种方式适合于测量频率适中的频率量。首先,将被测信号 V_t 经过放大或者衰减、滤波及整形电路后变成一个标准的 TTL 信号,直接加在微处理器的计数端。然后,采用被测脉冲作为时钟触发微处理器内部计数器进行计数。微处理器内部另外设定一个定时器,在规定的时间根据计数数目,求得被测信号的频率。设规定时间为 T_0,计数器的计数值为 N,被测信号的频率为 F,则

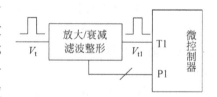

图 3.17　基本的频率测量电路

$$F = N/T_0 \text{(Hz)}$$

对于检测系统来说,应该主要保证高的测量精度,且电路要尽可能简单。通常,使用微处理器中的计数器可以直接按照 $F=N/T_0$ 所表达的频率的定义进行测量。考虑到计数器在计数时必然存在的 ± 1 误差,所以测量低频信号时不宜采用直接测频的方法。否则,± 1 误差带来的影响会比较大。例如,50Hz 的频率在 1s 只能计 50 个数,按 1s 刷新一次的设置,其测试精度只有 ± 1Hz。在低频信号频率测量时可以改为先测量信号的周期,然后计算其倒数得到频率值,这样的方式称为测周期的方法。注意,测周期的方法同样不适用测量较高频率信号的场合。

测量周期的基本电路如图 3.18 所示,首先将被测信号 V_t 经过放大或者衰减、滤波及整形电路后变为 TTL 电平 V_{t1}。然后,V_{t1} 再经过 2 分频变为 50% 占空比的对称方波 V_{t2},V_{t2} 接入微处理器的中断口(如 INT1 时),V_{t2} 的正脉冲宽度正好是被测信号的周期值,微处理器可用 INT1 上升沿启动内部计数器开始计数。再用 INT1 下降沿结束计数器,由此计算被测信号周期。设内部计数器时钟周期为 T_c,计数值 N 则为被测信号的周期。如果要得到被测信号的频率求其倒数即可。

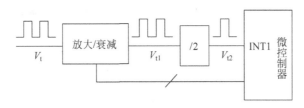

图 3.18　测量周期的基本电路

由于频率和周期互成倒数关系,无论要得到频率值还是周期值,都可以遵循在检测高频信号时采用测频率方式。在检测低频信号时则应该采用测周期方式的原则,这样做的结果是不管被测信号在什么频段内都可以达到要求的测量精度。

3.2.4　非电量参数的检测

本节介绍的非电量参数的检测包含视觉的检测、音频信号的检测。

1. 视觉信号的检测

视觉识别系统是能获取视觉图像,而且通过一个特征抽取和分析的过程自动识别限定的标志、字符、编码结构,或者可作为确切识别的基础呈现图像的其他特征。

视频分析技术属于模式识别技术的一种,它是通过设计一定的计算机算法,从视频中分析、提取和识别个体运动行为的特征,令计算机做出判断或记忆。实现令计算机"代替"人进行监控,也即实现了"自动监控"或是"智能监控"。从更形象一点儿的角度来解释,监控系统中摄像头和视频传输技术解决了"眼睛"的问题,使监控人员能够在不身处现场的情况下通过摄像头看到现场的情景。而这一现场还由于传输技术的进步摆脱了地域的限制,甚至可以在千里之外(通过数字网络传输视频)实现监控功能。

视频识别主要的技术是在视频画面中找出一些局部的共性。如人脸必然有两个眼睛,我们可以找到双目的位置,那么就可以定性人脸的位置及尺寸。不过,以现有的技术来说,人脸识别系统必须在双目可视的情况下才可进行人脸比对。其主要应用包括:人脸识别系统,车牌识别系统,照片比对系统,工业自动化上的机器视觉系统等。

视频识别的实现过程为主摄像机对视频监控区域的全景范围进行图像抓拍,并将抓拍到的图像传至视频服务器处理。视频服务器处理图像数据以提取目标的位置信息,对各个附属摄像机进行调度。附属摄像机根据目标的位置信息对目标进行锁定跟踪,自动进行镜头缩放,以获得目标的清晰图像。如此一来,系统能对监控区域进行全方位的跟踪,并能对进入监控区域的目标进行自动锁定跟踪。而且响应速度快、精确度高。随着自动化的发展,视觉技术可与其他自动识别技术结合起来应用。下面介绍一下视觉检测系统结构组成和固体图像传感器。

1) 视觉检测系统结构组成

视觉检测系统通常是由光源、被测物体、图像采集系统(包成像系统、图像传感器)、数字图像处理、微处理器及其接口、监视器和图像显示与输出装置等组成。其中,光源为视觉检测系统提供足够的照度,使被测物体通过成像系统清晰成像。图像采集系统完成采集图像,并转换为数字图像储存在图像存储设备中。微处理器对数字图像信号进行理、分析、判断和识别,最终显示和输出测量结果。监视器主要用于观察图像。视觉检测系统组成的原理如图 3.19 所示。

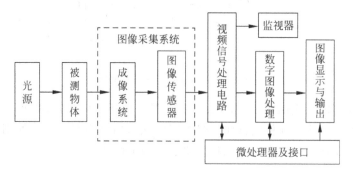

图 3.19　视觉检测系统组成的原理框图

光源可分为自然光源和人工光源等。自然光源包括太阳、星体和大气等各种天体;人工光源按发光原理可分为荧光灯光源、卤素灯光源、气体放电灯光源、半导体发光二极管光源以及激光光源等。

在视觉检测系统中,成像系统包括光学成像系统、红外成像系统和过程层析成像系统等。光学成像系统是将被测对象通过光学的方法以一定的放大倍率成像在图像传感器上,通常可以根据物像面位置、物像面大小等成像条件分为照相摄影、显微、望远或投影等典型光学系统。

红外成像系统利用红外探测器、光学成像物镜和光机扫描系统,接收被测目标的红外辐射能量分布图形反映到红外探测器的光敏元件上。在光学系统和红外探测器之间,有一个光机扫描机构对被测物体的红外图像进行扫描,并聚焦在单元或分光探测器上。由探测器将红外辐射能转换成电信号,经放大处理、转换成标准视频信号后通过电视屏幕或监测器显示红外热像图。

数字图像处理与图像识别是通过计算机软件编程实现的,主要包括图像增强、图像滤波、边缘检测和图像描述与识别等。

图像增强是为了提高图像的视觉效果,减少图像中的噪声,弥补成像质量的缺陷和不足。图像增强所采用的方法主要是进行图像灰度的修正,例如,对被测物体的灰度直方图拉伸,将原来的窄分布改变为宽分布,使被测物黑的更黑、白的更白、对比度更强,提高了检测精度。而对其他干扰的灰度直方图进行压缩,将原来的宽分布改变为窄分布,使背景的灰度变得模糊,降低其对测量结果的影响。

图像滤波被应用在视觉检测系统中,由于采样、量化、传递以及电磁干扰的影响,图像中不可避免地存在各种噪声和畸变。因此,必须对图像进行滤波或平滑化。常用的图像滤波方法有均值滤波、中值滤波、高斯滤波和边缘保持滤波等。

边缘检测是视觉信息处理的基础,是图像处理中不可缺少的部分。边缘是指图像局部亮度变化最显著的部分,而实际上物体边缘处灰度变化是连续的,并存在一个明显的过渡过程。

图像描述是为了从图像中提取特征参数,达到对图像进行识别的目的。图像识别一般是由图像信息获取、图像处理和特征参数提取和图像判决等部分组成。

2）固体图像传感器

固体图像传感器是现代视觉信息获取的一种基础器件,能实现信息的获取、转换和视觉功能的扩展(光谱拓宽、灵敏度范围扩大),并能给出直观、真实、层次最多、内容最丰富的可视图像信息。

目前,固体图像传感器主要有三种类型：第一种是电荷耦合器件(CCD)；第二种是MOS 图像传感器,又称为自扫描光电二极管阵列(SSPA)；第三种是电荷注入器件(CID)。

电荷耦合器件(Charge Coupled Devices,CCD)是一种在 20 世纪 70 年代初问世的新型半导体器件。利用 CCD 作为转换器件的传感器,称为 CCD 传感器或称 CCD 图像传感器。CCD 器件有两个特点：一是它在半导体硅片上制有成百上千个(甚至数百万个)光敏元,它们按线阵或面阵有规则地排列。当物体通过物镜成像于半导硅平面上时。这些光敏元就产生与照在它们上面的光强成正比的光生电荷。二是它具有自扫描能力,亦即将光敏元上产生的光生电荷依次有规则地串行输出,输出的幅值与对应光敏元上的电荷量成正比。由于它具有集成度高、分辨率高、固体化、低功耗和自扫描能力等一系列优点,故很快地被应用于自动控制和自动测量领域,尤其适用于图像识别技术。目前,CCD 器件及其应用研究已取得了惊人的发展,已成为现代测试技术中最活跃、最富有成果的新兴领域之一。

CCD 传感器利用光敏元件的光电转换功能将透射到光敏元件上的光学图像转换为电信号"图像",即光强的空间分布转换为与光强成比例的、大小不等的电荷包空间分布,然后经读出移位寄存器的移位功能将电信号"图像"转送,并经放大器输出。CCD 传感器测量精度取决于 CCD 传感器像素与透镜视场的比值。要提高测量精度应当选择像素多的传感器,并尽量缩小视场。

由于传感器智能化和集成化的要求,使得固体图像传感器有三维集成的发展趋势。比如在同一硅片上,用超大规模集成电路工艺制作三维结构的智能传感器。该传感器采用了新颖的并行信号传送及处理技术,第一层到第二层以及第二层到第三层均采用并行信号传送,这样就大大提高了信号处理速度,可以实现高速的图像信息处理。当然,这种信号并行传送要求第二层和第三层电路也排成相应的面阵形式。该图像传感器的面阵为 500×500 的像元矩阵,整个图像传感器大约包含 2×10^7 个晶体管。

多个智能图像传感器可以组成图像识别系统,这个系统由光学透镜系统、多个智能图像传感器和一个计算机组成。其中,光学透镜系统生成平行光,给图像传感器提供物体的图像输入,每个智能图像传感器从输入的图像信息中提取不同的特征量,如轮廓、质地、形状、尺寸等。所有智能图像传感器所得图像特征信息将会同时送入计算机进行处理,最终达到对图像进行识别的目的。由于每个传感器的光学系统能快速地提取图像特征信息,因此可以实现快速的图像识别系统。

2. 声音信号的检测

早期的声码器可被视作语音识别及合成的雏形,其目标是将人类的语言转化为计算机可读的输入。语音识别技术的应用包括语音拨号、语音导航、室内设备控制、语音文档检索等。最早的基于计算机的语音识别系统是贝尔实验室开发的 Audrey 系统,它能够识别几个数字。语音识别技术的一个重大突破是隐马尔科夫模型的引入,经过若干专家、学者的推进,直到现在实现的一个基于隐马尔科夫模型的大词汇量、不特定语音、连续语音识别系统——Sphinx。

声音按其频率的不同可分为次声、可听声和超声。低于20Hz的为次声,高于20kHz的为超声,位于中部的即为可听声。声音主要是指20Hz～20kHz的可听音频信号。

音频信号是一种典型的连续时间信号。这种信号的特点是在一个指定的时间范围内有无穷多个幅值。在某些特定的时刻对这些信号进行测量叫采样,由这些特定时刻采样得到的信号称为离散时间信号。

对声音的采样过程如图3.20所示。采样得到的信号幅值是无穷多个值中的一个,这种由有限个数值组成的信号叫离散时间信号。

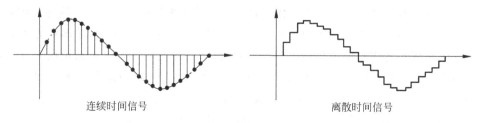

连续时间信号　　　　离散时间信号

图3.20　声音的采样过程

如图3.20所示,可以把声音信号自身的最高频率称为样本频率,把采集信号的频率称为采样频率。根据采样定理,为了正确地重构原信号,采样频率至少要为样本频率的两倍。因而对于音频信号的采样频率一般取44.1kHz,这主要是因为音频的最高频率为20kHz。低于此采样频率则会影响声音还原的质量,即会产生失真。声音信号输入计算机的流程如图3.21所示。数字音频的存储量可用以下公式估算声音数字化后每秒所需的存储量(未经压缩的):

$$存储量(B) = 采样频率 \times 量化位数 \div 8b$$

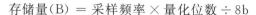
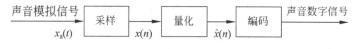

声音模拟信号 $x_a(t)$ →采样→ $x(n)$ →量化→ $\hat{x}(n)$ →编码→声音数字信号

图3.21　声音信号输入计算机的流程

声音识别的迅速发展以及高效可靠的应用软件的开发,使声音识别系统在很多方面得到了应用。这种系统可以用声音指令来实现"不用手"的数据采集,其最大特点就是不用手和眼睛。这对那些采集数据同时还要完成手脚并用的工作场合,以及标签仅为识别手段、数据采集不实际或不合适的场合尤为适用。

声敏传感器是一种将在气体、液体或固体中传播的机械振动转化成电信号的器件或装置,它用接触或非接触的方法检出信号。声传感器的种类很多,按测量原理可分为压电、电致伸缩效应、电磁感应、静电效应和磁致伸缩效应等。

1) 电阻变换型声敏传感器

按照转换原理讲,这类传感器可分为接触阻抗型和阻抗变换型两种。接触阻抗型声敏传感器的一个典型实例是碳粒式送话器。当声波经空气传播至膜片时,膜片产生振动,使膜片和电极之间碳粒的接触电阻发生变化,从而调制通过送话器的电流,该电流经变压器耦合至放大器放大后输出。阻抗变换型声敏传感器是由电阻丝应变片或半导体应变片粘贴在膜片上构成的。当声压作用在膜片上时膜片产生形变,使应变片的阻抗发生变化,检测电路将这种变化转换为电压信号输出从而完成声/电的转换。

2)压电声敏传感器

压电声敏传感器是利用压电晶体的压电效应制成的。压电晶体的一个极面和膜片相连接,当声压作用在膜片上产生振动时,膜片带动压电晶体产生机械振动,压电晶体在机械应力的作用下产生随声压大小变化的电压,从而完成声/电的转换。压电声敏传感器可广泛用于水电器件、微音器和噪声计等方面。

3)音响传感器

音响传感器有将声音载于通信网的电话话筒,将可听频带范围(20Hz～20kHz)的声音真实地进行电变换的放音、录音,或将从媒质所记录的信号还原成声音的各种传感器等。根据不同的工作原理(电磁变换、静电变换、电阻变换、光电变换等),可制成多种音响转换器。下面介绍几种音响传感器。

(1)驻极体话筒

驻极体是以聚酯、聚碳酸酯和氟化乙烯树脂作为材料的电介质薄膜,使其内部极化,并将电荷固定在薄膜的表面。将薄膜的一个面做成电极,与固定电极保持一定的间隙 d_0,并配置与固定电极的对面,驻极体内的电流与振动速度成比例。驻极体话筒体积小,重量轻,多用于电视讲话节目方面。

(2)录音拾音器

拾音器由机-电变换部分和支架构成,它可检测录音机 V 形沟纹里记录的上下、左右振动,其芯子大致可分为速度比例式(分为电动式和电磁式)与位移比例式(分为静电式、压电式和半导体式)。大多数电动式芯子,都包含磁芯,振动线圈本身交链磁通的变化产生输出电压,电磁式有动磁式(MM 型)、动铁式(MI 型)、磁感应式(IM 型)和可变磁阻式等。

(3)医用音响传感器

为了诊断疾病,常需要检测体内诸器官所发出的声音,如心脏的跳动声、心杂音、由血管的狭窄部分所发出的杂音、伴随着呼吸时肺膜发生的声音、肠杂音、胎儿心脏的跳动声等。例如,检测向胸腔壁传播的心脏跳动声、心脏杂音的信号,并通过放大器和滤波器加以组合,就可获得胸部的特定部位随时间而变化的波形,根据波形就可以进行诊断。

3.3 信息数据的处理技术

数据处理是指对系统的测量数据进行变换和处理,以便进行控制、显示和记录等。在数据采集系统中通过检测和测量获取的各种数据,由于数值范围不同,精度要求也不一样,各种数据的输入方法和表示方式各不相同。例如,有的参数只与单一的被测量有关,有的参数与几个被测量有关。输入与输出的关系有线性的,也有非线性的。除了含有用信号以外,还往往带有各种干扰信号。因此测量数据不能直接用来进行控制、显示和记录等,必须对其进行变换和处理,即数据处理,如数字滤波、标度变换、数值计算、逻辑判断、非线性补偿、数据压缩和解压等,以满足不同系统的需要。

目前主要依靠软件完成数据处理任务,如多种运算、自动修正误差、对被测参数进行较复杂的计算、处理和进行逻辑判断。采用软件处理具有精度高,而且稳定可靠、抗干扰能力强等优点。

3.3.1　数字滤波技术

在实际测量过程中,被测信号不可避免地会混杂一些干扰和噪声,导致测量误差。在系统中,可以采用软件的方法对测量结果进行正确处理,即通过一定的计算程序,对采集的数据进行某种处理,从而消除和削弱测量误差的影响,提高测量精度和可靠性。

随机误差由串入系统的随机干扰所引起,它是指在相同条件下多次测量同一物理量时,其大小和符号做无规则的变化,且无法进行预测。但在多次重复测量时,误差总体服从统计规律。

为了克服随机干扰引入的误差,可以采用硬件滤波,也可以采用软件算法来实现数字滤波。数字滤波方法可以有效抑制信号中的干扰成分,消除随机误差。同时对信号进行必要的平滑处理,以保证仪器及系统的正常运行。与硬件滤波相比,数字滤波具有如下优点。

(1) 因为采用了程序滤波,无须增加硬件设备,而且可以多通道共享一个滤波器(多通道共同调用一个滤波子程序),从而降低了成本。

(2) 由于不使用硬件设备,各回路间不存在阻抗匹配等问题,故可靠性高,稳定性好。

(3) 可以对频率很低的信号进行滤波,这是硬件滤波器很难做到的。

(4) 可根据需要选择不同的滤波方法或改变滤波器的参数,使用方便、灵活。

数字滤波算法可以根据不同的测量参数进行选择,常用的数字滤波算法有中值滤波、算术平均值滤波、递推平均值滤波、程序判断滤波、去极值平均滤波、一阶惯性滤波、高通数字滤波、复合数字滤波等。下面简单介绍一下中值滤波、算术平均值滤波和递推平均值滤波的数字滤波算法及其特点。

1. 中值滤波

中值滤波是对某一参数连续采样 N 次(N 取奇数),然后把 N 次采样值顺序排列,再取中间值作为本次采样值。中值滤波对于去掉由偶然因素引起的波动或采样器不稳定所引起的脉动干扰十分有效。对缓慢变化的过程变量采用此法也有良好的效果,但不宜用于快速变化的过程参数(如流量)。相关编程举例,详见第 3.1.5 节。

2. 算术平均值滤波

算术平均值滤波就是连续取 N 个采样值进行算术平均。其数学表达式为

$$\bar{y} = \frac{1}{N}\sum_{i=1}^{N} y_i$$

式中, N 为采样次数, y_i 为第 i 次采样值,显然 N 越大,结果越准确,但是计算时间也越长。这种滤波方法适用于对压力、流量等周期脉动的采样值进行平滑加工,但对脉冲性干扰的平滑作用不理想,不宜用于脉冲性干扰较严重的场合。

3. 递推平均值滤波

把 N 个测量数据 $y_1, y_2, \cdots, y_N$ 看成一个队列,队列的长度固定为 N 。每进行一次新的

测量,把测量结果作为队尾的 y_N,而扔掉队首的 y_1。这样,在队列中始终有 N 个"最新"数据。计算滤波值时,只要把队列中的 N 个数据进行算术平均,就可以得到新的滤波值。每进行一次测量,就可以计算得到一个新的平均滤波值。其数学表达式表示为

$$\overline{y_n} = \frac{1}{N} \sum_{i=0}^{N-1} y_{n-i}$$

式中,$\overline{y_n}$ 表示第 n 次采样值经滤波后的输出,y_{n-i} 表示未经滤波的第 $n-i$ 次采样值,N 表示递推平均项数。

递推平均滤波法对周期性干扰有良好的抑制作用,平滑度高,灵敏度低。但对偶然出现的脉冲干扰的抑制作用差,不易消除由于脉冲干扰引起的采样值偏差。因此它不适用于脉冲干扰比较严重的场合,而适用于高频振荡系统。

N 值的选取既要考虑计算滤波值时少占用微处理器的时间,又能达到较好的滤波效果,如表 3.3 所示为工程经验值。

表 3.3 工程经验值参考表

参数	流量	压力	液位	温度
N	12	4	4~12	1~4

3.3.2 信息数据的标度变换

生产过程中的各个参数都有不同的量纲和数值。比如温度的单位为℃,压力的单位为 Pa 或 MPa。在实际工程应用中,这些物理参数一般都要经传感器、信号调理、A/D 转换后才能由微处理器进行信号处理。当系统进行显示、记录、打印和报警操作时,必须把这些测得的数据转换成原物理量纲的工程实际值,这就需要进行标度变换。

假设在一个温度检测系统中,某种热电偶传感器把现场温度 0~1200℃ 转变为 0~48mV 直流信号,经输入通道中的运算放大器放大到 0~5V,再由 8 位 ADC 转换成 00H~FFH 的数字量,这一系列的转换过程是由输入通道的硬件电路完成的。微处理器读入该信号后,必须把这一个数值量再转换成量纲为℃的温度信号,才能送到显示器进行显示实际温度值。

在数据处理过程中标度变换是由软件完成的。线性标度变换一般是最常用的标度变换方式,线性标度变换的公式如下:

$$A_x = (A_m - A_o)(N_x - N_o)/(N_m - N_o) + A_o$$

式中,A_x 为实际测量值,A_m 为测量值的上限值,A_o 为测量值的下限值。N_x 为被测量值所对应 A/D 转换器输出的数字量,N_m 为 A/D 转换器输出的上限所对应的数字量,N_o 为 A/D 转换器输出的下限所对应的数字量。其中,A_m,A_o,N_m,N_o 对某一固定的被测参数来说是常数,不同的参数则有着不同的值。为了使程序设计简单,一般把测量仪器的下限 A_o 所对应的 A/D 转换值设置为 0,即 $N_o = 0$。这样上式可写成:

$$A_x = (A_m - A_o) N_x/N_m + A_o$$

在很多测量系统中,系统下限值 $A_o = 0$,此时,A/D 转换器输出其对应的 $N_o = 0$,上式可进一步简化为:

$$A_x = A_m(N_x/N_m)$$

例题：在某压力系统中，压力测量仪器的量程是 $0\sim1000\text{Pa}$，使用 10 位 AD 转换器，经过计算机采样及数字滤波后的测量结果是 2ABH，求此时的压力值。

解：根据题意，已知 $A_o = 0\text{Pa}$，$A_m = 1000\text{Pa}$，

$N_x = 2\text{ABH} = 683$，选 $N_m = 3\text{FFH} = 1023$，$N_o = 0$，所以可得

$$A_x = (A_m - A_o)(N_x/N_m) + A_o$$
$$= (1000 - 0) \times (683/1023)$$
$$= 667.6(\text{Pa})$$

如果传感器的输出信号与被测参数之间呈非线性关系，则上述线性变换公式就不适用了，需要用非线性参数的标度变换公式。由于非线性参数的变化规律各不相同，故应根据不同情况建立新的标度变换算法。

许多非线性传感器并不能写出一个函数表达式，或者虽然能够写出函数表达式，但是计算相当困难。这时可以参照前述系统误差的修正方式，采用查表法、代数插值法或最小二项式乘法进行标度变换。

3.4　多传感器信息融合技术

物联网数据具有海量、多态、动态与关联性等特点。例如，物联网利用传感器、RFID、二维码、摄像头、GPS 等多种感知层技术全面感知现实世界中的各种信息，然后通过各种网络层技术将感知信息传递给应用层进行分析处理。由于物联网的感知层节点数量众多，直接将实时采集的海量感知数据发送给应用层将占用宝贵的能量资源、网络带宽，致使网络拥塞甚至瘫痪。应用层服务器也难以直接处理未经加工的海量原始数据。数据融合技术使得 RFID 阅读器、无线传感器融合节点等设备在传输感知数据的同时对数据进行过滤、去重、综合等处理，一方面通过消除冗余信息降低物联网能耗和通信代价，另一方面通过综合多种信息源提高数据的准确度。

3.4.1　概述

多传感器数据融合是 20 世纪 70 年代初期提出的，军事应用是其诞生的源泉。目前世界上发达国家也都相继进行了应用研究，数据融合也由此发展成为一项专门的技术。随着多传感器数据融合技术研究的深入和应用领域的不断扩展，多传感器数据融合比较确切的定义可以概括为：充分利用时间序列和空间序列获得若干传感器信息，采用计算机技术在一定准则下进行自动分析与综合，实现所需决策和估计，获得比系统的各个组成部分都更充分的信息。在数据融合技术中，多传感器是硬件基础，来自多传感器的多源信息是加工对象，对多源信息的协调优化和综合处理是核心功能。

数据融合的方法广泛应用在日常生活中，比如在辨别一个事物的时候通常会综合各种感官信息，包括视觉、触觉、嗅觉和听觉等。单独依赖一种感官获得的信息往往不足以对事物做出准确判断，而综合多种感官数据，对事物的描述会更准确。例如，在传感器网络中，数据融合通过对传感器节点收集到的信息进行网内处理，从而节省整个网络的能量，增强所收

集数据的准确性及提供收集数据的效率。

对于传感器网络的应用,数据融合技术主要用于处理同一类型传感器的数据。例如,在森林防火的应用中,需要对多个温度传感器探测到的环境温度数据进行融合;在目标自动识别应用中,需要对图像监测传感器采集的图像数据进行融合处理。数据融合技术的具体实现与应用密切相关,森林防火应用中只需要处理传感器节点的位置和报告的温度数值,比较容易实现;而在目标识别应用中,由于各个节点的地理位置不同,针对同一目标所报告的图像的拍摄角度也不同,需要进行三维空间的考虑,所以融合难度相对较大。

目前,数据融合有许多分类方法。按照融合的方法可以分为统计方法、人工智能方法等;按信号处理的域可以分为时域、空域和频域;按融合的层次和实质可分为像素级、特征级和决策级。

多传感器数据融合系统主要有全局式和局部式数据融合两种形式。全局式也称为区域式,这种系统组合和关联来自空间和时间上各不相同的多平台、多个传感器的数据。局部式也称自备式,这种系统收集来自单个平台上的多个传感器的数据,也可以用于检测对象相对单一的检测系统。

同单传感器处理相比,尽管多传感器数据融合系统的复杂性大大增加,但是应用在探测、跟踪和识别等方面,具有以下一些显著特点。

(1) 系统的生存能力强。由于多个传感器的冗余,当有若干传感器不能被利用或受到干扰时,一般总会有一个传感器可以提供信息。

(2) 空间覆盖范围广。通过多个传感器的区域交叠覆盖,扩展了空间的覆盖范围,总有一种传感器可能探测到其他传感器不能探测到的地方。

(3) 时间覆盖范围长。利用多个传感器的协同作用可以提高检测概率,某个传感器可以探测到其他传感器在某时间段内不能顾及的目标或事件。

(4) 可信度高。一种或多种传感器对同一目标或事件加以确认。

(5) 信息模糊度低。多传感器的联合信息降低了目标或事件的不确定性。

(6) 探测性能优良。对目标或事件的多种测量的有效融合大大提高了探测的有效性。

(7) 空间分辨率和测量维数高。多传感器合成可获得比任何一种单一传感器更高的分辨率,而且系统不易受到人为或自然现象的破坏。

3.4.2　数据融合的原理与结构

多传感器数据融合的基本原理就是充分利用多传感器资源的冗余和互补性,采取一定的准则对这些传感器及其所观测的信息进行分析综合,以获得对被测对象的一致性解释或描述,使得该系统所提供的信息比它的各个组成部分单独提供的信息更具有优越性。多传感器数据融合的目的就是通过组合单个传感器的信息得到更多的信息,得到最佳协同作用的结果。

在多传感器数据融合系统中,各种传感器的数据可以具有不同的特征,可能是实时的或非实时的、模糊的或确定的、互相支持的或互补的,也可能是互相矛盾的或竞争的。与单传感器数据处理或低层次的多传感器数据处理方式相比,多传感器数据融合可以消除单个或少量传感器的局限性,更有效地利用多传感器的信息资源。多传感器数据融合与经典的信号处理方法在本质上也是不同的,多传感器数据融合系统所处理的多传感器数据具有更加复杂的形式,而且可以在不同的信息层次上出现,包括数据层、特征层和决策层。

(1)数据级融合。数据级融合是底层的融合,操作对象是传感器通过采集得到的数据,因此是面向数据的融合。这类融合大多数情况下仅依赖于传感器类型,不依赖于用户需求。在目标识别的应用中,数据级融合即为像素级融合,进行的操作包括对像素数据进行分类或组合,去除图像中的冗余信息等。

(2)特征级融合。特征级融合通过一些特征提取手段将数据表示为一系列的特征向量,反映事物的属性,是面向监测对象特征的融合。比如在温度监测应用中,特征级融合可以对温度传感器数据进行综合,例如表示成地区范围、最高温度、最低温度等形式。在目标监测应用中,特征级融合可以将图像的颜色特征表示成红、绿、蓝三基色值。

(3)决策级融合。决策级融合根据应用需求进行较高级的决策,是最高级的融合。决策级融合的操作可以依据特征级融合提取的数据特征,对监测对象进行判别、分类,并遵守简单的逻辑运算,执行满足应用需求的决策。因此,决策级融合是面向应用的融合。比如在灾难监测应用中,决策级融合可能需要综合多种类型的传感器信息,包括温度、湿度或震动等进而对是否发生了灾难事故进行判断。在目标监测应用中决策级融合需要综合监测目标的颜色特征和轮廓特征,对目标进行识别,最终只传输识别结果。

在传感器网络的实现中,这三个层次的融合技术可以根据应用的特点综合应用。比如有的应用场合传感器数据的形式比较简单,不需要进行较低层的数据级融合,仅需要提供灵活的特征级融合手段。而有的应用要处理大量的原始数据,需要有强大的数据级融合功能。

多传感器数据融合的过程主要包括多传感器信号获取、数据预处理、数据融合中心(特征提取、数据融合计算)和结果输出等环节。多传感器信号获取要根据情况采取不同的方法,例如,对图形图像信息的获取一般是通过电视摄像系统或电荷耦合器件(CCD)等进行的。数据预处理是指尽可能消除信号中的各种噪声,提高信噪比,主要方法有信号的取均值、滤波、消除趋势项、野点剔除等。特征提取是指对来自传感器的原始信息进行特征提取,特征可以是被测对象的各种物理量。融合计算方法较多,主要有数据相关技术、估计理论和识别技术等。

从传感器和融合中心信息流的关系,以及综合处理的层次来看,多传感器数据融合的结构主要有集中式、分布式、混合式和多级式 4 种基本形式。

集中式结构将传感器获取的检测报告传递到融合中心进行数据对准、数据互连、滤波、综合处理等。这种结构的最大优点是信息损失最小,但数据互连比较困难,并且要求系统必须具备大容量的能力,计算负担重,系统的生存能力较差。

分布式结构的特点是:每个传感器的检测报告在进入融合以前,先由它自己的数据处理器处理然后送至融合中心,中心根据各节点的数据完成汇总与合成。这类系统应用很广泛,它不仅具有局部独立跟踪能力,而且还有全局监视和评估特性,其造价也可限制在一定的范围内。

混合式结构同时传输探测报告和经过局部节点处理过的信息,它保留了上述两类系统的优点,但在通信和计算上要付出昂贵的代价。对于安装在同一平台上的不同类型传感器,在多级式结构中,各局部融合节点可以同时或分别是集中式、分布式或混合式的融合中心。它们将接收和处理来自多个传感器的数据,而系统的融合节点要再次对各局部融合节点传送来的数据进行处理。也就是说,目标的检测报告要经过两级以上的融合处理,因而把它称为多级式系统。

3.4.3　数据融合的基本方法

多传感器数据融合是对多源信息的综合处理过程,具有本质的复杂性。近年来,一些新的基于统计推断、人工智能和信息论的方法,正在成为数据融合技术向前发展的重要依据。

(1)信号处理与估计理论。包括小波变换、加权平均、最小二乘法、卡尔曼滤波等线性估计技术,以及扩展卡尔曼滤波、高斯滤波等非线性滤波技术。此外,还有基于随机采样的粒子滤波、马尔可夫链等非线性估计技术也受到很多学者的关注。

(2)统计推断方法。包括经典推理、Bayes 推理、证据推理、随机集理论、支持向量机理论等。

(3)信息论方法。包括信息熵方法、最小描述长度方法等。

(4)决策论方法。多用于高级别的决策融合。

(5)人工智能方法。包括模糊逻辑、神经网络、遗传算法、专家系统等。

无论在像素级、特征级还是在决策级进行信息融合,其最终目的都是要完成某种跟踪、识别、分类或决策任务。在进行融合处理之前,必须先对信息进行关联,以保证所融合的信息是同一目标或事件的信息,即保证信息的一致性。然而在多传感器信息系统中,产生信息不一致性的原因很多。因此,确立信息可融合性的判断准则、降低关联的二义性,已成为信息融合领域正待解决的问题。另外,多传感器数据融合需要解决的关键问题还涉及数据校准、数据的同类或异类、数据的不确定性、不完整、不一致、虚假数据、数据关联、粒度、态势数据库等内容。

习题与思考题

一、选择题

1. 以下关于物联网数据特性的描述中,错误的是(　　　)。
   A. 海量　　　　　　　B. 动态　　　　　　C. 互联　　　　　　　D. 多态
2. 下列(　　　)不是物联网的数据管理系统结构。
   A. 集中式结构　　　　　　　　　　　　B. 分布式结构和半分布式结构
   C. 星状结构　　　　　　　　　　　　　D. 层次式结构
3. 不是数据管理系统主要功能的是(　　　)。
   A. 完成数据信息存储　　　　　　　　　B. 完成数据信息管理
   C. 对电子标签进行读写控制　　　　　　D. 对电子标签进行能量补充

二、问答题

1. 多路模拟输入通道的采集方式主要分为哪两大类型? 简述其特点。
2. 什么是模拟信号调理电路?
3. 为什么智能仪器要进行量程转换? 如何实现量程转换?
4. 常见的 A/D 转换器有哪几种类型? 简述其各自的特点。

5. A/D 转换器的主要性能指标有哪些?

6. 对 A/D 转换器转换结果可以通过哪些方式进行获取?

7. 当 A/D 转换器的满标度模拟输入电压为+5V 时,8 位、12 位的 ADC 其分辨率各是多少? 其量化误差各是多少?

8. 嵌入式处理器读取 A/D 的转换结果时,通常采用哪些工作方式进行读取?

9. 在测量频率时,如果其被测信号频率较低时通常采用测其周期的方法,在被测信号频率较高时通常采用定时计数的方法,为什么?

10. 某温度测量系统(线性关系)的测温范围为 0~150℃,经过 8 位 ADC 转换后对应的数字量为 00H~FFH,试写出它的标度变换公式。

11. 在某压力测量系统中,压力测量的量程为 400~1200Pa,采用 8 位 A/D 转换器,经计算机采样及数字滤波后的数字量为 ABH,求此时的压力值。

12. 举例说明非电量参数的检测技术。

13. 简述视觉检测系统的基本组成结构。

14. 简述声音信号检测的工作原理。

15. 软件数据处理的特点有哪些?

16. 什么是数据滤波? 试举例说明。

17. 在处理信息数据中,标度变换的作用是什么?

18. 简述多传感器信息融合技术的特点。

19. 介绍一下数据融合的基本方法。

第4章 微处理器与人机交互技术

目前,嵌入式系统已经广泛地应用于人们的日常生活和生产过程中,例如工业控制、家用电器、通信设备、医疗仪器、军事设备等。在物联网中的智能传感器、网关、无线传感网络和物联网感知与识别层次结构中也同样需要应用嵌入式系统。可以预见,嵌入式系统将越来越深入地影响人们的生活、学习和工作。

嵌入式微处理器(Embedded MPU)是嵌入式系统的核心部件,其内部一般由运算器、控制器、寄存器组和部分存储器组成。与通用微处理器不同的是,在实际嵌入式应用中,其内部只保留和嵌入式应用紧密相关的功能硬件,去除其他的冗余功能部分,这样就能够以最低的功耗和资源实现嵌入式应用的特殊要求。

人机交互技术提供了人与物联网系统进行信息交互的手段,通过人与机器接口(键盘、鼠标和触摸屏等设备)操作者可以向物联网设备发送操作指令,系统运行结果也可以通过显示器显示等方式将信息传递与人。通常,人机接口发展大概可以分为以下三个时期。

第一时期指的是以 DOS 和 UNIX 为代表的字符命令时代。人机交流使用的语言是经过定义并有数量限制的。

第二时期采用的是接近人类自然思维的"所见即所得"的图形式交流方式,主要是通过键盘、鼠标等设备来实现。例如,Windows 操作系统就是属于第二代图形操作方式。

第三时期采用人类习惯的自然交流语言,交流方式包括语音和手写等方式实现。

新一代的智能人机交互模式正在逐步形成。该技术融合了人工智能、语言处理、计算机视觉、图形学、自然语音处理、多媒体等众多研究领域,具有很强的交叉性和综合性。

另外,由于在物联网感知、识别与控制层次中广泛应用了嵌入式处理器,本章在介绍人机交互接口技术之前将对嵌入式系统设计方面的知识进行介绍,便于读者学习。

4.1 嵌入式系统简介

什么是嵌入式系统呢? 嵌入式系统的广义定义是"以应用为中心,以计算机技术为基础,软件、硬件可裁减,功能、可靠性、成本、体积、功耗严格要求的专用计算机系统"。例如,一台包含微处理器的打印机、数码相机、数字音频播放器、数字机顶盒、游戏机、手机和便携式仪器设备等都可以称为嵌入式系统。

4.1.1　概述

1. 嵌入式系统的结构组成

嵌入式系统一般由嵌入式硬件设备、嵌入式软件部分组成。嵌入式系统的结构框图如图4.1所示。

图4.1中的嵌入式系统硬件部分包括嵌入式处理器、存储器、I/O系统和配置必要的外围接口部件,嵌入式系统的软件部分包括操作系统和应用软件。嵌入式系统的软/硬件的框架示意图如图4.2所示。

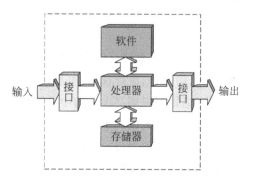

图4.1　嵌入式系统结构框图

嵌入式系统核心电路一般由时钟、复位电路、程序存储器、数据存储器和电源模块等部件组成。外部设备一般应配有显示器、键盘和触摸屏等以及相应接口电路。通常将嵌入式处理器、电源电路、时钟电路和存储器部分(ROM和RAM等)制作在一起,就构成了一个最小嵌入式核心控制模块。其中,操作系统和应用程序都可以固化在ROM中,如图4.3所示。

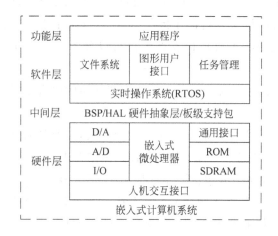

图4.2　嵌入式系统的软/硬件框架

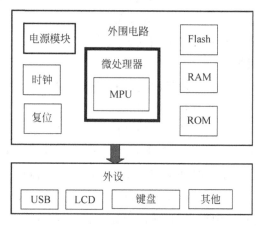

图4.3　典型嵌入式系统核心板示意图

嵌入式系统的软件部分包括操作系统软件和应用程序编程。操作系统控制着应用程序与硬件的交互作用,应用程序控制着系统的运作和行为。嵌入式系统的硬件和软件都位于嵌入式系统产品本身,而开发工具和开发系统则独立于嵌入式系统产品之外。

2. 嵌入式系统的特点

嵌入式系统是将先进的计算机技术、半导体技术和电子技术与各个行业的具体应用相结合后的产物。这一点就决定了它必然是一个技术密集、资金密集、高度分散、不断创新的知识集成系统。嵌入式系统的特征主要包括以下几个方面。

1）功耗低、体积小，具有专用性

嵌入式处理器与通用型微处理器的最大不同就是嵌入式处理器大多工作在为特定用户群设计的系统中，具有功耗低、体积小、集成度高等特点。嵌入式系统将通用计算机中由许多板卡完成的任务集成在芯片内部，从而有利于嵌入式系统设计趋于小型化，移动能力也大大增强。

2）实时性强，系统内核小

嵌入式系统的系统软件和应用软件不要求其功能设计及实现上过于复杂。这样一方面利于控制系统成本，同时也利于实现系统安全。嵌入式系统的软件要求固态存储，以提高速度。软件代码要求高质量、高可靠性和实时性。很多嵌入式系统都需要不断地对所处环境的变化做出反应，而且要实时地得到计算结果，不能延迟。由于嵌入式系统一般是应用于小型电子装置，并且系统资源相对有限的场合，所以内核较传统的操作系统小得多。比如 $\mu C/OS$ 操作系统，核心内核只有 8.3KB，而 Windows 的内核则比其大得多。

3）创新性和高可靠性

嵌入式系统和具体应用有机地结合在一起，它的升级换代也是和具体产品同步进行，因此嵌入式系统产品一旦进入市场，应具有较长的生命周期。为了提高执行速度和系统可靠性，嵌入式系统中的软件一般都固化在存储器芯片或处理器本身中，而不是存储于磁盘等磁性载体中。

4）高效率地设计

由于对成本、体积和功耗有严格要求，使得嵌入式系统的资源（如内存、I/O 接口等）有限，因此对嵌入式系统的硬件和软件都必须高效率地设计，量体裁衣、去除冗余，力争在有限的资源上实现更高的性能。

5）需要开发环境和调试工具

由于嵌入式系统本身不具备自主开发能力，即使设计完成以后，用户通常也是不能对其中的程序功能进行修改，必须有一套开发工具和环境才能进行开发。这些工具和环境一般是基于通用计算机上的软硬件设备以及各种逻辑分析仪、混合信号示波器等。在进行开发时，往往有主机（或称宿主机）和目标机（设计好的嵌入式系统硬件平台）的概念。其中，主机用于嵌入式系统相应程序的开发，目标机作为最后的执行机构。在实际开发过程中，往往需要交替结合进行。

4.1.2　嵌入式处理器

嵌入式处理器对实时多任务具有很强的支持能力，能够完成多任务并且中断响应时间短。同时，嵌入式处理器还具有存储区保护功能，其功耗可以限制在 mW 或 μW 数量级。目前，嵌入式处理器一般包含嵌入式微处理器（Micro Processor Unit，MPU）、微控制器（Micro Control Unit，MCU）、数字信号处理器（Digital Signal Processor，DSP）和片上系统（System On Chip，SOC）4 种类型。下面将分别予以介绍。

1. 嵌入式微处理器

嵌入式微处理器系统的功能和标准与通用微处理器基本类似，只是在工作温度、抗电磁干扰、可靠性等方面做了各种增强。与工业控制计算机相比，嵌入式微处理器具有体积小、重量轻、成本低、可靠性高的优点。主流的嵌入式微处理器芯片有基于 ARM(Advanced RISC Machines Limited)、Am186/88、Power PC、68000、MIPS 等系列的产品。具有 32 位体系结构的嵌入式微处理器的性能优势如下。

（1）寻址空间大。在 ARM 的体系结构里，所有的资源，如存储器、控制寄存器、I/O 端口等都是在有效地址空间内统一编址，方便程序在不同处理器间的移植。

（2）运算和数据处理强。采用了先进的 CPU 设计理念、多总线接口（哈佛结构）、多级流水线、高速缓存、数据处理增强等技术，使得 C、C++、Java 等高级语言得到了广泛的应用空间，几乎所有的通信协议栈都能在 32 位 CPU 中实现。另外，多数的微处理器都包含 DMA 控制器，进一步提高了整个芯片的数据能力。

（3）操作系统的支持。如果某个系统需要有多任务的调度、图形化的人机界面、文件管理系统、网络协议等需求，那么就必须使用嵌入式操作系统。一般复杂的操作系统在多进程管理中还需要有硬件存储器保护单元或内存管理单元（MMU）的支持。目前，ARM9 以上的微处理器均有这些支持，可运行 Linux、Windows CE 和 VxWorks 等多种嵌入式操作系统。

目前，ARM 系列的嵌入式微处理器有 ARM7、ARM9、ARM11 和 Cortex 相关产品系列。在 ARM 体系架构的每个系列微处理器都提供一套特定的配置来满足设计者对功耗、性能和体积的需求。基于 ARM 体系架构的微处理器一般是由 32 位 ALU、37 个通用寄存器及状态寄存器、32 位桶型移位寄存器、指令译码及控制逻辑、指令流水线和数据/地址寄存器等部件组成。ARM 系列微处理器内部结构如图 4.4 所示。

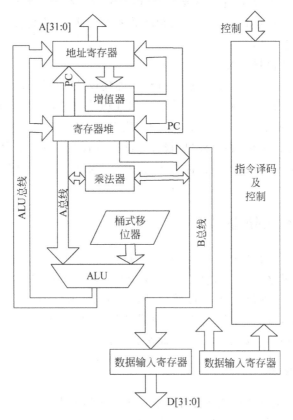

图 4.4　ARM 系列微处理器内部结构原理图

下面以基于 ARM9 系列由韩国三星公司生产的嵌入式微处理器 S3C2440 作为实例进行介绍,以便读者更好地了解 MPU。

S3C2440 微处理器是韩国三星电子公司推出的基于 ARM920T 内核的 RISC 嵌入式微处理器。该微处理器主要面向便携式设备以及高性价比、低功耗的应用,内部采用 CMOS制造工艺和新的总线结构。

1) S3C2440 微处理器主要性能

(1) S3C2440 采用 ARM920T 微处理器核支持 ARM 调试体系结构,主频最高达 400MHz。

(2) 采用 16/32 位 RISC 体系结构和 ARM920T 核强大的指令集。

(3) 指令高速存储缓冲器 16KB(I-Cache),数据高速存储缓冲器 16KB(D-Cache)。

(4) S3C2440 微处理器可以工作在正常模式、慢速模式(不加 PLL 的低时钟频率模式)、空闲模式(只停止 CPU 的时钟)和掉电模式(所有外设和内核的电源都切断),可以通过外部中断源 EINT[15:0]或 RTC 报警中断来从掉电模式中唤醒处理器。

(5) S3C2440 具有 8 个存储器 BANK,其中 6 个适用于 ROM、SRAM,另外两个适用于 ROM/SRAM 和同步 DRAM。每个 BANK 128MB(总共 1GB)。

(6) S3C2440 具有 60 个中断源(1 个看门狗定时器,5 个定时器,9 个 UART,24 个外部中断,4 个 DMA,2 个 RTC,2 个 ADC,2 个 I^2C,2 个 SPI,1 个 SDI,2 个 USB,1 个 LCD,1 个电池故障,1 个 NAND,2 个 Camera,1 个 AC97 音频)。

(7) S3C2440 具有 4 通道的 DMA 控制器,采用触发传输模式来加快传输速率,支持存储器到存储器、I/O 到存储器、存储器到 I/O 和 I/O 到 I/O 的传输。

(8) S3C2440 具有全面的时钟特性:秒、分、时、日期、星期、月和年,以 32.768kHz 工作,具有报警中断和节拍中断功能。

(9) S3C2440 具有 130 个多功能输入/输出端口和 24 个外部中断端口 EINT,S3C2440的多功能 I/O 端口分为 8 类。每个端口很容易通过软件来设置,以满足各种系统配置和设计要求。

(10) S3C2440 支持三种 STN 类型的 LCD 显示屏;S3C2440 支持彩色 TFT 的多种不同尺寸的液晶屏。

(11) S3C2440 具有 3 通道 UART,可以基于 DMA 模式或中断模式工作。每个通道都具有内部 64B 的发送 FIFO 和 64B 的接收 FIFO。

(12) S3C2440 具有 8 通道多路复用 ADC,最大 500ksps/10 位精度;具有内部 TFT 直接触摸屏接口和看门狗定时器。

(13) S3C2440 具有 1 通道多主 I^2C 总线;支持一个通道音频 IIS 总线接口;兼容两个通道 SPI。

(14) S3C2440 具有两个 USB 主设备接口,一个 USB 从设备接口。

(15) S3C2440 具有一个相机接口。

(16) S3C2440 微处理器芯片采用 289 脚的 FBGA 封装形式。

2) S3C2440 微处理器内部结构

S3C2440 微处理器内部结构主要由 ARM920T 核和片内外设两大部分构成。片内外设具体分为高速外设和低速外设,分别连接在 AHB 高速总线和 APB 外设总线。处理器片内外设结构部分如图 4.5 所示。

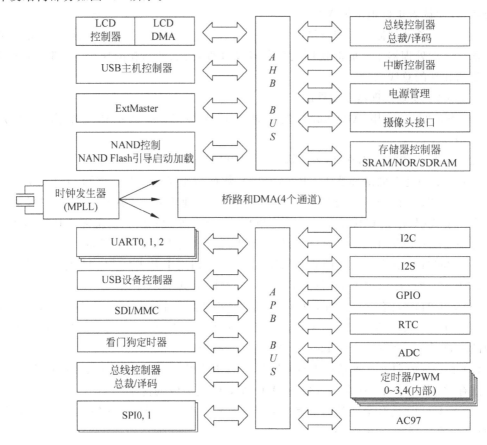

图 4.5　S3C2440 微处理器片内外设结构

S3C2440 微处理器支持 7 种操作模式(可以由软件进行配置)。它们分别为用户执行模式(usr)、快速数据传送和通道处理模式(fiq)、通用中断处理模式(irq)、操作系统保护模式(svc)、操作系统任务模式(sys)、数据或指令预取失效模式(abt)和执行未定义指令模式(und)。对这些操作模式的支持,使得 ARM 可以支持虚拟存储器机制,支持多种特权模式,从而使其可以运行多种主流的嵌入式操作系统。

微处理器内部共有 37 个 32 位寄存器。其中 30 个是通用寄存器,6 个是状态寄存器(1 个专用于记录当前状态,5 个备用于记录状态切换前的状态),1 个程序计数器 PC。针对处理器的 7 种不同的工作模式,它们都有一组相应的寄存器与之对应使用。

S3C2440 内部集成了具有日历功能的实时时钟(Real Time Clock,RTC)和锁相环电路(PLL)的时钟发生器。其中,RTC 给 CPU 提供精确的当前时刻,它在系统停电的情况下由后备电池供电继续工作。RTC 需要外接一个 32.768kHz 的石英晶体振荡器,作为实时时钟的基准信号源。另外,系统还外接 20MHz 的石英振荡器通过锁相环电路产生 MPLL 作为系统主时钟,这样微处理器工作频率可高达到 400MHz。

S3C2440 的存储管理器提供访问外部存储器的所有控制信号,具体为 26 位地址信号、32 位数据信号、8 个片选信号,以及读/写控制信号等。

2. 微控制器

微控制器(Micro Control Unit,MCU)的典型代表是单片机,目前这种 8 位或 16 位的 MCU 在嵌入式设备中仍然有着极其广泛的应用。单片机的最大特点是单片化,体积小,功耗和成本低,非常适合用于进行计算机控制、家用电器、智能装置、仪器仪表等领域。

1) 概述

微控制器诞生于 20 世纪 70 年代末。由于其微小的体积和极低的成本,可广泛地嵌入到智能传感器、无线网络节点、智能玩具、家用电器、机器人、仪器仪表、汽车电子系统、工业控制单元、办公自动化设备、金融电子系统、个人信息终端和通信产品中。MCU 已成为现代电子系统中最简单的智能化工具。

MCU 只是一个芯片,而在实际应用中常常需要扩展外围电路和外围芯片构成具有一定应用功能的 MCU 系统。另外,由于 MCU 的软、硬件资源有限,要进行 MCU 系统的开发设计,必须使用专门的 MCU 开发系统。目前,国内市场上可提供各种类型和型号的 MCU 开发系统,为 MCU 的开发应用提供了得力的工具,也使 MCU 用户有了很大的选择余地。

目前 MCU 制造商有很多,例如 Intel、Atmel、Motorola 和 Philip 等国际知名集成芯片制造公司。在采用 MCU 进行系统设计开发时,需要依据被设计系统功能的复杂程度、性能指标和精度要求,参照现有 MCU 本身具有的功能、精度、运行速度、存储器容量、功耗和开发成本等几个方面综合进行选择。一般而言,其选择原则主要可从以下几方面考虑。

(1) 根据设计任务的复杂程度来决定选择什么样的 MCU。

(2) 推荐使用自身带有 Flash 存储器的 MCU,由于具有电写入、电擦除的优点,使得修改程序很方便,可以提高开发速度。

(3) MCU 的运行速度主要由时钟频率和指令集决定,建议用户不要片面追求高速度,因为 MCU 的稳定性、抗干扰性等参数基本上是跟速度成反比的。另外,速度快功耗也大。

(4) I/O 端口的数量和功能是选用 MCU 时首先要考虑的问题之一,根据实际需要确定数量,I/O 多余不仅芯片的体积增大,也增加了成本。

(5) 多数 MCU 提供两个或三个定时/计数器,有些定时/计数器还具有输入捕获、输出比较和 PWM(脉冲宽度调制)功能,利用这些模块不仅可以简化软件设计,而且能少占用 MCU 的资源。

(6) MCU 常见的串行接口有 UART 接口、I2C 总线接口、CAN 总线接口、SPI 接口、USB 接口等不同类型,可以根据实际需要选择不同的 MCU 芯片。

(7) 现在不少 MCU 内部提供了脉宽调整(PWM)输出和电压比较器等功能,也有一些 MCU 还提供了 A/D 和 D/A 转换器。其中,PWM 模块可用来产生不同频率和占空比的脉冲信号,也可以用来实现直流电机的调速等功能。

(8) MCU 的工作电压一般为 3.3V 和 5 V 两种形式。功耗参数主要是指正常模式、空闲模式、掉电模式下的工作电流。选用电池供电的 MCU 系统要选用电流小的产品,同时要考虑是否要用到掉电模式,如果需要用可选择有相应功能的 MCU 芯片。

(9) 常见的 MCU 封装形式有:DIP(双列直插式封装)、PLCC(带引线的芯片载体)、QFP(四侧引脚扁平封装)、SOP(双列小外形贴片封装)等。

MCU 在其他性能方面,还有如中断源的数量和优先级选择、工作温度范围选择、有无加电复位功能等。另外,还要考虑系统的开发工具、编程器、开发成本、技术支持和服务和产品价格等因素。

下面介绍一下目前 MCU 中比较有代表性的 8 位 AT89S52 单片机和 16 位 MSP430 系列单片机。

2) AT89S52 单片机简介

目前广泛应用的 8 位单片机是美国 Atmel 公司生产的型号为 AT89S52 的系列单片机,其内部结构及外形引脚与 Intel MCS-51 系列 8 位单片机兼容,软件也是采用 Intel MCS-51 指令系统。AT89S52 系列单片机是一款低功耗、高性能 CMOS 单片机。

(1) 性能和特点

① 片内存储器包含 8KB 的 Flash ROM,可在线编程,擦写次数不小于 1000 次。另外还具有 256B 的片内 RAM。内部支持 ISP(在线更新程序)功能。

② 具有可编程的 32 根 I/O 端口线(P0,P1,P2 和 P3 端口),内含两个数据指针 DPTR0 和 DPTR1,地址/数据线复用等功能。

③ 中断系统具有 8 个中断源,6 个中断向量和 2 级优先权的中断结构。

④ 串行通信口是一个全双工的 UART 串行口。

⑤ 两种低功耗节电工作方式。在空闲方式下,CPU 停止工作,RAM 和其他片内的部件(如振荡器、定时器/计数器、中断系统等)继续工作。此时的电流可降到大约为正常工作方式时的 15%。在掉电方式下,所有片内的部件都停止工作,只有片内 RAM 的内容被保持。这种方式下的电流可降到 15pA 以下。

⑥ 工作模式下主频为 0~33MHz。工作电源电压为 4.0~5.5V。

⑦ 指令系统中大部分指令为单周期指令,同时还具有布尔处理器的功能。

(2) 内部结构组成

简单来讲,微控制器是指一个集成在一块芯片上的完整计算机系统。其内部一般具有 CPU、内存、内部和外部总线系统,同时集成了诸如通信接口、定时器、实时时钟等外围设备。目前,某些高档次的 MCU 甚至可以将模拟/数字转换器、数字/模拟转换器以及声音、图像、网络等复杂的输入/输出系统集成在一块芯片上。由于 MCU 具有低廉的价格和优良的功能,所以拥有的品种和数量众多。AT89S52 单片机内部结构原理如图 4.6 所示。

Atmel 公司生产的 AT89S 系列单片机支持在系统编程(ISP),为单片机程序的开发调试提供了极大的便利。AT89ISP 软件是由 Atmel 公司开发的用于 AT89S 系列单片机在线程序下载的免费软件,它提供了对单片机进行在系统编程、查看和擦除 Flash 等功能。

(3) AT89ISP 软件的安装

AT89ISP 软件的安装简单,对系统配置的要求较低。安装完成后,执行下列操作。

① 连接下载线。将单片机系统板通过 Atmel ISP 下载线连接到计算机接口,并给单片机系统板通电。

② 端口设置。单击 AT89ISP 工具栏上的端口选择按钮,软件弹出端口选择对话框。需要根据下载线的连接方式正确选择接口编号,否则无法正常使用 ISP 功能。选择完成后,单击 OK 按钮。

③ 选择单片机型号。单击 AT89ISP 工具栏上选择"器件"按钮,打开"器件选择"对话

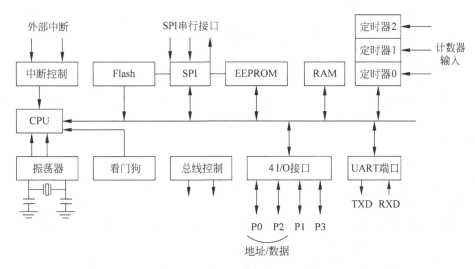

图 4.6　AT89S52 单片机内部结构原理

框,单击 AT89 文件夹的层叠菜单,在其中找到目标系统中的单片机型号,比如 AT89S52,单击 OK 按钮。如果计算机、下载线及单片机系统板三者之间连接良好,且单片机系统板供电正常,会有缓存窗口自动弹出,表明计算机与单片机系统板通信良好。

④ 初始化。单击 AT89ISP 工具栏上的初始化按钮,初始化单片机系统板。在每次使用 AT89ISP 时,均需要使用此命令进行初始化。若电缆的连接及软件设置均正确,则会弹出已经初始化的窗口,表明计算机和单片机系统板已经准备完成,可以向单片机中下载程序。

⑤ 装载程序文件。单击工具栏中的打开按钮,在打开的文件选择对话框中选择需下载的 Keil C51 编译生成的.HEX 十六进制文件。

⑥ 下载程序。单击工具栏中的自动编程按钮,执行自动编程命令。下载时间视程序大小确定,从几十秒到几分钟不等,下载完成后程序会给出相应提示。

⑦ 验证程序。以上步骤已经成功地将程序下载到单片机中,断开单片机系统板和下载线的连接,给单片机复位即可看到程序的运行效果。

⑧ 修改程序。若需要修改 C 语言程序,则每次修改完程序后都要在 Keil C51 中重新编译,生成新的.HEX 文件。需要注意的是,每次下载.HEX 文件之前都需要重新装载程序文件,将最新的.HEX 文件调入缓冲区中,再执行下载。

3）典型 16 位 MSP430 系列单片机简介

MSP430 系列是由美国 TI 公司制造,片内具备在线下载调试（JTAG）功能。片上外设十分丰富,具有超低功耗特色,因此常用在各种便携式的智能仪器仪表等装置中。下面以常用的 MSP430F43X 系列为例进行介绍。下面介绍一下其性能和特点。

（1）低电压、超低功耗。MSP430F43X 系列单片机的工作电压范围在 $1.8\sim3.6\mathrm{V}$,工作电流会因不同的工作模式而不同。例如,CPU 工作电压在 2.2V,频率为 1MHz 的正常工作模式下其工作电流为 $280\mu\mathrm{A}$；待机工作模式下为 $1.1\mu\mathrm{A}$；掉电工作模式下为 $0.1\mu\mathrm{A}$。内部具有 16 个中断源,并且可以任意嵌套,使用灵活方便；用中断请求将 CPU 唤醒只要 $6\mu\mathrm{s}$,可编制出实时性特别高的源代码；可将 CPU 置于省电模式,用中断方式唤醒程序。

（2）强大的处理能力。MSP430 系列单片机为 16 位 RISC 结构,具有丰富的寻址方式（7 种源操作数寻址、4 种目的操作数寻址）、简洁的 27 条内核指令以及大量的模拟指令;大量的寄存器以及片内数据存储器都可参加多种运算;高效的查表处理方法;较高的处理速度,在 8MHz 晶体驱动下,指令周期为 125ns。这些特点保证了可编制出高效率的源程序。

（3）系统工作稳定。上电复位后,系统能够保证晶体振荡器有足够的起振及稳定时间。然后软件可设置适当的寄存器的控制位来确定最后的系统时钟频率。如果程序跑飞,可用看门狗将其复位。

（4）方便高效的开发环境。目前主要应用的 MSP430F43X 系列内部采用 Flash 型存储器,具有十分方便的开发调试环境。因为器件片内有 JTAG 调试接口,还有可电擦写的 Flash 存储。因此采用先下载程序到 Flash 内,然后在器件内通过软件控制程序的运行。由 JTAG 接口读取片内信息,以供设计者调试和开发。这种方式只需要一台 PC 和一个 JTAG 调试器,而不需要仿真器和编程器。开发语言有汇编语言和 C 语言。

（5）MSP430 系列器件均为工业级的,运行环境温度为 −40～＋85℃。

MSP430 系列单片机的各成员都集成了较丰富的片内外设。基本结构包括看门狗（WDT）、两个定时器(TimerA 和 TimerB)、比较器、两个串口(UART0 和 UART1)、硬件乘法器、液晶驱动器、10 位/12 位 ADC、最多达 6×8 条 I/O 口线、基本定时器(Basic Timer)。以上外围模块再加上多种存储器方式就构成了不同型号的 MSP430 微控制器器件。MSP430F43X 系列单片机内部结构框图如图 4.7 所示。

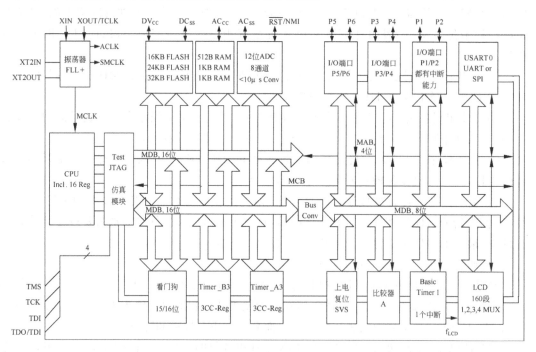

图 4.7　MSP430F43X 系列单片机内部结构

MSP430 系列单片机的开发软件较多,但常用的是 IAR 公司的集成开发环境:IAR Embedded Workbench 嵌入式工作台以及调试器 C-SPY。IAR Embedded Workbench 为开发不同的目标处理器的项目提供强有力的开发环境,并为每一种目标处理器提供工具。

IAR Embedded Workbench 使用项目模式来组织应用程序。它具有如下一些特点。

（1）可以在 Windows 环境下运行，分层的项目表示，直观的用户界面。

（2）工具与编辑器全集成，全面的超文本帮助。

（3）可以同时编辑汇编和 C 语言源文件，汇编程序和 C 语言程序的句法用文本格式和颜色区别显示。

（4）具有强有力的搜索和置换命令，而且可以多个文件搜索，从出错列表直接跳转到出错的相关文件的相关语句。

（5）可以设置在出错语句前标志，圆括号匹配，自动缩进，可以设置自动缩进的空格，每个窗口的多级取消与恢复。

3. 数字信号处理器

数字信号处理器（Digtal Signal Processor，DSP）是专门用于信号处理方面的处理器。DSP 在系统结构和指令算法方面进行了特殊设计，编译效率较高，指令执行速度也很快。DSP 的理论算法在 20 世纪 70 年代就已经出现，在 1982 年世界上诞生了首枚 DSP 芯片。

目前 DSP 处理器已得到了快速的发展和应用，特别是在运算量较大的智能化系统中。比如在需要进行数字滤波、FFT、频谱分析等运算的各种仪器上，DSP 获得了大规模的应用。另外，还应用于各种带有智能逻辑的消费产品、生物信息识别终端、带加密算法的键盘、实时语音压缩和解压系统、虚拟现实显示等的信息处理方面。某些对实时性、计算强度要求较高的场合也使用 DSP。随着 DSP 的运算速度进一步提高，应用领域也从上述范围扩大到了通信和计算机方面。

DSP 处理器经过单片化、EMC 改造、增加片上外设成为嵌入式 DSP 处理器，例如，TI 公司的 TMS320C2000/C5000/6000 等属于此范畴。

4. 嵌入式片上系统

嵌入式片上系统（System on Chip，SoC）是系统级芯片。从狭义角度讲，它是信息系统核心的芯片集成，是将系统关键部件集成在一块芯片上；从广义角度讲，SoC 是一个微小型系统。如果说中央处理器是大脑，那么 SoC 就是包括大脑、心脏、眼睛和手的系统。国内外学术界一般倾向将 SoC 定义为将微处理器、模拟 IP 核、数字 IP 核和存储器（或片外存储控制接口）集成在单一芯片上，它通常是客户定制的，或是面向特定用途的标准产品。

SoC 定义的基本内容有两方面：其一是构成，其二是形成过程。系统级芯片的构成可以是系统级芯片控制逻辑模块、微处理器/微控制器 CPU 内核模块、数字信号处理器 DSP 模块、嵌入的存储器模块、和外部进行通信的接口模块、含有 ADC/DAC 的模拟前端模块、电源提供和功耗管理模块。对于一个无线 SoC 还有射频前端模块、用户定义逻辑以及微电子机械模块，更重要的是一个 SoC 芯片内嵌有基本软件模块或可载入的用户软件等。系统级芯片形成或产生过程包含以下三个方面。

（1）基于单片集成系统的软硬件协同设计和验证。

（2）再利用逻辑面积技术使用和产能占有比例有效提高，即开发和研究 IP 核生成及复用技术，特别是大容量的存储模块嵌入的重复应用等。

（3）超深亚微米、纳米集成电路的设计理论和技术。

随着电子设计自动化(EDA)的推广和超大规模集成电路(VLSI)设计的普及化及半导体工艺的迅速发展,在一个硅片上实现一个更为复杂系统的时代已经来临。各种通用处理器内核将作为SoC设计公司的标准库,和许多其他嵌入式系统外设一样,成为VLSI设计中标准的器件。采用标准的超高速集成电路硬件描述语言(VHDL)等语言描述,存储在器件库中。用户只须定义出整个应用系统,仿真通过后就可以将设计图交给半导体工厂制作样品。除个别无法集成的器件以外,整个嵌入式系统大部分均可集成到一块或几块芯片中去。这样应用系统电路板将变得很简洁,对于减小体积和功耗、提高可靠性非常有利。SoC可分为通用和专用两类。

SoC内部是由许多功能模块组成,并将它们集成在一个芯片上。如将微处理器核心电路再加上一些通信接口单元,如通用串行端口(USB)、TCP/IP通信单元、GPRS通信接口、GSM通信接口、IEEE 1394、蓝牙模块接口等集成在一起,做在一个片上构成SoC系统。

SoC是追求产品系统最大包容的集成器件,最大的特点是成功实现了软、硬件无缝结合,可以直接在处理器片内嵌入操作系统的代码模块。SoC可以运用VHDL等硬件描述语言进行系统设计,不像传统的硬件系统设计要绘制庞大、复杂的电路板,再对元器件进行逐一焊接。而是只需要使用精确的编程语言,综合时序设计可直接在器件库中调用各种通用处理器的标准,然后通过仿真之后就可以直接交付芯片厂商进行生产。

目前,SoC在声音、图像、影视、网络及系统逻辑等应用领域中发挥了重要作用。采用SoC所具有的其他好处还有很多,比如利用改变内部工作电压降低芯片功耗;减少芯片对外的引脚数,简化制造过程;减少外围驱动接口单元及电路板之间的信号传递,可以加快微处理器数据处理的速度;内嵌的线路可以避免外部电路板在信号传递时所造成的系统杂乱信息;减小了体积和功耗,而且提高了系统的可靠性和设计生产效率等优点。

例如,TI公司生产的CC2530芯片就是一个SoC,其内部结合了RF收发器(用于2.4GHz IEEE 802.15.4、ZigBee应用)、增强型8051 MCU、32KB/64KB/128KB/256KB可编程闪存、8KB RAM等功能部件。CC2530具有不同的运行模式,使得它尤其适应超低功耗要求的系统。目前,SOC在声音、图像、影视、网络及系统逻辑等应用领域中发挥了重要作用。

4.1.3　嵌入式软件系统

嵌入式软件系统是实现嵌入式计算机系统功能的软件,一般由嵌入式系统软件、支撑软件和应用软件构成。其中,系统软件的作用是控制、管理计算机系统的资源,具体包括嵌入式操作系统、嵌入式中间件(CORBA、OSGI)等。支撑软件是辅助软件开发的工具,具体包括系统分析设计工具、仿真开发工具、交叉开发工具、测试工具、配置管理工具和维护工具等。应用软件面向应用领域,随着应用目的的不同而不同,例如手机软件、路由器软件、交换机软件、视频图像、语音、网络软件等。应用程序控制着系统的动作和行为,而操作系统控制着应用程序与嵌入式系统硬件的交互作用。

在嵌入式系统发展的初期,嵌入式系统的软件是一体化的,即软件中没有把系统软件和应用软件独立开来,整个软件是一个大的循环控制程序,设备控制功能模块、人机操作模块、硬件接口模块等通常在这个大循环中。但是,随着应用要求越来越复杂,例如需要嵌入式系统能连接Internet、需要嵌入式系统具有多媒体处理功能、具有丰富的人机操作界面等,若再按照传统方法把嵌入式系统设计成一个大的循环控制程序,不仅费时、费力,而且设计的程序可能不能满足需求。因此,嵌入式系统的系统软件平台(即嵌入式操作系统)也得到了迅速的发展。

1. 嵌入式系统软件结构

嵌入式系统软件结构总的来说包含 4 个层面,分别是设备驱动层、操作系统层、中间层、应用程序层。也有些书籍将应用程序接口 API 归属于 OS 层。由于硬件电路的可裁减性和嵌入式系统本身的特点,其软件部分也是可裁减的。嵌入式软件系统的体系结构如图 4.8 所示。

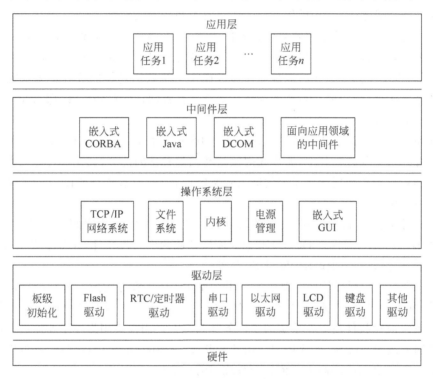

图 4.8 嵌入式软件系统的体系结构

(1) 驱动层。驱动层程序是嵌入式系统中不可缺少的重要部分,使用任何外部设备都需要有相应驱动层程序的支持,它为上层软件提供了设备的接口。上层软件不必关注设备的具体内部操作,只需调用驱动层程序提供的接口即可。驱动层程序一般包括硬件抽象层HAL(提高系统的可移植性)、板级支持包 BSP(提供访问硬件设备寄存器的函数包)和相应配置不同设备的驱动程序。

板级初始化程序的作用是在嵌入式系统上电后初始化系统的硬件环境,包括嵌入式微处理器、存储器、中断控制器、DMA、定时器等的初始化。系统软件相关的驱动程序是操作系统和中间件等系统软件所需的驱动程序,它们的开发要按照系统软件的要求进行。

(2) 操作系统(OS)层。操作系统是隐含底层不同硬件的差异,为向上运行应用程序提供一个统一的调用接口。操作系统主要完成内存管理、多任务管理和外围设备管理三个任务。在设计一个简单的应用程序时,可以不使用操作系统,仅有应用程序和设备驱动程序。比如一个指纹识别系统要完成指纹的录入和指纹识别功能,尤其是在指纹识别的过程中需要高速的算法,所以需要 32 位处理器。但是指纹识别系统本身的任务并不复杂,也不牵连烦琐的协议和管理,对于这样的系统就没有安装操作系统的必要,否则会带来新的系统开销,降低系统的性能。因为运行和存储操作系统需要大量的 RAM 和 ROM,启动操作系统需要时间。在系统运行较多任务、任务调度、内存分配复杂、系统需要大量协议支持等情况下,就需要一个操作系统来管理和控制内存、多任务、周边资源等。依据系统所提供的程序界面来编写应用程序,可大大减少应用程序员的负担。另外,如果想让系统有更好的可扩展性或可移植性,那么使用操作系统也是一个不错的选择。因为操作系统里含有丰富的网络协议和驱动程序,这样可以大大简化系统的开发难度,并提高系统的可靠性。现代高性能嵌入式系统的应用越来越广泛,操作系统的使用成为必然发展趋势。

操作系统的功能简单来说就是隐藏硬件细节,只提供给应用程序开发人员抽象的接口。用户只需要和这些抽象的接口打交道,而不用在意这些抽象的接口和函数是如何与物理资源相联系的,也不用去管那些功能是如何通过操作系统调用具体的硬件资源来完成的。如果硬件体系发生变化,只要在新的硬件体系下仍运行着同样的操作系统,那么原来的程序还能完成原有的功能。

操作系统层包括嵌入式内核、嵌入式 TCP/IP 网络系统、嵌入式文件系统、嵌入式 GUI 系统和电源管理等部分。其中,嵌入式内核是基础和必备的部分,其他部分要根据嵌入式系统的需要确定。对于使用操作系统的嵌入式系统而言,操作系统一般以内核映像的形式下载到目标系统中。

(3) 中间件层。目前在一些复杂的嵌入式系统中也开始采用中间件技术,主要包括嵌入式 CORBA、OSGI、嵌入式 DCOM 和面向应用领域的中间件软件,如基于嵌入式 CORBA 的应用与软件无线电台的应用中间件 SCA 等。

(4) 应用层。应用层软件主要由多个相对独立的应用任务组成。每个应用任务完成特定的工作,如 I/O 任务、计算的任务、通信任务等,由操作系统调度各个任务的运行。实际的嵌入式系统应用软件建立在系统的主任务基础之上。用户应用程序主要通过调用系统的 API 函数对系统进行操作,完成用户应用功能开发。在用户的应用程序中,也可创建用户自己的任务。任务之间的协调主要依赖于系统的消息队列。

2. 嵌入式软件系统的设计与运行流程

操作系统是为应用程序提供基础服务的软件,而应用程序是在 CPU 上执行的一个或多个程序,在执行过程中会使用输入数据并产生输出数据。应用程序的管理包括程序载入和执行,程序对系统资源的共享和分配,并避免分配到的资源被其他程序破坏。

应用程序的设计流程是先用编辑程序编写源代码,源代码可以由多个文件组成,以实现模块化。然后用编译程序或汇编多个文件,使用链接程序将这些二进制文件组合为可执行文件。这些工作归结起来,可看作是实现阶段。最后通过调试程序提供的命令运行得到的可执行文件,以测试所设计的程序。有时可利用解析程序找出程序中存在的性能瓶颈。在此验证阶段,如果找到错误或性能瓶颈,可以返回到实现阶段进行改进,并重复该流程。

嵌入式软件运行流程主要分为 5 个阶段,它们分别是上电复位/板级初始化阶段、系统引导/升级阶段、系统初始化阶段、应用初始化阶段、多任务应用运行阶段。

(1) 上电复位/板级初始化阶段。嵌入式系统上电复位后完成板级初始化工作。板级初始化程序具有完全的硬件特性,一般采用汇编语言实现。

(2) 系统引导/升级阶段。根据需要分别进入系统软件引导阶段或系统升级阶段。软件可通过测试通信端口数据或判断特定开关的方式分别进入不同阶段。在系统引导阶段有如下三种不同的工作方式来执行。

① 将系统软件从 NorFlash 中读取出来加载到 RAM 中运行,这种方式可以解决成本及 Flash 速度比 RAM 慢的问题。软件可压缩存储在 Flash 中。

② 不需将软件引导到 RAM 中而是让其直接在 NorFlash 上运行,进入系统初始化阶段。

③ 将软件从外存(如 NandFlash、CF 卡、MMC 等)中读取出来加载到 RAM 中运行,这种方式的成本更低。

在进入系统升级阶段后,系统可通过网络进行远程升级或通过串口进行本地升级。远程升级一般支持 TFTP、FTP、HTTP 等方式。本地升级可通过 Console 口使用超级终端或特定的升级软件进行。

(3) 系统初始化阶段。在该阶段进行操作系统等系统软件各功能部分必需的初始化工作,如根据系统配置初始化数据空间、初始化系统所需的接口和外设等。系统初始化阶段需要按特定顺序进行,如首先完成内核的初始化,然后完成网络、文件系统等的初始化,最后完成中间件等的初始化工作。

(4) 应用初始化阶段。在该阶段进行应用任务的创建,信号量、消息队列的创建和与应用相关的其他初始化工作。

(5) 多任务应用运行阶段。各种初始化工作完成后,系统进入多任务状态,操作系统按照已确定的算法进行任务的调度,各应用任务分别完成特定的功能。

嵌入式应用软件是由基于嵌入式操作系统开发的应用程序组成,用来实现对被控对象的控制功能。功能层是要面对被控对象和用户,为方便用户操作,往往需要提供一个友好的人机界面。为了简化设计流程,嵌入式应用软件的开发采用一个集成开发环境供用户使用。

在一般简易的嵌入式系统中常采用汇编语言来编写应用程序。而在较复杂的系统中,汇编语言很难胜任,故通常采用高级语言。C 语言具有广泛的库程序支持,目前在嵌入式系统中是应用最广泛的编程语言。C++ 是一种面向对象的编程语言,在嵌入式系统设计中也得到了广泛的应用。但 C 与 C++ 相比,C++ 的目标代码往往比较庞大和复杂,在嵌入式系统应用中应充分考虑这一因素。

3. 常用的嵌入式操作系统简介

随着集成电路规模的不断提高,涌现出大量价格低廉、结构小巧、功能强大的嵌入式微处理器,为嵌入式系统提供了丰富的硬件平台。操作系统可以运行较多任务,进行任务调度、内存分配。在内部具有大量协议支持,如网络协议、文件系统和很好的图形用户接口 GUI 等功能,可以大大简化系统的开发难度,并提高系统的可靠性。

操作系统的移植是指一个操作系统经过适当的修改后,可以被安装在不同类型的微处理器上运行。虽然一些嵌入式操作系统的大部分代码都是使用 C 语言写成的,但仍要用 C 语言和汇编语言完成一些与处理器相关的代码。比如,嵌入式实时操作系统 μC/OS-Ⅱ 在读写处理器、寄存器时只能通过汇编语言来实现。因为 μC/OS-Ⅱ 在设计的时候就已经充分考虑了可移植性。目前,在嵌入式系统中比较常用的操作系统有 μC/OS-Ⅱ、Linux、

Windows CE、VxWorks、Android 等。

1）μC/OS-Ⅱ操作系统简介

μC/OS-Ⅱ（Micro Controller Operating System）是美国人 Jean J. Labrosse 开发的实时操作系统内核。这个内核的产生与 Linux 有点儿相似，Labrosse 利用一年多的时间开发了这个最初名为 μC/OS 的实时操作系统，于 1992 年在 *Embedded System Programming* 杂志上发表了相关文章，并将源代码公布在该杂志的网站上。1993 年出版专著的热销以及源代码的公开推动了 μC/OS-Ⅱ 本身的发展。目前，μC/OS-Ⅱ 已经被移植到 Intel、SAMSUNG、Motorola 等公司的不同微处理器中。

作为一个实时操作系统，μC/OS-Ⅱ 的进程调度是按占先式、多任务系统设计的，即它总是执行处于就绪队列中优先级最高的任务。μC/OS-Ⅱ 将进程的状态分为就绪状态（Ready）、运行（Running）、等待（Waiting）、休眠（Dormant）和中断（ISR）5 个状态。其应用面覆盖了如照相机、医疗器械、音响设备、发动机控制、高速公路电话系统、自动提款机等诸多领域。μC/OS-Ⅱ 操作系统有如下的特点和性能。

（1）公开源代码，全部核心代码只有 8.3KB。它只包含进程调度、时钟管理、内存管理和进程间的通信与同步等基本功能，而没有 I/O 管理、文件系统、网络等额外模块。

（2）具有可移植性、可固化、可裁减性。在 μC/OS-Ⅱ 操作系统中涉及系统移植的源代码文件只有三个，只要编写 4 个汇编语言的函数、6 个 C 函数、定义 3 个宏和 1 个常量，其代码长度不过二三百行，移植起来并不困难。

一般而言，μC/OS-Ⅱ 的源代码绝大部分是用 C 语言编写的，经过编译就能在宿主机（PC）上运行，仅有与 CPU 密切相关的一部分是用汇编语言写成的。这种操作系统的不足之处有如下几个方面：只有多任务调度的简单内核；内存管理过于简单，几乎没有动态内存管理功能；文件系统和图形界面需要外挂；对于设备驱动程序没有专门统一的接口。

2）Linux 操作系统简介

Linux 是由 Linus Torvalds 编写及发布的、源代码公开、可免费使用的操作系统。经由 Internet 上成百上千的程序员的加入，Linux 已成为一个几乎支持所有主流 32 位 CPU 的操作系统。

嵌入式系统越来越追求数字化、网络化和智能化。因此，原来在某些设备或领域中占主导地位的软件系统已经很难再继续使用。这样要求整个系统必须是开放的、提供标准的应用编程接口软件 API（Application Programming Interface），并且能够方便地与众多第三方的软硬件沟通。

随着 Linux 的迅速发展，嵌入式 Linux 现在已经有了许多版本，包括强实时的嵌入式 Linux（RT-Linux 和 KURT-Linux）和一般的嵌入式 Linux（如 μCLinux 和 Pocket Linux 等）。其中，RT-Linux 通过把通常的 Linux 任务优先级设为最低，而所有的实时任务的优先级都高于它，以达到既兼容通常的 Linux 任务，又保证实时性能的目的。

自由免费软件 Linux 的出现对目前商用嵌入式操作系统带来了冲击，它可以被移植到多个不同结构的 CPU 和硬件平台上，具有一定的稳定性、各种性能的升级能力，而且开发更加容易。其特点是如下。

（1）开放源代码，不存在黑箱技术，易于定制裁减，在价格上极具竞争力。

（2）内核小、功能强大、运行稳定、效率高，不仅支持 x86 CPU，还可支持其他数十种

CPU 芯片。

(3) 有大量的且不断增加的开发工具和开发环境,沿用了 UNIX 的发展方式,遵循国际标准,可方便地获得众多第三方软硬件厂商的支持。

(4) Linux 内核的结构在网络方面是非常完整的,它提供了对十兆、百兆、千兆以太网、无线网络、令牌网、光纤网、卫星等多种联网方式的全面支持。此外,在图像处理、文件管理及多任务支持等诸多方面也都非常出色。

(5) 一个可用的 Linux 系统包括内核和应用程序两个部分。应用程序包括系统的部分初始化、基本的人机界面和必要的命令等内容。内核为应用程序提供了一个虚拟的硬件平台,以统一的方式对资源进行访问,并且透明地支持多任务。

(6) Linux 内核一般可分为 6 个部分:进程调度、内存管理、文件管理、进程间通信、网络和驱动程序。

另一种常用的嵌入式 Linux 是 μCLinux,它是指对 Linux 经过小型化裁减后,能够固化在容量只有几百 KB 或几 MB 的存储器芯片中,应用于特定嵌入式场合的专用 Linux 操作系统。μCLinux 也是针对没有存储器管理单元 MMU 的处理器而设计的,它不能使用处理器的虚拟内存管理技术。对内存的访问是直接的,使用程序中的地址都是实际的物理地址。有关 Linux 操作系统的更详细介绍,请参考有关书籍。

Linux 具备一整套工具链,容易自行建立嵌入式系统的开发环境和交叉运行环境,可以跨越嵌入式系统开发中仿真工具的障碍。传统的嵌入式开发的程序调试和调试工具是用在线仿真器(ICE)实现的。它通过取代目标板的微处理器,给目标程序提供一个完整的仿真环境,完成监视和调试程序,但一般价格比较昂贵,只适合做非常底层的调试。使用嵌入式 Linux,一旦软硬件能够支持正常的串口功能,即使不用仿真器,也可以很好地进行开发和调试。嵌入式 Linux 提供的工具链有利用 GNU 的 gcc 作编译器,用 gdh、kgdh、xgdb 作调试工具,能够很方便地实现从操作系统到应用软件各个级别的调试。

3) Windows CE 操作系统简介

Windows CE 是 Microsoft 公司专门为一些体积小、资源要求低的便携式、手持式等信息设备而开发出来的一个非常小巧精致的嵌入式软实时操作系统。这个操作系统的核心全部是由 C 语言开发的,操作系统本身还包含许多由各个厂家用 C 语言和汇编语言开发的驱动程序。Windows CE 的内核提供内存管理、占先式多任务和中断处理等功能。内核的上面使用的是图形用户界面 GUI 和桌面应用程序。在 GUI 内部运行着所有的应用程序,而且多个应用程序可以同时运行,但是,Windows CE 没有 DOS 模式。

Windows CE 以多种方式将一个虚拟的桌面计算机置于掌上或放置于口袋中。它可以被看作是 Windows 98/NT 的微缩版。但是 Windows CE 和 Windows 98/NT 之间还存在着一些明显的差别。因为作为 Windows 操作系统的嵌入式微型版本,Windows CE 不得不放弃某些 Windows 操作系统中一些复杂的特性和功能。操作系统的基本内核需要至少 200KB 的 ROM。

Windows CE 是针对有限资源的平台而设计的多线程、完整优先权、多任务的操作系统,但它不是一个硬实时操作系统。高度模块化是它的重要特性,它适合作为可裁减的 32 位嵌入式操作系统。Windows CE 既适用于工业设备的嵌入式控制模块,也适用于消费类电子产品,如电话、机顶盒和掌上电脑等。针对不同的目标设备硬件环境,可以在内核基础上添加各种模块,从而形成一个定制的嵌入式操作系统。Windows CE 的核允许每个进程有 256 个优先级,采用占先式优先权调度法。

对于应用程序开发者来说,Windows CE 提供了 Windows 程序员熟悉的各种开发环境,例如,Microsoft Win32 API、ActiveX 控件、消息队列、COM 接口、ATL 和 MFC。它们不仅有助于提高开发者的开发效率,而且有利于从其他 Microsoft 平台上移植各种成功的应用程序。Windows CE 通过 ActiveSync 实现嵌入式设备与台式计算机之间的通信。Windows CE 与 Windows 等桌面操作系统的区别表现在以下 5 个方面。

(1) Windows CE 不能运行现有的任何 Windows 应用程序,这意味着所有建立在 Windows CE 上的实时应用软件都必须为 Windows CE 重新编译连接。

(2) Windows CE 有严格的内存限制。Windows CE 的内存限制主要区别体现在减少物理内存数量、用户控制内存的容量和能够自动处理调整内存状态三个方面。

(3) Windows CE 有精简的运行库和 API。许多常见的 ANSI 函数已被 Windows API 函数代替或被完全删除,现有的 Windows 程序可能一开始不能被 Windows CE 编译,必须做一些相应的修改。

(4) Windows CE 设备通常没有鼠标。在 Windows 98/NT 中,鼠标用来控制一个应用程序及其显示,或者说改变对象、改变窗口大小、在屏幕上拖放目标以及导航菜单条目。换句话说,用鼠标可以完成 Windows 98/NT 下的所有操作。但是,大部分 Windows CE 设备没有鼠标。Windows CE 设备中用一个被称为指示笔的笔样工具来代替鼠标。

(5) Windows CE 硬件不完全标准化。每个 Windows CE 设备厂商以不同方式进行设计,因此 Windows CE 设备不像计算机那样有标准配置。

Windows CE 主要包括:内核、存储、图形及多媒体、进程间通信、通信服务、安全服务、用户界面服务、Internet 服务和本地化支持。使用 Windows CE 用户需与 Microsoft 公司签订合同方可获得源代码。Windows CE 4.2、CE 5.0 和 CE 6.0 等版本是一种针对小容量、移动式、智能化、32 位、连接设备的模块化软实时嵌入式操作系统。针对掌上设备、无线设备的动态应用程序和服务提供了一种功能丰富的操作系统平台。

4) VxWorks 操作系统简介

VxWorks 操作系统是美国 WindRiver 公司于 1983 年设计开发的一种嵌入式(无 MMU)实时操作系统(RTOS),具有良好的持续发展能力、高性能的内核以及友好的用户开发环境,在嵌入式实时操作系统领域牢牢占据着一席之地。

VxWorks 操作系统基于微内核结构,由四百多个相对独立的目标模块组成,用户可以根据需要增加或减少模块来裁减和配置系统,其连接器可按应用的需要来动态连接目标模块。操作系统内部包括进程管理、存储器管理、设备管理、文件管理、网络协议及系统应用等部分。VxWorks 操作系统只占用很小的存储空间,并可高度裁减,保证了系统能以高的效率运行。大多数 VxWorks 有专用 API,采用 GNU 的编译和调试器。

VxWorks 系统是一个运行在目标机上的高性能嵌入式实时操作系统,所具有的显著特点是可靠性、实时性和可裁减性。VxWorks 是目前嵌入式系统领域中使用最广泛、市场占有率最高的系统,它支持如 x86、Sun Sparc、Motorola MC68xxx、MIPS、POWER PC 等多种处理器。在美国的 F-16 和 F-18 战斗机、B2 隐形轰炸机、爱国者导弹和"索杰纳"火星探测车上使用的都是 VxWorks 操作系统。

5) Android 操作系统简介

Android 是一种基于 Linux 的开放源代码的操作系统,主要应用于智能手机、平板电脑等移动通信设备。Android 操作系统最初由 Andy Rubin 公司开发,主要支持手机。2005年由 Google 收购注资,并组建开放手机联盟开发改良,逐渐扩展到平板电脑及其他领域上。2008 年 9 月发布 Android 1.1 版;2009 年 10 月 26 日发布 Android 2.0;2011 年 10 月 19日发布 Android 4.0;2014 年 10 月 16 日发布 Android 5.0;2015 年 5 月 28 日发布 Android 6.0。目前,Android 操作系统占据全球智能手机操作系统市场大部分的份额。

Android 包括操作系统、中间件和应用程序,由于源代码开放,Android 可以被移植到不同的硬件平台上。手机厂商从事移植开发工作,上层的应用程序开发可以由任何单位和个人完成,开发的过程可以基于真实的硬件系统,还可以基于仿真器环境。作为一个手机平台,Android 在技术上的优势主要有以下几点。

(1) 全开放智能手机平台;

(2) 多硬件平台的支持;

(3) 使用众多的标准化技术;

(4) 核心技术完整、统一;

(5) 完善的 SDK(软件开发工具包)和文档;

(6) 完善的辅助开发工具。

Android 的开发者可以在完备的开发环境中进行开发,Android 的官方网站也提供了丰富的文档、资料。这样有利于 Android 系统的开发和运行在一个良好的生态环境中。

从宏观的角度来看,Android 是一个开放的软件系统,它包含众多的源代码。Android操作系统的组成架构与其他操作系统一样采用了分层的架构,从低层到高层分别是 Linux内核层、系统运行库层、应用程序框架层和应用程序层共 4 个层次。

(1) Linux 内核层

该层也称为 Linux 操作系统及驱动层。Android 是运行于 Linux Kernel 之上,但并不是 GNU/Linux。因为在一般 GNU/Linux 里支持的功能,包括 Cairo、X11、Alsa、FFmpeg、GTK、Pango 及 Glibc 等 Android 都没有支持。Android 以 Bionic 取代 Glibc,以 Skia 取代Cairo,再以 opencore 取代 FFmpeg 等。Android 为了达到商业应用,必须移除被 GNU GPL授权证所约束的部分,例如 Android 将驱动程序移到用户空间,使得 Linux 驱动与 Linux 内核彻底分开。Bionic/Libc/Kernel/并非标准的 Kernel 头文件。Android 的 Kernel header是利用工具由 Linux Kernel header 所产生的,这样做是为了保留常数、数据结构与宏。

(2) 系统运行库层

Android 包含一些 C/C++库,这些库能被 Android 系统中不同的组件使用。它们通过Android 应用程序框架为开发者提供服务,以下是一些核心库。

系统 C 库:从 BSD 继承来的标准 C 系统函数库 Libc,它是专门为基于嵌入式 Linux 的设备定制的。

媒体库:基于 Packet Video Open CORE,该库支持多种常用的音频、视频格式回放和录制。同时,支持静态图像文件,编码格式包括 MPEG4、H. 264、MP3、AAC、AMR、JPG、PNG。

Surface Manager:对显示子系统的管理,并且为多个应用程序提供了 2D 和 3D 图层的无缝融合。

LibWebCore：最新的 Web 浏览器引擎，支持 Android 浏览器和一个可嵌入的 Web 视图。

（3）应用程序框架层（或称 Java 框架层）

开发人员可以完全访问核心应用程序所使用的 API 框架，该应用程序的架构设计简化了组件的重用。任何一个应用程序都可以发布它的功能块，并且任何其他的应用程序都可以使用其所发布的功能块。同样，该应用程序重用机制也使用户可以方便地替换程序组件。

（4）应用程序层

在 Android 应用程序包中，包括客户端、SMS 短消息程序、日历、地图、浏览器和联系人管理程序等。在应用程序层中，所有的程序都是使用 Java 语言编写的。

Android 的第 1 层次由 C 语言实现，第 2 层次由 C 或 C++实现，第 3、4 层次主要由 Java 代码实现。第 1 层次和第 2 层次之间，从 Linux 操作系统的角度来看，是内核空间与用户空间的分界线，第 1 层次运行于内核空间，第 2、3、4 层次运行于用户空间。第 2 层次和第 3 层次之间，是本地代码层和 Java 代码层的接口。第 3 层次和第 4 层次之间，是 Android 的系统 API，对于 Android 应用程序的开发，第 3 层次以下的内容是不可见的，仅考虑系统 API 即可。

由于 Android 系统需要支持 Java 代码的运行，这部分内容是 Android 的运行环境（Runtime），由虚拟机和 Java 基本类组成。对于 Android 应用程序的开发，主要关注第 3 层次和第 4 层次之间的接口。

Android 的 Linux Kernel 控制包括安全（Security）、存储器管理（Memory Management）、程序管理（Process Management）、网络堆栈（Network Stack）、驱动程序模型（Driver Model）等。下载 Android 源码之前，先要安装其构建工具 Repo 来初始化源码。Repo 是 Android 用来辅助 Git 工作的一个工具。除了软件本身的代码之外，Android 还提供了一系列工具来辅助系统开发，详见相关资料。

4.2　键盘接口技术

键盘是最常用的人机输入设备。嵌入式系统中所需按键个数及功能通常是根据具体应用来确定的。因此，在进行嵌入式系统的键盘接口设计时，通常要根据应用的具体要求来设计键盘接口的硬件电路，同时还需要完成识别按键动作、生成按键键码和按键具体功能的程序设计。

4.2.1　概述

嵌入式系统键盘中的按键通常采用机械开关，通过机械开关中的簧片是否接触来接通或断开电路。在嵌入式系统的键盘设计中不仅需要键盘的接口电路，还需要编制相应的键盘输入程序。为了能够可靠地实现对键盘输入内容的识别，对于由机械开关组成的键盘，其接口程序必须处理三个问题：去抖动、防串键和产生键值问题。键盘输入程序一般包括以下 4 部分内容。

（1）判断是否有按键按下。可以采取程序控制方式、定时方式对键盘进行扫描，或采用中断方式判断是否有键按下。

在采用程序扫描方式（即查询方式）中，系统首先判断有无按键按下，如有按键按下则延时 20ms 消除抖动,再查询是哪一个键按下并执行相应的处理程序。在采用定时扫描方式下,需要利用定时器产生定时中断(例如 20ms),响应中断后对键盘进行扫描。定时扫描方式的硬件电路与程序控制扫描方式相同。在采用中断扫描方式时,当有键被按下时,引起外部中断后,微处理器立即响应中断,对键盘进行扫描处理。

(2) 按键去抖动。开关抖动是指当键按下时,开关在外力的作用下,开关簧片的闭合有一个从断开到不稳定接触,最后到可靠接触的过程。即按键开关在达到稳定闭合前,会反复闭合、断开几次。同样的现象在按键释放时也存在。开关这种抖动的影响若不设法消除,会使系统误认为键盘按下若干次。键的抖动时间一般为 10~20ms。为保证正确识别,需要去抖动处理。按键去抖动一般可以采用软件方法,也可以使用硬件去抖动。软件方法是当得知键盘上有键按下后延时一段时间(如 20ms)再判断键盘的状态,若仍闭合,确认为有键按下,否则为抖动干扰。

(3) 确定按键的位置,获得键值。对于独立式结构,采用逐条 I/O 接口查询方式确定按键位置;对于矩阵扫描式结构,采用扫描方式来确定按键的位置。根据闭合键位置的编号规律,计算按键的键值。在嵌入式系统中,由于对键盘的要求不同,产生键值的方法也有所不同,但不管何种方法,产生的键值必须与键盘上的键一一对应。

(4) 确保对按键的一次闭合只做一次处理。如果同时有一个以上的按键按下,系统应能识别并做相应的处理。串键是指多个键同时按下时产生的问题,解决的方法也是有软件方法和硬件方法两种。软件方法是用软件进行扫描键盘,从键盘读取代码是在只有一个键按下时进行。若有多键按下时,采用等待或出错处理。硬件方法则是采用硬件电路确保第一个按下的键或者最后一个释放的键被响应,其他的键即使按下也不会产生键码而被响应。

4.2.2 工作原理与接口技术

在实际的应用中键盘的接口电路有多种形式,一般都采用由微处理器芯片的 I/O 引脚直接连接按键的方式,再由微处理器来识别按键动作并生成键值。

采用 I/O 引脚直接连接按键方法,通常也会根据应用的要求,接口电路有所不同。在嵌入式系统所需的键盘中,如果按键个数较少(一般指 4 个以下的按键),通常会将每一个按键分别连接到一个输入引脚上。这种连接方式被称为独立式按键方式。若需要键盘中按键的个数较多,这时通常会把按键排成阵列形式,每一行和每一列的交叉点放置一个按键。这种连接方式被称为矩阵编码键盘(或称为行列式)按键方式。下面将分别介绍。

1. 独立式结构键盘

独立式原理比较简单,如果按键的数量较少而控制器的 I/O 接口数目较多的情况下,可以考虑将每个按键的一端接地,另一端通过一个电阻上拉到高电平,并接到微处理器的 I/O 接口输入引脚,如图 4.9 所示。上拉电阻作用是当没有按键按下时,I/O 接口为高电平。一旦有键按下,此时微处理器的输入引脚为低电平。微处理器根据对应输入引脚上的电平是 0 还是 1 来判断按键是否按下,并完成相应功能。

2. 矩阵组合编码结构键盘

在某些系统中,按键的数量较多,如果采用独立式键盘,则需要使用大量的 I/O 接口,导

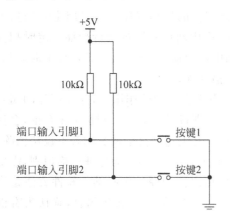

图 4.9　独立式按键连接方式

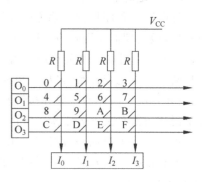

图 4.10　矩阵式行扫描法连接方式

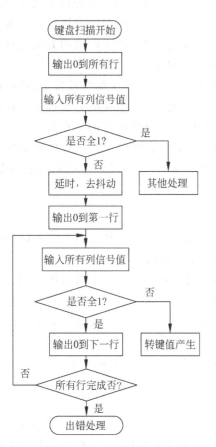

图 4.11　行扫描法键盘处理程序流程图

致 I/O 接口数量不足。为了减少对 I/O 接口的使用,可以将微处理器的 I/O 接口设置成两组不相交的行线和列线,在每个行线与列线的交叉点设置一个按键开关。图 4.10 是一个含有 16 个机械按键的键盘,排列成为 4×4 的阵列形式。无键按下时,行线和列线不相交,有键按下的时候,行线和列线相交。这种按键排列方式也称为行列式键盘,对这种键盘的识别通常是采用软件键盘行扫的方法实现。

　　在如图 4.10 所示的键盘接口中,键盘的行信号线和列信号线均由微处理器通过 I/O 引脚加以控制。微处理器通过输出引脚向行信号线上输出全 0 信号,然后通过输入引脚读取列信号。若键盘阵列中无任何键按下,则读到的列信号必然是全 1 信号。如有键按下时就会产生非全 1 信号。若是非全 1 信号时,微处理器再逐行输出 0 信号,来判断被按下的键具体在哪一行上,这样就产生被按键所对应的行和列的位置(键码)。这种键盘处理的方法称为"行扫描法",具体的流程如图 4.11 所示。

　　这样在采用中断扫描方式下,当有键按下时会向微处理器申请中断,微处理器可以进入中断处理按键。也可置标志位,退出中断后在应用程序中处理按键。

4.3　显示器接口技术

　　为了使嵌入式系统具有友好的人机接口,需要给嵌入式系统配置显示装置(如 LCD、LED 等)。物联网系统的人机交互接口在显示器连接方面一般有两种方式,其一是本地显示方式,这也是最常用的方式,即配以图形点阵形式的液晶显示器以及必要的声音提示方式;其二是通过串口或者网口连接一个显示终端。

4.3.1　液晶显示器

液晶显示器(Liquid Crystal Display,LCD)主要用于显示文本及图形信息,它具有轻薄、体积小、耗电量低、无辐射危险和平面直角显示等特点。在许多电子应用系统中,常使用LCD作为人机界面。

1. LCD 分类形式

LCD 从选型角度来看,分为段式和图形点阵式 LCD 两种类型。常见段式液晶的每字为 8 段组成,一般只能显示数字和部分字母。

在图形点阵式液晶显示器中,一般分为 TN、STN、TFT 三种类型。其中,TN 类液晶显示器由于它的局限性只用于生产字符型液晶模块。字符型液晶是用于显示字符和数字的,其分辨率一般有 8×1、16×1、16×2、16×4、20×2、20×4、40×2、40×4 等。其中前面的数字表示显示器上每行显示字符的个数,后边的数字表示显示字符的行数。例如,16×2 表示显示屏能够每行显示 16 个字符,共两行。STN 类一般为中小型显示器,既有单色的,也有伪彩色的。TFT 类液晶显示器的尺寸则从小到大都有,而且是真彩色显示模块。

根据 LCD 的颜色一般分为单色与彩色两种类型显示器。在单色液晶显示屏中,一个液晶就是一个像素。在彩色液晶屏中则每个像素由 R、G 和 B 三个液晶共同组成。同时也可以认为每个像素背后都有一个 8 位的属性寄存器,寄存器的值决定着三个液晶单元各自的亮度。有些情况下寄存器的值并不直接驱动 RGB 三个液晶单元的亮度,而是通过一个调色板技术来访问,发出真彩色的效果。在现实中如果要为每个像素都配备寄存器是不现实的,实际上只配备了一组寄存器。而这些寄存器依次轮流连接到每一行像素并装入该行的内容,使每一行像素都短暂地受到驱动,这样周而复始将所有的像素行都驱动一遍就显示一个完整的画面。一般为了使人不感到闪烁,一秒钟要重复显示数十帧。在嵌入式系统应用中,微处理器与 LCD 一般采用 DMA 并行传输方式。

从 LCD 的驱动控制方式上区分,目前流行的有两种模块形式。其一是在 LCD 显示屏后边的印刷板上带有独立的控制及驱动芯片模块,这种形式适用于各种 MCU,使用总线方式来进行编程驱动,如 MCS-51 系列单片机的显示形式。另一种在嵌入式微处理器中内嵌 LCD 控制器来驱动 LCD 显示器,如 ARM 微处理器内嵌 LCD 控制器一般都可以支持彩色/灰度/单色三种模式的 LCD 显示屏。

2. LCD 液晶显示器组成结构与工作原理

LCD 显示器的核心结构是由两块玻璃基板中间充斥着运动的液晶分子。信号电压直接控制薄膜晶体的开关状态,再利用晶体管控制液晶分子,液晶分子具有明显的光学各向异性,能够调制来自背光灯管发射的光线,实现图像的显示。而一个完整的显示屏则由众多像素点构成,每个像素好像一个可以开关的晶体管,这样就可以控制显示屏的分辨率。如果一台 LCD 的分辨率可以达到 320×240,表示它有 320×240 个像素点可供显示。所以说一部正在显示图像的 LCD,其液晶分子一直是处在开关的工作状态的。当然液晶分子的开关次数也是有寿命的,到了使用寿命时间 LCD 就会出现老化现象。

点阵式 LCD 由矩阵构成,常见的点阵 LCD 用 5 行 8 列的点表示一个字符,使用 16 行 16 列的点表示一个汉字。LCD 液晶在不同电压的作用下会有不同的光特性,因此从液晶显示构造原理上分为无源阵列彩显 STN-LCD(俗称伪彩显)和薄膜晶体管有源阵列彩显 TFT-LCD(俗称真彩显)。

STN(Super Twisted Nematic)屏幕,又称为超扭曲向列型液晶显示屏幕。在传统单色液晶显示器上加入了彩色滤光片,并将单色显示矩阵中的每一像素分成三个像素,分别通过彩色滤光片显示红、绿、蓝三原色,以此达到显示彩色的作用,颜色以淡绿色和橘色为主。

STN 屏幕属于反射式 LCD,它的好处是功耗小,但在比较暗的环境中清晰度较差。STN 显示屏不能算是真正的彩色显示器,因为屏幕上每个像素的亮度和对比度不能独立地控制,它只能显示颜色的深度,与传统的 CRT 显示器的颜色相比相距甚远,因而也被叫做伪彩显。

TFT(Thin Film Transistr)即薄膜场效应晶体管显示屏,它的每个液晶像素点都是由集成在像素点后面的薄膜晶体管来控制,使每个像素都能保持一定电压,从而可以大大提高反应时间。一般 TFT 屏可视角度大,可达到 130° 左右,主要应用于高端显示产品。

TFT 显示屏是真正的彩色调色器,也称真彩显。TFT 液晶为每个像素都设有一个半导体开关,每个像素都可以通过节点脉冲直接控制。因而每个节点都相对独立,并可以连续控制。这样不仅提高了显示屏的反应速度,同时可以精确控制显示色阶,所以 TFT 液晶屏的色彩更真实。TFT 液晶显示屏的特点是亮度和对比度高、层次感较强,但功耗和成本较高。新一代的彩屏手机中一般都是真彩色显示,TFT 显示屏也是目前嵌入式设备中最好的 LCD 彩色显示器。在常用的嵌入式 LCD 显示屏幕上,实现图像和字符的显示具体步骤如下。

首先,在程序中对与显示相关的部件进行初始化。例如,配置微处理器中 GPIO 相关的专用寄存器,将与 LCD 连接的引脚定义为所需的功能;将帧描述符定义在 SDRAM 里,初始化 DMAC 供 DMA 通道传输显示信息;配置 LCD 控制器中的各种寄存器;最后建立 LCD 屏幕上的每一像素与帧缓冲区对应位置的映射关系,将字符位图转换成字符矩阵数据,并且写入到帧缓冲器(也称为显存)里。

由于显示存储器(简称显存)中的每一个单元对应 LCD 上的一个点,只要显存中的内容改变,显示结果便进行刷新。显示屏可以以单色或彩色显示,单色用 1 位表示,彩色可以用 8 位(256 色)或 16 位、24 位表示。屏幕的大小和显示模式这些因素会影响显存的大小,显存通常是从内存空间分配所得,并且由连续的字节空间组成。而屏幕的显示操作总是从左到右逐像素扫描,从上到下逐行扫描,直到右下角,然后再折返到左上角。而显存里的数据则是按地址递增的顺序提取,当显存里的最后一个字节被提取后,再返回显存的首地址。

彩色 LCD 显示器反映自然界的颜色是通过 RGB 值来表示的,如果要在屏幕某一点显示某种颜色,必须在显存里给出相应每一个像素的 RGB 值。在实现方法上,有直接从显存中得到和间接得到两种方式。直接得到方式是指在显存里存放有像素对应的 RGB 值,通过将该 RGB 值传输到显示屏上显示。间接得到方式是指显存中存放的并不是 RGB 值,而是调色板的索引值,调色板里存放的才是 RGB 值,然后再发送到显示屏上。在显存与显示器之间还需要有 LCD 控制器负责完成从显存提取数据,进行处理并传输到屏幕上。

3. S3C2440 嵌入式微处理器中 LCD 显示原理

要使一块 LCD 能够正常地显示文字或图像不仅需要 LCD 驱动器,而且还需要相应的 LCD 控制器。在通常情况下,生产厂商把 LCD 驱动器和 LCD 玻璃基板制作在一起,而 LCD 控制器则是由外部的电路来实现。现在很多的嵌入式处理器内部都集成了 LCD 控制器,如 S3C2440 等。通过 LCD 控制器就可以产生 LCD 驱动器所需的控制信号来控制 STN/TFT 屏了。

基于 ARM9 的 S3C2440 微处理器中,LCD 控制器主要由时序发生器、LCD 主控制器、DMA、视频信号混合器、数据格式转换器和控制逻辑部分组成。具体分别是 17 个可编程的寄存器组及控制电路、LCD 数据传输专用的 DMA 及控制电路、4/8 位单一或 4 位双扫描显示模式的数据格式输出控制电路和包含可编程的逻辑,以支持 LCD 驱动器所需要的不同接口时间、速率要求及相应各种所需信号的信号产生电路。LCD 控制器使用一个基于时间的像素抖动算法和帧速率控制思想,可以支持单色,2-bit-Pixel(4 级灰度)或者 4-bit-Pixel(16 级灰度)屏,并且它可以与 256 色(8BPP)和 4096 色(12BPP)的彩色 STN LCD 连接。它支持 1BPP,2BPP,4BPP,8BPP 的调色板 TFT 彩色屏并且支持 64K 色(16BPP)和 16M 色(24BPP)非调色板真彩显示。LCD 控制器可以编程满足不同的需求,例如水平、垂直方向的像素数目,数据接口的数据线宽度,接口时序和刷新速率。微处理器内部具有专用 DMA 控制器用于向 LCD 驱动器传输数据,带有中断(INT_LCD)方式。系统存储器可以作为显示缓存用,支持多屏滚动显示。同时能够使用显示缓存支持硬件水平、垂直滚屏,支持多种时序 LCD 屏。编程人员通过对 LCD 控制器编程,产生适合不同 LCD 显示屏的扫描信号、数据宽度、刷新率信号。S3C2440 LCD 控制器内部可编程寄存器如表 4.1 所示。对于 TFT-LCD 控制器的更详细的工作过程请参考 S3C2440 芯片技术手册。

表 4.1　S3C2440 LCD 控制器内部可编程寄存器一览表

寄存器名	内存地址	读写	说　明	复 位 值
LCDCON1	0X4D000000	R/W	LCD 控制寄存器 1	0x00000000
LCDCON2	0X4D000004	R/W	LCD 控制寄存器 2	0x00000000
LCDCON3	0X4D000008	R/W	LCD 控制寄存器 3	0x00000000
LCDCON4	0X4D00000C	R/W	LCD 控制寄存器 4	0x00000000
LCDCON5	0X4D000010	R/W	LCD 控制寄存器 5	0x00000000
LCDSADDR1	0X4D000014	R/W	STN/TFT: 高位帧缓存地址寄存器 1	0x00000000
LCDSADDR2	0X4D000018	R/W	STN/TFT: 低位帧缓存地址寄存器 2	0x00000000
LCDSADDR3	0X4D00001C	R/W	STN/TFT: 虚屏地址寄存器	0x00000000
REDLUT	0X4D000020	R/W	STN: 红色定义寄存器	0x00000000
GREENLUT	0X4D000024	R/W	STN: 绿色定义寄存器	0x00000000
BLUELUT	0X4D000028	R/W	STN: 蓝色定义寄存器	0x0000
DIIHMODE	0X4D00004C	R/W	STN: 抖动模式寄存器	0x00000
TPAL	0X4D000050	R/W	TFT: 临时调色板寄存器	0x00000000
LCDINTPND	0X4D000054	R/W	提示 LCD 中断 pending 寄存器	0x0
LCDSRCPND	0X4D000058	R/W	提示 LCD 中断源 pending 寄存器	0x0
LCDINTMSK	0X4D00005C	R/W	中断屏蔽寄存器(屏蔽哪个中断器)	0x3
TCONSEL	0X4D000060	R/W	LPC3600 模式控制寄存器	0xF84

4.3.2 LED 显示器

发光二极管(Light Emitting Diode,LED)显示器也是智能装置和设备中常用的输出设备。LED作为一种简单、经济的显示形式,在显示信息量不大的应用场合得到了广泛的应用。

1. LED 显示器概述

LED是一种由某些特殊的半导体材料制作成的PN结。当正向偏置时,由于大量的电子-空穴复合,LED释放出热量而发光。LED的正向工作压降一般为1.2~2V不等,发光工作电流一般为1~20mA,发光强度与正向电流成正比。LED显示器具有工作电压低、体积小、寿命长(约十万小时)、响应速度快(小于1μs),颜色丰富(红、黄、绿等)等特点,是智能设备中常使用的显示器。

目前,LED显示器的形式主要有单个LED显示器、7段(或八段)LED显示器、点阵式LED显示器三种形式。

单个LED显示器实际上就是一个发光二极管,可以由一个二进制数来表示其亮或灭,如信号的有、无;电源的通、断;信号幅值是否超过等。实际中,可以通过微处理器I/O接口的某一位来控制LED的亮与灭。目前,常用的LED显示器分为有数码管显示器和点阵式显示器两种类型。

2. LED 数码管显示器

LED数码管显示器一般也称为八段发光二极管显示器。由于本身的价格低廉、体积小、功耗低、可靠性好的特点,所以在廉价的设备和仪器中被广泛应用。

段码式LED显示器的结构与工作原理如下。

由8个LED组成一个阵列,并封装于一个标准尺寸的管壳内,就形成了LED八段数码管显示器。为了适用于不同的驱动方式,其结构形式又有共阳极和共阴极两种类型。常用的八段LED显示器的内部结构及引脚功能如图4.12所示。

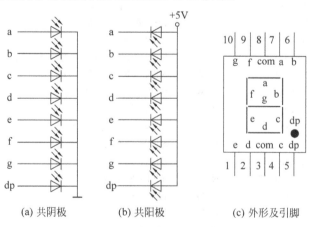

(a) 共阴极　　　(b) 共阳极　　　(c) 外形及引脚

图 4.12　八段 LED 数码管显示器内部结构及引脚图

必须注意的是 LED 数码管显示器需外接限流电阻,如果不采取限流措施将造成 LED 烧毁。限流电阻的取值一般使流经发光二极管的电流在 $1\sim20\text{mA}$ 之间。八段 LED 数码管显示器从工作原理上分为静态显示和动态显示两种工作方式,下面将分别进行介绍。

1) 静态显示方式

静态显示方式是指显示器显示某一数字或字符时,相应段的发光二极管恒定导通或截止,使显示字符的字段连续发光。在静态显示方式中,每位数码管都应有各自的驱动器件。为了便于程序控制,在选择 LED 驱动器件时,往往选择带锁存功能的器件,用以锁存各自待显示数码值。因此,静态显示系统在每一次显示输出后能够保持显示不变,仅在待显数码需要改变时,才更新其数字显示器中锁存的内容。

在图 4.12(a)的共阴极数码管接法中,公共阴极接低电平(通常接地),当阳极上(a~dp)为高电平(如+5V)时,对应的段被点亮。当阳极(a~dp)为低电平时,对应段不亮。在图 4.12(b)的共阳极接法中,公共阳极接高电平,当阴极上(a~dp)为低电平时,对应的段被点亮。当阴极上(a~dp)为高电平时,对应的段不亮。被显示字符与段码之间的关系如表 4.2 所示。

表 4.2　LED 显示字符与段码的关系

字　符	共阴极段码	共阳极段码	字　符	共阴极段码	共阳极段码
0	3FH	C0H	A	77H	88H
1	06H	F9H	B	7CH	83H
2	5BH	A4H	C	39H	C6H
3	4FH	B0H	D	5EH	A1H
4	66H	99H	E	79H	86H
5	6DH	92H	F	71H	8EH
6	7DF	82H	H	76H	09H
7	07H	F8H	P	73H	8CH
8	7FH	80H	U	3EH	C1H
9	6FH	90H	灭	00H	FFH

静态显示驱动电路,如图 4.13 所示。这种显示方式的优点是亮度高,控制程序简单,显示稳定可靠。缺点是器件较多、功耗大。当显示的位数较多时,会占用更多的 I/O 端口。

2) 动态显示方式

当显示位数较多时,宜采用动态显示方式。所有位的段选线并联起来,由一个 8 位 I/O 端口控制。而各位的共阳极或共阴极分别由另一组 I/O 端口控制,这样各位显示器轮流选通显示。即 LED 显示器分时轮流工作,每次只能使一位显示器器件显示 $1\sim2\text{ms}$。由于人的视觉暂留现象和发光二极管的余辉效应,人眼仍感觉所有的器件都在同时显示,获得稳定的视觉效果。动态显示方式的优点是所用器件少、占用 I/O 端口少。

动态显示方式的实现有程序控制扫描和定时中断扫描两种。程序控制扫描方式要占用许多 CPU 时间,所以在实际应用中常采用定时中断扫描方式。定时中断扫描方式是每隔一定时间(如 1ms)让一位数码管显示,假设有 4 位数码管,则显示扫描周期为 4ms。

如图 4.14 所示为 LED 动态显示电路,LED 显示器采用共阳极接法。8 位单片机 P1 口作为段码输出口,P3 口中的低 4 位分别作各显示器的位码输出口。在每次显示时,单片机

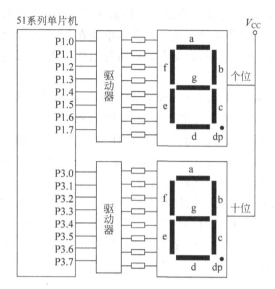

图 4.13　八段式数码管静态驱动电路

将段码送至 P1 口，经过驱动器连接到各个 LED 显示器的相应段。然后将位码送入 P3.0、P3.1、P3.2、P3.3 口，同样通过驱动器(三极管)，使其中一位 LED 的阳极变为高电平，这样对应该位显示器的段码进行显示，而其他位无效。经 1～2ms 时间以后，程序更换段码和位码，使下一位显示器被选中，显示相应内容。4 位 LED 数码管动态扫描程序如下。

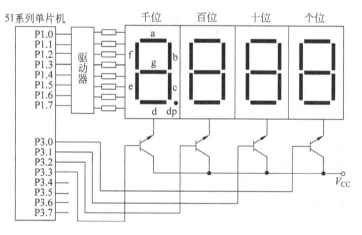

图 4.14　八段式数码管动态驱动电路

```
# include < reg51.h>
# include < intrins.h>
void Delay(unsigned char a);
unsigned char data dis_digit;
unsigned char code dis_code[8] = {0xc0,0xf9,0xa4,0xb0,0x99,0x92,0x82,0x8f,0xf80,0x90};
unsigned char data dis_index;
void main(void)
{
    P1 = 0xFF;
    P3 = 0x00;
```

```
        dis_index = 0;
        dis_digit = 0x01;
        while(1)
        {
            P1 = dis_code[dis_digit];
            P3 = dis_index;
            Delay(3);
            P3 = 0x00;
            dis_digit = _crol_(dis_digit,1);
            dis_index++;
            dis_index = dis_index % 0x04;
        }
    }
    void Delay(unsigned char a)
    {
        unsigned char i = 120;
        while(a -- )
        {
            i -- ;
        }
    }
```

3. 点阵式 LED 显示器

八段 LED 数码管显示器显示的数码和符号比较简单,但显示更多种类且字形逼真的字符则比较困难。点阵式 LED 显示器是以点阵格式进行显示的,其优点是显示的符号比较逼真,更易识别,不足之处是接口电路及控制程序比较复杂。点阵式 LED 显示器一般有 5×7、8×8、16×16 点阵等形式模块。下面以 5×7 点阵显示模块进行介绍。5×7 点阵显示模块是由 5 列 $\times7$ 行共 35 个发光二极管组成。使用多个点阵式 LED 显示器可以组成大屏幕 LED 显示屏,显示更多的汉字、图形和表格。

点阵式 LED 显示器常采用动态扫描方式显示,如图 4.15 所示为按列扫描的 5 列 $\times7$ 行点阵式共阴极 LED 显示器驱动接口电路。

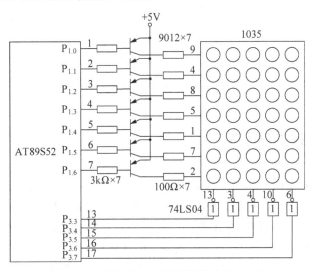

图 4.15　点阵式 LED 显示器驱动接口电路

图 4.15 中，LED 显示器行驱动电路由 7 只小功率晶体管（或由集成芯片的驱动器）组成，列驱动电路由一片 6 反相驱动器 74LS04 组成。AT89S52 单片机通过 P1 口输出行信号，通过 $P_{3.3} \sim P_{3.7}$ 输出列扫描信号。LED 点阵显示器在某一瞬间只有一列 LED 能够发光。当扫描到某一列时，P1 口按这一列显示状态的需要输出相应的一组信号。这样每显示一个数字或符号，就需要 5 组数据（行数据 7 位）。所以在显示缓冲区中由于每个字符有 5 组行数据，那么就要占用 5 个字节（最高位空，置为 1）。如图 4.16 所示为字母 A 的点阵图，表 4.3 所示为字母 A 的点阵数据。

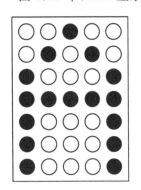

图 4.16　字母 A 的点阵图

显示时，由于采用的是共阴极 LED 显示器，所以列扫描信号依次为"0"，同时按照列号需要相应地输出一组行信号（字型码）。在这一列 LED 中，行信号中为"0"的 LED 亮，行信号为"1"的 LED 不亮。现假设要显示的字符为"A"，则有 $P_{3.3}$ 输出"1"，经过 74LS04 反相至 LED 显示器第一列。AT89S52 单片机在显示缓冲区中取出对应该列的行字型码 10000011，并从 P1 口输出至 LED 行信号线（7 位）。延时一段时间后，再使 $P_{3.4}$ 输出"1"，选中第二列，再送出第二列所对应的行字型码。由于 $P_{3.3} \sim P_{3.7}$ 轮流输出"1"，于是就能依次选中点阵显示器的所有列，并从 P1 口输出相应列的行字型码，从而显示出一个完整的字符。

表 4.3　字母 A 的点阵数据

行信号（字型码）	列　号				
	1	2	3	4	5
D_0	1	1	0	1	1
D_1	1	0	1	0	1
D_2	0	1	1	1	0
D_3	0	0	0	0	0
D_4	0	1	1	1	0
D_5	0	1	1	1	0
D_6	0	1	1	1	0
D_7	1	1	1	1	1

4.4　触摸屏接口技术

触摸屏是一种新型的智能输入设备，它也是目前最简单、方便的一种人机交互方式。使用者不必事先接受专业训练，仅需以手指触摸计算机显示屏上的图形或文字就能实现对主机操作，大大简化了智能设备的操作模式。触摸屏的界面直观、自然，给操作人员带来了极大方便，免除了对键盘不熟悉所造成的苦恼，有效地提高了人机对话的效率。目前它已经广泛地应用在自助取款机、PDA 设备、媒体播放器、汽车导航器、手机和医疗电子设备等方面。

触摸屏是一种透明的绝对定位系统,不像计算机中的鼠标是相对定位系统。绝对坐标系统的特点是每一次定位坐标与上一次定位坐标没有关系,每次触摸的信息通过校准转为屏幕上的坐标。目前,触摸屏有4种不同技术构成的类型。在实际中应该采用基于何种技术的触摸屏,关键要看应用环境的要求。总之,对触摸屏的要求主要有以下几点。

(1) 触摸屏在恶劣环境中能够长期正常工作,工作稳定性是对触摸屏的一项基本要求;

(2) 作为一种方便的输入设备,触摸屏能够对手写文字和图像等信息进行识别和处理,这样才能在更大的程度上方便使用;

(3) 触摸屏应用于以个人、家庭为消费对象的产品,必须在价格上具有足够的吸引力;

(4) 触摸屏用于便携和手持产品时需要保证极低的功耗。

触摸屏和 LCD 不是同一个物理设备,触摸屏是覆盖在 LCD 表面的输入设备。它可以记录触摸的位置,检测用户单击的位置。这样,使用者可对其位置的信息做出反应。根据触摸屏的构成形式有电阻式触摸屏、电容式触摸屏、红外式触摸屏和表面声波触摸屏4种类型。目前,使用较多的是电阻式触摸屏、电容式触摸屏和大屏幕红外式触摸屏。

4.4.1　电阻式触摸屏

电阻式触摸屏的屏体部分是一块覆盖在显示屏表面上的多层复合薄膜体。电阻式触摸屏内部基本结构是由一层玻璃或有机玻璃作为基层,其表面涂有一层透明的导电层,导电层上面再盖有一层外表面经硬化处理,光滑、防刮的塑料层。塑料层的内表面也涂一层透明导电层,这样在两个导电层之间有许多细小(小于千分之一英寸)的透明隔离点把它们隔离绝缘。触摸屏负责将受压的位置转换成模拟电信号,再经过 A/D 转换成为数字量表示的 X、Y 坐标,送入 CPU 处理。

电阻式触摸屏工作时,上下导体层相当于二维精密电阻网络。即可以等效为沿 X 方向的电阻和沿 Y 方向的电阻。当某一层电极加上电压时,会在该网络上形成电压梯度。如有外力使得上下两层在某一点接触,则在另一层未加电压的电极上可以测得接触点处的电压。随后,经模/数转换器测量电压,以此得出其在屏幕上的具体位置。具体来讲,触摸屏是通过交替使用水平 X 和垂直 Y 电压梯度来获得 X 和 Y 方向的位置。控制电路可以将接触点形成的不同电压进行 A/D 转换,最后转换成位置坐标信息。电阻式触摸屏根据引出线数多少,分为四线、五线等电阻式触摸屏。微处理器计算触摸位置的反应速度为 $10\sim20$ms。

常用的四线电阻触摸屏原理如图 4.17 所示。在触摸点 X、Y 坐标的测量过程中,测量电压与测量点的等效电路如图 4.18 所示,图中 P 为测量点。

电阻式触摸屏的经济性很好,供电要求简单,通常适用于各种智能仪器和智能设备中。它的表面通常用塑料制造,比较柔软,不怕油污、灰尘、水,但太用力或使用尖锐利器可能会划伤触摸屏,耐磨性较差。

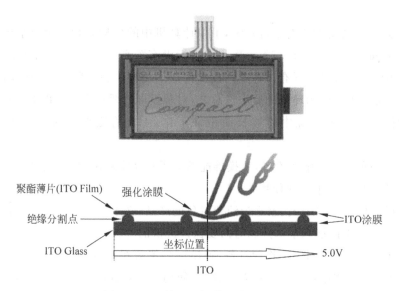

图 4.17　四线电阻触摸屏结构与原理

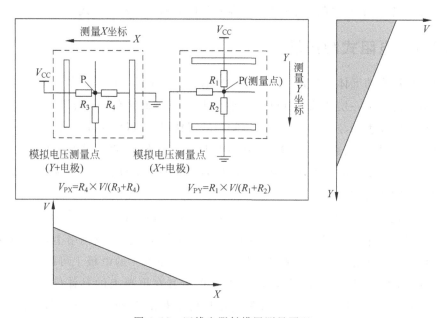

$$V_{PX}=R_4 \times V/(R_3+R_4)$$

$$V_{PY}=R_1 \times V/(R_1+R_2)$$

图 4.18　四线电阻触摸屏测量原理

4.4.2　电容式触摸屏

电容式触摸屏的构造主要是在玻璃屏幕上镀一层透明的薄膜导体层，再在导体层外加上一块保护玻璃，双玻璃设计能彻底保护导体层及感应器。此外，在附加的触摸屏四边均镀上狭长的电极，在导电体内形成一个低电压交流电场。当用户触摸屏幕时，由于人体电场、手指与导体层间会形成一个耦合电容，四边电极发出的电流会流向触点。而其强弱与手指及电极的距离成正比，位于触摸屏幕后的控制器便会计算电流的比例及强弱，因此能够准确算出触摸点的位置。电容式触摸屏的双玻璃不但能保护导体及感应器,还能更有效地防止外在环境因素给触摸屏造成的影响。即使屏幕沾有污秽、尘埃或油渍,电容式触摸屏依然能准确算出触摸位置。电容式触摸屏示意图如图 4.19 所示。

电容式触摸屏的透光率和清晰度优于电阻式触摸屏,但电容式触摸屏有时会导致色彩失真的问题。目前,电容式触摸屏广泛用于手机、游戏机、公共信息查询及零售点等系统中。

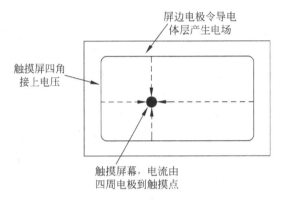

图 4.19 电容式触摸屏示意图

4.4.3 红外触摸屏

红外触摸屏的工作原理是在触摸屏的四周布满红外接收管和红外发射管,这些红外管在触摸屏表面呈一一对应的排列关系,形成一张由红外线布成的光网,当有物体(手指、戴手套或任何触摸物体)进入红外光网阻挡住某处的红外线发射接收时,此点横竖两个方向的接收管收到的红外线的强弱就会发生变化,控制器通过了解红外线的接收情况的变化就能知道何处进行了触摸,如图 4.20 所示。

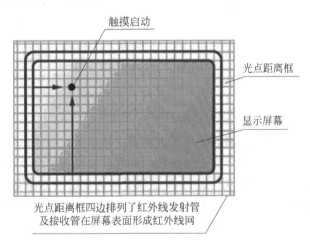

图 4.20 红外触摸屏示意图

红外触摸屏由三部分组成:控制器、发射电路、接收电路。其中,发射电路由移位锁存器(例如:TI 公司的 CD74AC164M)、3-8 多路输出选择器(例如:TI 的 74HC238D)、恒流驱动 IC(例如美芯的 MAX6966、TI 的 ULN2803A 等)、红外发射二极管等组成。接收电路由移位锁存器(例如：TI 公司的 CD74AC164M)、多路器(例如：TI 公司的 74HC4051D,与 74HC238D 匹配)、红外接收二极管、放大电路、A/D 转换器(例如：TI 的 ADS7830)等构成。

发射管点亮时,微处理器将同时通过地址线寻址与发射管位置上相对应的接收管,并将接收感应到的光通量通过放大器和 A/D 转换器放大并转换成数字信号,再通过数据线传送给微处理器进行处理,由此判断是否有触摸发生。通过这样处理可使发射管与接收管一一对应,从而为确定触摸位置奠定基础。接收电路必须与发射电路用相同型号的移位锁存器(例如：TI 公司的 CD74AC164M),这样才能保证微处理器发出扫描信号后寻址相对应的接收管时,发射管和接收管在时序上一一对应。

工作时,控制器中的微处理器(ARM7 或其他)控制驱动电路(移位锁存器)依次接通红外发射管并同时通过地址线和数据线来寻址相应的红外接收管。当有触摸时,手指或其他物品就会挡住经过该位置的横竖红外线,微处理器扫描检查时就会发现该受阻的红外线,判断可能有触摸,同时立刻换到另一坐标再扫描,如果再发现另外一轴也有一条红外线受阻,表示发现触摸,并将两个发现阻隔的红外对管位置报告给主机,经过计算判断出触摸点在屏幕的位置。其控制原理如图 4.21 所示,软件流程图如图 4.22 所示。

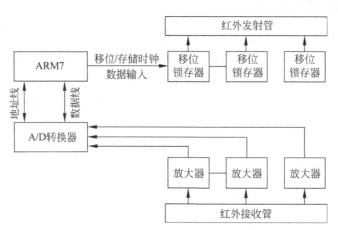

图 4.21　ARM 控制原理图

红外多点触摸屏的产生与应用,方便了人们对于数字生活的操作使用,真正实现了一个完整的人机互动体系。目前,红外多点触摸技术从各种触摸技术之中脱颖而出,已经开始取代鼠标、书写板甚至是键盘的使用。红外多点触摸屏的发展也越来越呈现出多元化、专业化、简单化和大屏幕化等趋势。由此可见,红外多点触摸技术的迅速发展对于红外多点触摸屏的普及和发展将会发挥重要的作用。

4.4.4　触摸屏接口技术

针对触摸屏接口的设计,首先确定触摸屏的类型及外形尺寸,然后进行触摸屏所配套的驱动芯片的选型和连接电路的设计。对于电阻式触摸屏的控制电路通常采用专用的集成电

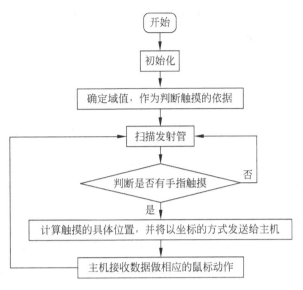

图 4.22 程序流程图

路芯片(如 ADS7843),专门处理是否有笔或手指按下触摸屏。并在按下时分别给两组电极通电,然后将其对应位置的模拟电压信号经过 A/D 转换器送回处理器。ADS7843 芯片连接示意图如图 4.32 所示。

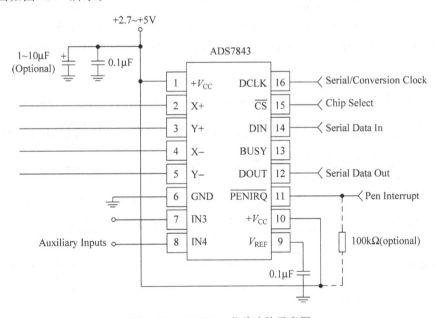

图 4.23 ADS7843 芯片连接示意图

触摸屏控制器 ADS7843 是一个可编程的模拟到数字转换器。内部有一个 A/D 转换器,可以准确判断出触点的坐标位置。同时非常适合于电阻式的触摸屏,以 2.7~5V 供电,转换率高达 125kHz,功耗可达 $750\mu W$,在自动关闭模式下功耗仅为 $0.5\mu W$。模拟到数字的转换精度(逐次比较式 ADC)可选 256 级(8 位)或 4096 级(12 位)。命令字的写入以及转换后的数字量的读取可通过串行方式操作。ADS7843 引脚功能说明如表 4.4 所示。

表 4.4　ADS7843 引脚功能说明

引脚号	引脚名	功能描述
1、10	$+V_{CC}$	供电电源 2.5~5V
2、3	X+、Y+	接触摸屏正电极,ADC 输入通道 1、通道 2
4、5	X−、Y−	接触摸屏负电极
6	GND	电源地
7、8	IN3、IN4	两个附属 A/D 输入通道,ADC 输入通道 3、通道 4
9	V_{REF}	A/D 转换参考电压输入
11	$\overline{PENIRQ}$	终端输出,需接外接电阻(10kΩ 或 100kΩ)
12、14	DOUT、DIN	串行数据输出、输入,在时钟下降沿数据移出,上升沿数据移入
16	DCLK	串行时钟
13	BUSY	忙信号
15	$\overline{CS}$	片选

　　在实际中,具有实用价值的参数数据不仅是 ADS7843 采集到的对当前触摸点电压值的 A/D 转换值,还与触摸屏与 LCD 贴合的情况有关。由于 LCD 分辨率与触摸屏的分辨率通常不一样,其坐标也不相同。因此,如果想得到体现 LCD 坐标的触摸屏位置,还需要在程序中进行转换。转换公式如下:

$$X=(x-TchScr\_Xmin)\times LCDWIDTH/(TchScr\_Xmax-TchScr\_Xmin)$$
$$Y=(y-TchScr\_Ymin)\times LCDHEIGHT/(TchScr\_Ymax-TchScr\_Ymin)$$

其中,TchScr_Xmin、TchScr_Xmax、TchScr_Ymax 和 TchScr_Ymin 是触摸屏返回电压值 X、Y 轴的范围,LCDWIDTH、LCDHEIGHT 是液晶屏的宽度与高度。ADS7843 的工作时序如图 4.24 所示。

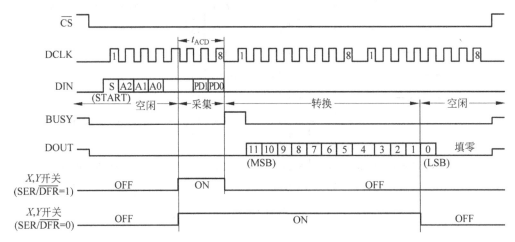

图 4.24　ADS7843 的工作时序

　　ADS7843 芯片通过标准 SPI 协议和 CPU 通信,操作简单、精度高。在嵌入式系统中,由于嵌入式微处理器一般都具有串行外设接口 SPI,所以与 ADS7843 芯片连接相对容易。通过 SPI 接口向 ADS7843 发送控制字,待转换完成后就可从 ADS7843 串口读出电压转换值进行相应处理。触摸屏(键盘)驱动程序方框图如图 4.25 所示。

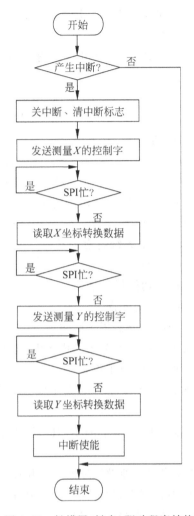

图 4.25　触摸屏(键盘)驱动程序结构

习题与思考题

一、单项选择题

1. 以下关于嵌入式系统概念的描述中,错误的是(　　)。
   A. 嵌入式系统也称为"嵌入式计算机系统"
   B. 嵌入式系统针对特定的应用,裁减计算机的软件和硬件
   C. 嵌入式系统设计依据应用系统对功能、可靠性、成本、体积、功耗的严格要求
   D. 嵌入式系统必须具有互联网通信的能力

2. 微处理器系统中引入中断技术可以(　　)。
   A. 提高外设速度　　　　　　　　　B. 减轻内存负担
   C. 提高 CPU 效率　　　　　　　　D. 增加信息交换精度

3. 在嵌入式系统中,对于中、低速设备最常用的数据传送方式是(　　)。

    A. 查询　　　　　　　B. 中断　　　　　　　C. DMA　　　　　　　D. I/O 处理机

4. 在输入输出控制方法中,采用(　　)可以使得设备与主存间的数据块传送无须CPU 干预。

    A. 程序控制输入输出　　　　　　　B. 中断

    C. DMA　　　　　　　　　　　　D. 总线控制

5. 通常所说的 32 位微处理器是指(　　)。

    A. 地址总线的宽度为 32 位　　　　B. 处理的数据长度只能为 32 位

    C. CPU 字长为 32 位　　　　　　　D. 通用寄存器数目为 32 个

6. 在嵌入式系统的存储结构中,存取速度最快的是(　　)。

    A. 内存　　　　　　　B. Cache　　　　　　C. Flash　　　　　　D. 寄存器组

7. 以下叙述中,不符合 RISC 指令系统特点的是(　　)。

    A. 指令长度固定,指令种类少

    B. 寻找方式种类丰富,指令功能尽量增强

    C. 选取使用频率较高的一些简单指令

    D. 有大量通用寄存器,访问存储器指令简单

8. 以下关于智能物体与嵌入式技术的关系的描述中,错误的是(　　)。

    A. 智能物体应该是一种嵌入式电子设置

    B. 智能物体的感知、通信与计算能力的大小应该根据物联网应用系统的需求来
       确定

    C. 嵌入式电子设置可以是功能简单的 RFID 芯片,也可能是复杂的无线传感器
       节点

    D. 嵌入式电子设置可以使用各种微处理器芯片和存储器

9. 关于实时操作系统 RTOS 的任务调度器,以下描述中正确的是(　　)。

    A. 任务之间的公平性是最重要的调度目标

    B. RTOS 调度算法只是一种静态优先级调度算法

    C. RTOS 调度器都采用了基于时间片轮转的调度算法

    D. 大多数 RTOS 调度算法都是可抢占式(可剥夺式)的

10. 实时操作系统必须在(　　)内处理来自外部的事件。

    A. 一个机器周期　　　　　　　　　B. 被控制对象规定的时间

    C. 周转时间　　　　　　　　　　　D. 时间片

11. 以下关于智能手机的描述中,错误的是(　　)。

    A. 智能手机是物联网中一种重要的智能终端设备

    B. 智能手机除具备移动通信功能之外,还具有 PDA 的大部分功能

    C. 智能手机使用的嵌入式操作系统主要有 Windows CE、Linux 与 Android 等

    D. 嵌入式操作系统 Android 是基于 Windows 操作系统环境的

二、问答题

1. 嵌入式系统有哪些组成部分? 各部分的主要工作是什么?

2．嵌入式系统有哪些特点？

3．在实际的项目设计中，如何选择嵌入式处理器？

4．简述嵌入式系统的开发流程。

5．简述嵌入式软件系统的组织层次。

6．介绍一下嵌入式软件系统的运行流程。

7．常用的嵌入式操作系统有哪些？简述各自的特点。

8．简述在行列式键盘中，采用键盘行扫描方式的工作原理。编写出输入程序的方框图。

9．简述 TFT 型 LCD 显示器的结构组成及工作原理。

10．八段 LED 数码管有哪两种显示方式？简述其各自特点及适用场合。

11．选用触摸屏时，应该注意哪几方面的问题？

12．简述电阻型、电容型和红外型触摸屏的工作原理。

13．针对你所了解的触摸屏，试编写出其输入程序方框图或实际程序。

第5章

物联网通信技术

在物联网实际应用中,人与物体之间和物体与物体之间的信息交换主要依靠各种通信技术。在通信的过程中,如果交换的信息是以字节或字为单位,且各位同时进行传送,则称为并行通信方式。并行通信传送速率高,但系统成本也高,一般应用在芯片级或板级通信中。如果通信双方交换的信息是以位为单位每次传送一位,且各位数据依次按一定格式逐位传送,则称为串行通信方式。

串行通信方式所占用系统的资源少,通过有线或无线方式非常适于远距离通信。在物联网工程应用中,串行通信得到了广泛的使用。本章主要介绍在物联网中,常用的有线串行通信方式和无线串行通信方式。

无线传感器网络综合了传感器、嵌入式计算、现代网络及无线通信和分布式信息处理等技术,协同完成对各种环境或监测对象信息的实时监测、感知和采集。这些信息以无线方式被发送,从而实现物理世界、计算世界以及人类社会的连通。

位置是物联网信息的重要属性之一,缺少位置的感知信息是没有使用价值的。位置服务采用定位技术确定智能物体当前的地理位置,利用地理信息系统技术与移动通信技术,向物联网中智能物体提供与其位置相关的信息服务。

5.1 概述

在串行通信中需要将传输的数据分解成二进制位,然后采用一条信号线将多个二进制数据位按一定的时间和顺序,逐位地由信息发送端传到信息的接收端。根据数据的传送方向和发送/接收是否能同时进行,将数据传送的工作方式分为单工方式、半双工方式和全双工方式。

单工通信是指消息只能单方向传输的工作方式,发送端和接收端的身份是固定的。数据信号仅从一端传送到另一端,即信息的传输是单向的。例如,数据只能从 A 方传送到 B 方,而不能从 B 方传送到 A 方,但 B 方可以把监控信息传送到 A 方。单工通信方式的连接线路一般采用两线制,其中的一条线路用于传送数据,另一条线路用于传递监控信息。

半双工通信方式可以实现设备双向的通信,但不能在两个方向上同时进行工作。可以轮流交替地进行通信,即通信信道的任意端既可以是发送端也可以是接收端。但是在同一时刻信息只能在一个传输方向通信,半双工方式的通信线路一般也采用两线制。

全双工通信方式是指在通信的任意时刻,允许数据同时在两个方向上传输,即通信双方可以同时发送和接收数据。全双工方式既可以采用四线制，也可以用两线制。一般在用四线制时，收、发的双方都要使用一根数据线和一根监控线。但是当在一条线路上用两种不同的频率范围代替两个信道时，全双工的4条线也可以用两条线代替。例如，调制解调器就是用两根线提供全双工的通信信道。

在数据的串行通信中，通信双方为保证串行通信顺利进行，在数据传送方式、编码方式、同步方式、差错检验方式以及信息的格式和数据传送速率等方面做出的规定称为通信规程，也称为通信协议。通信双方必须遵从统一通信协议，否则无法进行正常通信。

根据串行通信的时钟控制的不同方式，可以分为同步和异步两种通信类型方式。因而通信协议也分为异步串行通信协议和同步串行通信协议两类。

1. 异步串行通信方式

通信双方以字符为通信单位，每个字符由1个起始位（约定为逻辑0电平）、5～8个数据位（先传送低位后传送高位）、1个校验位（用于校验传送的数据是否正确）、1个（或2个）停止位（逻辑1电平）组成，如图5.1所示。因此，一个字符可由10位或11位组成，这样的一组字符称为一帧。字符一帧一帧地传送，每帧数据的传送依靠起始位来同步。发送方发送完一个字符的停止位后，可立即发送下一个字符的起始位，继续发送下一个字符。也可发送空闲位（逻辑1电平），表示通信双方不进行数据通信。当需要发送字符时，再用起始位进行同步。在通信中，为保证传输正确，线路上传输的所有位信号都保持一致的信号持续时间，收、发双方使用独立的时钟，但必须保持相同的传输速率。异步串行通信方式对硬件要求较低，实现起来比较简单、灵活，但传送信息的速率较低。

图5.1　串行异步传输通信格式

例如，要求对ASCII码（7位）字符"C"（ASCII码为43H）加上奇校验位后进行传送，其异步串行通信的数据传送格式为0110000101。其中，最前一位"0"为起始位；中间数据位1100001为字符"C"的ASCII编码43H（发送时低位在前、高位在后）；倒数第二位0为奇校验位；最后一位"1"为停止位。

异步串行通信的波特率一般在50～19 200波特之间。如果某设备每秒传送120B，每一个字符的格式为1个起始位、7个ASCII码数据位、1个奇偶校验位、1个停止位，共10位组成，这时传送速率为

$$10(位/字符) \times 120(字符/秒) = 1200(位/秒) = 1200(波特)$$

可见，异步串行通信对每个字符至少要传送20%的附加控制信息，因而传送速率较低。

2. 同步串行通信方式

在异步串行通信方式中，每传输一个字符都要用到起始位和停止位作为其传送开始和传送结束的标志，占用了时间。在同步串行通信方式为了提高传送速度，去掉了这些标志。而采用同步字符方式作为数据传送开始的统一标志。

同步串行通信格式如图5.2所示。数据块开始有一个或两个同步字符（SYN），作为传

输数据信息开始的标志。中间部分是需要被传送的数据块(或者称为数据包),其内部的信息可包含事先约定的若干个字符信息,具体可由用户在通信协议中设置。最后部分为一个或两个校验字符。接收方接收到数据后,采用校验字符对接收到的数据进行校验,以判断传输是否正确。在同步协议中,一般采用循环冗余码(即 CRC 码)进行错误检测,具有较高的纠错率。

同步字符	数据块	校验码

图 5.2　串行同步传输通信格式

同步串行通信方式在信息发送端和信息接收端之间需要使用公共的同步时钟,以便确保发送和接收双方在工作时保持同步。在实际操作时,可在传输线中增加一根时钟信号线,用同一时钟发生器驱动收、发设备。但是当信息传输距离太远时,也可以将时钟信息包含在信息块中。然后通过调制解调器从数据流中提取同步信号,采用锁相技术得到与发送时钟频率相同的接收时钟频率。

由于在同步通信数据块内,数据与数据之间不需要插入同步字符、没有间隙,因而传输速度较快。但要求有准确的时钟实现收、发双方的严格同步,对硬件要求较高。同步通信方式适用于传送成批数据,一般用于高速通信方式。在嵌入式系统中,典型的串行同步通信方式有 USB、I^2C 和 SPI 等。

5.2　标准串行通信接口

串行通信方式虽可使设备之间的连线大为减少,但也随之带来串-并、并-串转换和位计数等相关问题,这使串行通信硬件部分的构成复杂一些。实现串行通信的方法是采用硬件接口方式,同时辅之以必要的软件驱动程序。

在串行通信接口中,为了确保不同设备之间能够顺利地进行串行通信,还要求对它们之间连接的若干信号线的机械、电气、功能特性做统一的规定,使通信双方共同遵守统一的接口标准。本节将介绍物联网设备中经常应用的 UART、RS-232、USB、I^2C、SPI 和 CAN 标准串行通信接口,以及物联网设备中所应用的无线串行通信方式。

5.2.1　通用异步收发器 UART

通用异步收发器(Universal Asynchronous Receiver and Transmitter,UART)是一种可以实现全双工的、单极性的串行通信接口。在嵌入式处理器内部通常具有多个 UART,其功能是将内部的并行信号转换成为串行输出信号。UART 输出的信号为标准 TTL 电平信号,经过专用转换电路可以方便地实现 RS-232、RS-485 等其他标准串行接口通信方式。

嵌入式处理器中 UART 模块的基本功能如下。

(1) 实现串行数据的格式化。在异步方式下 UART 自动生成起始位、停止位的帧数据格式。在面向字符的同步通信方式下,接口要在待发送的数据块之前加上同步字符。

(2) 进行串行数据和并行数据之间的相互转换。

(3) 控制数据传输速度。即对波特率或通信速率进行选择和控制。

（4）进行错误检测。在发送时自动生成奇偶校验或其他校验码。在接收时，检查字符的奇偶校验或其他校验码，确定是否发生传输错误。

按照 UART 模块的基本功能，UART 的数据帧格式通常包括起始位、停止位，可选的校验位，常见使用的数据位长度包括 7 位、8 位或 9 位等。

例如，基于 ARM9 系列的 S3C2440 微处理器有三个独立的异步串行 UART，分别是 UART0、UART1、UART2。每个串口都可以在中断和 DMA 两种模式下进行收发，UART 支持的最高波特率达 230.4kb/s。每个 UART 通道对于接收器和发送器都各包括一个 64 位的先进先出缓冲区 FIFO，负责数据的接收和发送。UART 还支持可编程波特率选择、红外传输接收方式、一个或两个停止位，5～8 位数据长度和奇偶校验。每个 UART 包含一个波特率产生器、接收器、发送器、计数器和一个控制单元，其波特率发生器可由 PCLK，FCLK/n 或 UEXTCLK（外部输入时钟）锁定。UART 内部主要结构如图 5.3 所示。

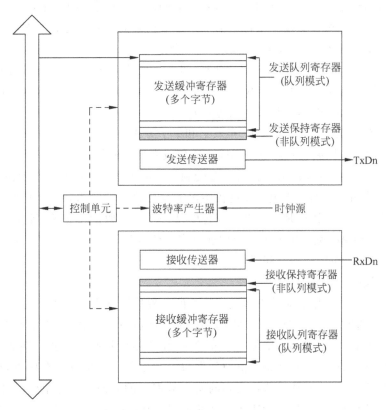

图 5.3 S3C2440 UART 内部主要结构

S3C2440 的 UART0、UART1 都遵从 1.0 规范的红外传输功能，并有完整的握手信号，可以连接 Modem。当发送数据的时候，数据先写到 FIFO 然后复制到发送移位寄存器，然后从数据输出端口（TxDn）依次移位输出。被接收的数据也同样从接收端口（RxDn）移位输入移位寄存器，然后复制到 FIFO 中。

UART 数据接收/发送的数据帧是可编程的，由线性控制寄存器 ULCONn 设置。UART 特殊寄存器包括 UART 线性控制寄存器（ULCONn）、UART 控制寄存器（UCONn）、UARTFIFO 控制寄存器（UFCONn）、UARTMODEM 控制寄存器（UMCONn）、UART 接收发送状态寄存器（UTRSTATn）、UART 错误状态寄存器（UERSTATn）、UARTFIFO 缓冲区状态寄存器（UFSTATn）、UARTMODEM 状态寄存器（UMSTATn）、UART 发送缓存寄存器（UTXHn）、UART 接收缓存寄存器（URXHn）和 UART 波特率除数寄存器（UBRDIVn），共计 11 个寄存器。有关各寄存器的应用，详见 S3C2440 技术手册。

5.2.2　RS-232C 标准串行通信

RS-232C 是美国电子工业协会（Electronic Industries Association，EIA）在 1973 年公布的一种串行数据通信标准。其中，RS 是 Recommended Standard 的缩写，232 是识别代号，C 是标准的版本号。该标准定义了数据终端设备（Data Terminal Equipment，DTE）和数据通信设备（Data Communication Equipment，DCE）之间的接口信号特性，提供了一个利用公用电话网络作为传输媒介、通过调制解调器将远程设备连接起来的技术规定。RS-232C 标准串行通信方式是一种在低速率串行通信中增加通信距离的单端输出信号标准，应用比较广泛。EIA 的 RS-232C 中技术规定包括以下 4 个方面。

（1）机械特性：分为 9 针或者 25 针两种，目前主要使用 9 针，接口形状为 D 型插件。

（2）电气信号特性：负载电容不超过 2500pF，负载电阻在 3～7kΩ 之间，电压在 -3～-15V 和 +3～+15V 之间（采用负逻辑方式）。

（3）数据传输模式：允许全双工、半双工和单工方式。

（4）串行通信的控制方式可以采用同步通信或者异步通信形式。

在通信的过程中，传输的数据位可能会受到外界的干扰导致电平发生变换而发生错误。检错是接收端检测在数据字或包传输过程中可能发生错误的能力，最常见的错误类型是位错误和突发位错误。位错误是指数据字或包中某一个位接收的不正确，即 1 变为 0 或 0 变为 1。突发位错误是指数据字或数据包中连续多个位接收不正确。如果在通信中检测到了错误，一般可以采取纠错措施。纠错就是系统通过适当方法更正错误。检错和纠错能力通常也是通信协议的一部分内容。

校验和方式是经常用于对数据包进行检查的一种检错方式。一个数据包内含多个数据字段，在使用奇偶校验时，每个要被传送的字段都要增加一位校验位用以帮助检错。在采用校验和方式校验时，每个包都要增加一个校验字，用于帮助接收方检错。例如，可以计算数据包中所有数据字的异或和，并将该值与数据包一起发送。当接收器在接收到被传送过来的数据包及校验字后，立刻计算所接收到的所有数据字的异或和。如果经过计算所得到的和与所接收到的校验和相同，认为所接收到的数据包是正确的，否则认为是错误的。但需要注意的是并不是所有的错误组合都可以用这种方式检测到。更可靠的方法是可以同时使用奇偶校验与校验和两种检错方式或者直接采用 CRC 循环冗余校验码方式，以得到更强的检错能力。

RS-232C 标准串行接口的引脚定义如表 5.1 示，具体采用的通信形式可以分为带有握手信号或者不带有握手信号的连线形式。图 5.4(a) 为带有握手信号的 9 针 RS-232C 接口连接方式，图 5.4(b) 为不带有握手信号的 9 针 RS-232C 接口连接方式。在实际的应用中，最简单的 RS-232C 串行接口可以采用 TXD（发送线）、RXD（接收线）和 GND（公共地线）三根通信线进行通信。

表 5.1 RS-232C 接口信号引脚分配一览表

9 芯引脚	符 号	功 能	方 向
3	TXD	发送数据	输出
2	RXD	接收数据	输入
7	RTS	请求发送	输出
8	CTS	清除发送	输入
6	DSR	数据设备就绪	输入
5	GND	信号地线	
1	DCD	数据载波检测	输入
4	DTR	数据终端就绪	输出
9	RI	振铃信号指示	输入

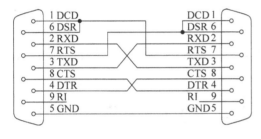
(a) 带有握手信号的连接方式

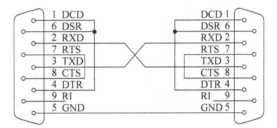
(b) 不带握手信号的连接方式

图 5.4 连线形式

尽管目前 RS-232C 接口标准在通信、自动控制和嵌入式等领域都已经得到了广泛的应用,但由于 RS-232C 标准的制定和出现较早,在应用时存在如下方面的不足。

(1) 接口信号电平值较高,可达±12V。由于与 TTL 电平不兼容,需使用电平转换电路才能与 TTL 电路连接。否则易损坏接口电路芯片,使其不能正常工作。

(2) 由于接口采用单端驱动、单端接收的单端双极性电路标准,所以一条线路只能传输一种信号。

(3) 发送器和接收器之间具有公共信号地,共模信号会耦合到信号系统。对于多条信号线来说,这种共地传输方式抗共模干扰能力很差,尤其传输距离较长时会在传输电缆上产生较大压降损耗,压缩了有用信号范围。在干扰较大时通信可能无法进行,故通信速度和距离不可能较高。

(4) 传输速率较低,在异步传输方式时,常用的波特率最大仅为 115 200b/s。

(5) 传输距离有限,传输距离一般在 15～30m 左右。

因此在实际使用中,为了保证 RS-232 串口数据传输的稳定性和提高传输距离,通常采用带有屏蔽层的传输信号线,同时降低传输速率的方式来实现。

32 位的微处理器内部一般都集成了 3.3V 的 LVTTL(低电压形式的 TTL 标准)电平的 UART 串行接口,其中,LVTTL 标准定义逻辑"1"对应 2～3.3V 电平,逻辑"0"对应 0～0.4V 电平。为了与标准 RS-232C 串行设备通信,需要采用 SP3243 或 MAX3223 芯片用于电平转换(负逻辑方式)。这样可以将微处理器中的逻辑"1"信号变成 RS-232C 接口需要的 $-3 \sim -15\mathrm{V}$,将微处理器中的逻辑"0"信号变成 RS-232C 接口需要的 $+3 \sim +15\mathrm{V}$ 电平进行通信。

在单片机内部一般集成了标准 TTL 电平的 UART 串行接口,为了和标准 RS-232C 串行设备通信,通常采用 MAX232 等接口芯片用于电平的转换。MAX232 芯片引脚图与应用电路图如图 5.5 所示。

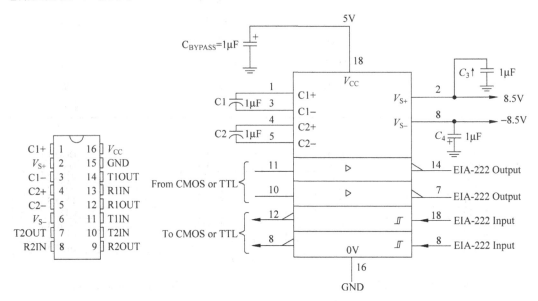

图 5.5   MAX232 芯片引脚图与应用电路图

5.2.3   通用串行总线 USB

通用串行通信总线(Univer Serial Bus,USB)是由 Intel、Compaq 及 Microsoft 等公司联合提出的一种新的同步串行总线标准,主要用于 PC、智能设备与外围设备的互连。日常生活中常见的与 USB 有关的设备很多,比如 U 盘、移动硬盘、MP4、键盘和鼠标、打印机,以及数码相机、手机等设备。

到目前为止,曾先后已经公布了三代的 USB 规范版本,USB 标准主要特征如表 5.2 所示。USB 串行总线通信的特点如下。

(1) 热插拔(即插即用),设备不需重新启动便可以工作。这是因为 USB 协议规定在主机启动或 USB 设备与系统连接时都要对设备进行自动配置,无须手动设置地址、中断地址等参数。

(2) 传输速率高,支持三种设备传输速率:USB 1.1 的最高速度为 12Mb/s;USB 2.0 实现高达 480Mb/s 的传输率;USB 3.0 标准支持高达 5Gb/s 全双工传输速率。

(3) 连接方便、易于扩展。USB 接口标准统一,使用一个 4 针插头作为标准。USB 可通过串行连接或者集线器 Hub 连接 127 个 USB 设备,从而以一个串行通道取代 PC 上一些类似如串行口和并行口等 I/O 端口。这样使嵌入式系统与外设之间的连接更容易实现,让所有的外设通过协议来共享 USB 的带宽。

表 5.2　三代 USB 标准主要特征

选项	标志	速度	传输方式	供电能力	电缆长度
USB 1.1	CERTIFIED USB	低速 1.5Mb/s 全速 12Mb/s	两线差分	5V/500mA	<5m
USB 2.0	HI-SPEED CERTIFIED USB	低速 1.5Mb/s 全速 12Mb/s 高速 480Mb/s	两线差分	5V/500mA	<5m
USB 3.0	SUPERSPEED CERTIFIED USB	低速 1.5Mb/s 全速 12Mb/s 高速 480Mb/s 超速 5.0Gb/s	四线差分	5V/900mA	<5m

（4）USB 接口提供了内置电源，不同设备之间基本可以共享接口电缆。同时在每个端口都可检测终端是否连接或分离，并能区分出高速或低速设备。主 USB 接口提供一组 5V 的电压，可作为 USB 设备的电源，基本满足了鼠标、读卡器、U 盘等大多数电子设备的需求。

一个 USB 接口内部一般由 USB 主接口（Host）、USB 设备（或称从接口，Device）和 USB 互连操作三个基本部分组成。USB 主接口包含主控制器和内置的集线器，通过集线器，主机可以提供一个或多个接入点（端口）。USB 设备通过接入点与主机相连。USB 互连操作是指 USB 设备与主机之间进行连接和通信的软件操作。通常 USB 在高速模式下使用带有屏蔽的双绞线，而且最长不能超过 5m。而在低速模式时，可以使用不带屏蔽或不是双绞的连线，但最长不能超过 3m。通过集线器可以连接的设备最多为 127 个。USB 接口是通过四线电缆传输信号与外部相连，插件引脚作用与排列顺序如图 5.6 所示。其中，D＋和 D－是互相缠绕的一对数据线，用于传输差分信号。USB（Host）中的 V_{Bus} 和 GND 分别为电源和地，可以给外设提供 5V、最大 500mA 或 900mA 的电源。因此功率不大的外设可以直接使用 USB 总线电源供电，不必外接电源。注意 USB（Device）中的电源端 V_{Bus} 采用无源形式，需要主 USB 供电。还有，USB 总线支持节约能源的挂机和唤醒模式。

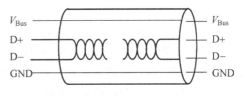

图 5.6　USB 总线的物理接口

USB 采用单极性、差分、不归零 NRZI 编码方式，支持半双工进行串行数据传输。按照 USB 协议，在 USB 主机与 USB 设备之间进行一系列握手过程。从而主机知道设备的情况以及该如何与设备通信，并为设备设置一个唯一的地址。常见的 USB 接口支持同步传输、中断传输、批量传输和控制传输 4 种信息传输方式。

USB 接口的基本工作过程如下。

（1）USB 设备接入主机后（或有源设备重新供电），主机通过检测信号线上的电平变化发现设备的接入；

（2）主机通过询问设备获取确切的信息；

（3）主机得知设备连接到哪个端口上并向这个端口发出复位命令；

（4）设备上电，所有的寄存器复位并且以默认地址 0 和端点 0 响应命令；

(5) 主机通过默认地址与端点 0 进行通信并赋予设备空闲的地址,以后设备对该地址进行响应;

(6) 主机读取设备状态并确认设备的属性;

(7) 主机依照读取的 USB 状态进行配置,如果设备所需的 USB 资源得以满足,就发送配置命令给设备,该设备就可以使用了;

(8) 当通信任务完成后,该设备被移走时(无源设备拔出主机端口或有源设备断电),设备向主机报告,主机关闭端口释放相应资源。

目前,嵌入式系统的 USB 接口有两种实现方法,其一是处理器自带 USB 接口控制器,例如,三星公司的 S3C2440、意法半导体公司的 STM32 系列、飞利浦公司的 LPC2100 系列等。其二是微处理器不带有 USB 接口控制器,需要外接专用的 USB 接口芯片。外接专用的 USB 接口芯片如 Philips 公司生产的 PDIUSBD12 等。PDIUSBD12 内部结构图和器件连接示意图如图 5.7 所示。

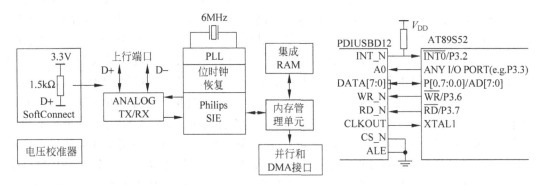

图 5.7　PDIUSBD12 内部结构图和器件连接示意图

在一个完整的嵌入式 USB 系统中,不仅应包括 USB 硬件接口,还要在软件上编写 USB 控制器程序和 USB 设备驱动程序等。以 PDIUSBD12 实现 USB 从设备的使用为例,在完成硬件连接后,依然需要在软件中完成发送 USB 请求、等待 USB 中断、设置相应的标志、处理 USB 总线事件、PDIUSBD12 命令接口和面向硬件电路的底层函数及驱动程序编写等问题。

因此在嵌入式系统设计时,应当优先选用内部带有主 USB(Host)或从 USB(Device)功能的微处理器,使用其内部集成的 USB 功能以及对应厂商提供的函数库、例程等都能够提高开发效率。

5.2.4　内部集成电路串行通信

内部集成电路(Inter-IC,I^2C)串行通信方式是 Philips 公司开发的一种常用于将微处理器连接到系统的双向 8 位二进制同步串行总线。一般可用于连接串行存储器和 LCD 控制器,也可以作为 MPEG-2 视频的命令接口。I^2C 总线多应用于消费电子、通信和工控领域。

1. 性能与工作原理

I^2C 通信方式具有低成本、易实现、中速(标准总线达到 100kb/s,扩展总线达到 400kb/s)

的特点。I²C总线的2.1版本使用的电源电压低至2V,传输速率可达3.4Mb/s。I²C使用三条连线,其中串行数据线(SDL/SDA)用于数据传送;串行时钟线(SCL/SCK)用于指示什么时候数据线上是有效数据;此外还需要一条公共地线。

I²C可以工作在全双工通信形式,其规范并未限制总线导线的长度,但总电容需要保持在400pF以下。使用I²C总线接口时有主传送模式、主接收模式、从传送模式和从接收模式共4种操作模式。每个I²C接口的设备都有一个唯一的7位地址(扩展方式为10位),便于主控器寻访。正常情况下,I²C总线上的所有从执行设备被设置为高阻状态。而主执行设备保持在高电平,表示处于空闲状态。在网络中,各个设备都可以作为发送器和接收器。在主从通信中,可以有多个I²C总线器件同时接到总线上,通过地址来识别通信对象,并且I²C总线还可以是多主系统,任何一个设备都可以为主I²C。但是在任一时刻只能有一个主I²C设备,I²C具有总线仲裁功能,保证系统正确运行。

需要注意的是,I²C总线上的接口设备的串行时钟线和串行数据线都使用集电极开路/漏极开路接口,因此在串行时钟线和串行数据线上都必须连接上拉电阻。

使用I²C通信接口有4种操作模式:主传送模式、主接收模式、从传送模式、从接收模式。其中的主I²C设备负责发出时钟信号、地址信号和控制信号,选择通信的从I²C设备和控制收发。

总之,在任何模式下使用I²C通信方式都必须遵循以下三点。

(1) 各节点设备必须具有I²C接口功能或使用I/O模拟完成功能;

(2) 各节点设备必须共地;

(3) 两个信号线必须接上拉电阻。

I²C设备的连接示意图如图5.8所示。

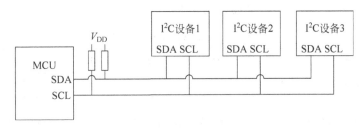

图5.8 I²C总线设备连接示意图

I²C通信方式不规定使用电压的高低,因此双极型TTL器件或单极型MOS器件都能够连接到总线中。但总线信号均使用开放集电极/开放漏极电路,通过上拉电阻保持信号的默认状态为高电平。当0被传送时,每一条总线的晶体管用于下拉该信号。开放集电极/开放漏极信号允许一些设备同时写总线而不会引起电路的故障。网络中的每一个I²C接口设备都使用开放集电极/开放漏极电路,并被连接到串行时钟信号SCL和串行数据SDA这两个专用线上。

在具体的工作中,I²C通信方式被设计成多主控器总线结构,即不同设备中的任何一个可以在不同的时刻起主控设备的作用,没有一个固定的主控器在SCL上产生时钟信号。相反,当传送数据时,主控器同时驱动SDA和SCL。当总线空闲时,SCL和SDA都保持高电位。当两个设备试图改变SCL和SDA到不同的电位时,开放集电极/开放漏极电路能够防止出错。但是每一个主控设备在传输时必须监听总线状态以确保报文之间不互相影响,如果设备收到了不同于它要传送的值时,它知道报文之间发生相互影响了。I^2C 总线的起始信号和停止信号示意图如图 5.9 所示。

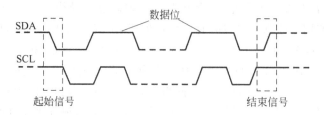

图 5.9　I^2C 总线的起始信号和停止信号

在传输数字信号方面,I^2C 通信方式包括 7 种常用形式的信号。

(1) 总线空闲状态:时钟信号线和数据信号线均为高电平。

(2) 起始信号:即启动一次传输,时钟信号线是高电平时,数据信号线由高变低。

(3) 停止信号:即结束一次传输,时钟信号线是高电平时,数据信号线由低变高。

(4) 数据位信号:时钟信号线是低电平时,可以改变数据信号线电位;时钟信号线是高电平时,应保持数据信号线上电位不变,即时钟是高电平时数据有效。

(5) 应答信号:占 1 位,数据接收者接收 1B 数据后,应向数据发出者发送应答信号。低电平为应答,继续发送;高电平为非应答,结束发送。

(6) 控制位信号:占 1 位,主 I^2C 设备发出的读写控制信号,高为读、低为写(对主 I^2C 设备而言)。控制位在寻址字节中。

(7) 地址信号和读写控制:地址信号为从机地址 7 位,读写控制位 1 位,共同组成一个字节,称为"寻址字节",各字段含义如表 5.3 所示。

表 5.3　I^2C 总线的地址数据定义

D7	D6	D5	D4	D3	D2	D1	D0
DA3	DA2	DA1	DA0	A2	A1	A0	R/W

其中,器件地址(DA3～DA0)是 I^2C 总线接口器件固有的地址编码。由器件生产厂家给定,如 I^2C 总线 EEPROM 器件 24CXX 系列器件地址为 1010 等。需要注意的是,在标准的 I^2C 定义中设备地址是 7 位,而扩展的 I^2C 允许 10 位地址。地址 0000000 一般是用于发出通用呼叫或总线广播,总线广播可以同时给所有的设备发出命令信号。

引脚地址(A2、A1、A0)由 I^2C 总线接口器件的地址引脚 A2、A1、A0 的高低来确定,接电源者为 1,接地者为 0。读写控制位($R/\overline{W}$):1 表示主设备读,0 表示主设备写。

I^2C 通信方式最主要的优点是其简单性和有效性。由于接口直接在组件之上,因此 I^2C 总线占用的空间非常小,减少了电路板的空间和芯片引脚的数量,降低了互连成本。I^2C 总线的长度可高达 25 英尺,并且拥有 10kb/s 的最大传输速率,因此在诸多低速控制和检测设备中得到了广泛的应用。

2. I^2C 通信方式通信的集成器件

下面介绍两种具体应用 I^2C 通信方式通信的集成器件。

1) 基于 I²C 总线的数字温度传感器

TMP101 是 TI 公司生产的基于 I²C 串行总线接口的低功耗、高精度智能温度传感器。其内部集成有温度传感器、A/D 转换器、I²C 串行总线接口等。TMP101 内部结构图和引脚图如图 5.10 所示。该器件主要具有以下特点。

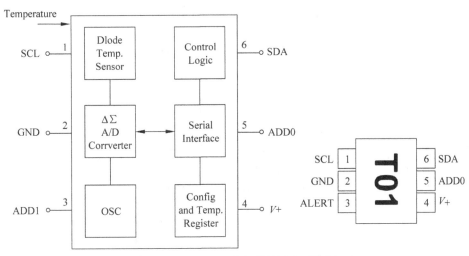

图 5.10　TMP101 内部结构图和引脚图

(1) 带有 I²C 总线,通过串行接口(SDA 和 SCL)实现与单片机的通信,I²C 总线上可挂接三个 TMP101 器件,构成多点温度测控系统。

(2) 温度测量范围为 −55~125℃,9~12 位 A/D 转换精度,12 位 A/D 转换的分辨率达 0.0625%。被测温度值以符号扩展的 16 位数字方式串行输出。

(3) 电源电压范围宽(+2.7~+5.5V),静态电流小,待机状态下仅为 0.1μA。

(4) 内部具有可编程的温度上、下限寄存器及报警(中断)输出功能。内部的故障排除功能可防止因噪声干扰引起的误触发,从而提高温控系统的可靠性。

TMP101 采用 SOT23-6 封装,其中 ADD0 与 ALERT 引脚复用,用户可以通过修改 TMP101 内部寄存器选择引脚的功能。此外,TMP101 还可以工作在 400kHz 的高速 I²C 通信模式下。

2) 基于 I²C 通信方式的串行实时时钟芯片 PCF8563

PCF8563 是 Philips 公司推出的一款工业级内含 I²C 接口功能的具有极低功耗的多功能时钟/日历芯片。PCF8563 的多种报警功能、定时器功能、时钟输出功能以及中断输出功能使之能完成各种复杂的定时服务,甚至可为处理器提供看门狗功能。内部包含时钟电路、内部振荡电路、内部低电压检测电路以及两线制 I²C 总线通信方式,不但使外围电路极其简洁,而且增加了芯片的可靠性。同时每次读写数据后,内嵌的字地址寄存器会自动产生增量。

PCF8563 是一款性价比极高的时钟芯片,已广泛用于电表、水表、气表、电话、传真机、便携式仪器以及电池供电的仪器仪表等产品领域。关于 PCF8563 的更多功能和参数可以参考其数据手册。

3. S3C2440 中的 I²C 接口与应用

S3C2440 的 I²C 主要由 5 部分构成:数据收发寄存器、数据移位寄存器、地址寄存器、时钟发生器、控制逻辑等部分,如图 5.11 所示。

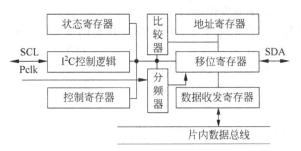

图 5.11　S3C2440 的 I²C 总线的内部结构

在开始接收和发送数据之前,必须执行下面的流程。

(1) 如果需要,将从地址写入 IICADD 寄存器。

(2) 设置 IICCON 寄存器:允许中断,设置 SCL 周期。

(3) 设置 IICSTAT 寄存器,开始传输数据。

图 5.12 和图 5.13 显示出各种模式下数据传送的流程。

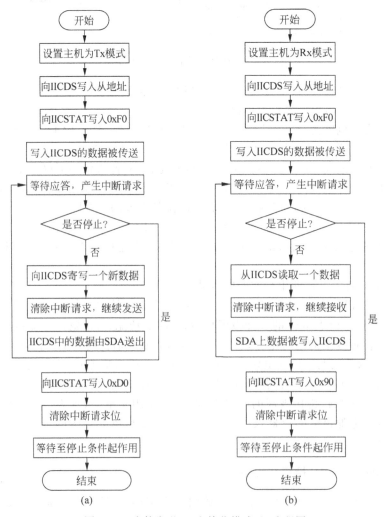

图 5.12　主控发送(a)和接收模式(b)流程图

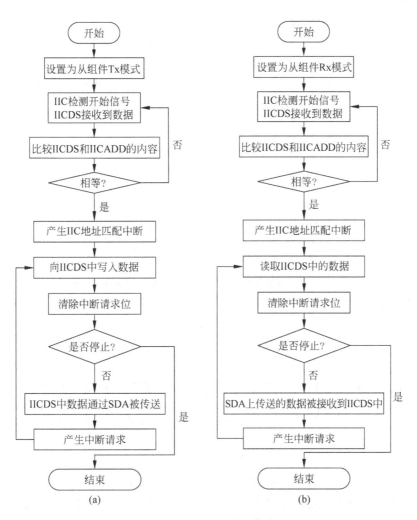

图 5.13 从组件发送(a)和接收模式(b)流程图

5.2.5 串行外围设备接口

串行外设接口(Serial Peripheral Interface,SPI)是 Motorola 公司推出的一种同步串行总线接口。主要用于主从分布式的通信网络,使用 4 根接线(时钟线、片选线、数据输出和数据输入线)即可完成主从之间的数据通信。在时钟信号的作用下,在发送数据的同时,还可以接收对方发来的数据。也可以采用只发送数据或者只接收数据的方式,其通信速率可以达到 20Mb/s 以上。

SPI 内部结构主要由时钟发生电路、数据发送移位寄存器、接收移位寄存器及控制逻辑电路 4 部分组成。从设备只有在主控制器发出命令后才能接收或者发送数据,片选使能信号$\overline{CS}$的有效与否完全由主控制器决定,时钟信号也由主控制器发出。

SPI 经过专用转换电路,可以方便连接一些标准的同步串行通信设备。例如,连接触摸屏控制芯片 ADS7843、CAN 总线控制芯片 MCP2510、D/A 转换器 MAX504 芯片、键盘和 LED 扫描芯片 ZLG7289 等。

例如,S3C2440 微处理器包含两个 SPI,既可以作为主 SPI 使用,也可以作为从 SPI 使用。SPI 设备系统可以由多个 SPI 设备组成,一个设备都可以为主 SPI,但任何时刻只能有一个主 SPI 设备。SPI 设备系统的连接如图 5.14 所示,其中每一个设备都需要独立的片选线$\overline{CS}$,设备可以共用相同的时钟线(Serial Clock,SCK)、数据输出线 MOSI(Master Output Slave Input)、数据输入线 MISO(Master Input Slave Output)。

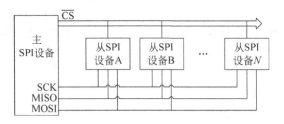

图 5.14　SPI 设备系统连接图

通常 SPI 数据的传输格式是最高有效位(MSB)在前、最低有效位(LSB)在后,从设备只有在主控制器发出命令后才能接收或者发送数据。数据线上的数据可以根据用户的配置,选择在 CLK(UCLK)的上升沿或者下降沿被从设备读入或主设备读入,如图 5.15 所示,图示虚线为在两种情况下读入数据的时刻。

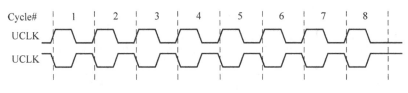

图 5.15　SPI 时钟时序图

SPI 被广泛应用的原因是可以通过简单的串行通信线,实现高速的、连续的数据传输。目前,许多各类功能的集成芯片内部都采用了 SPI 通信。下面将简要介绍 3 种 SPI 总线接口器件。

1. 数字温度传感器 TMP122

TMP122 数字化温度传感器是美国德州仪器(TI)公司推出的一款数字温度传感器集成电路,该器件被广泛应用于各种通信、计算机、消费、工业以及检测仪器等热测量领域。TMP122 适合于恶劣环境的现场温度测量,其测量温度范围为$-40\sim+125℃$,在$-25\sim+85℃$温度范围内测量所得温度的精确度在 1.5℃ 以内,其他温度范围的最大误差为 2.0℃。

TPM122 具有 $50\mu A$ 的极低工作电流以及仅 $0.1\mu A$ 的关断电流,工作电压范围可达$2.7\sim5.5V$,因而是低功耗应用的最佳选择。此外,TMP122 还可为报警引脚提供 $9\sim12$ 位的可编程精度以及可编程设置点。TMP122 内部结构图和引脚图如图 5.16 所示。

TMP122 支持三线 SPI 通信方式,采用 SOT23-6 的封装形式非常适合小型电子设备中温度的测量。TMP122 的引脚中,ALERT 是漏极开路型温度报警输出,使用时只需要在此脚接一个上拉电阻即可;其报警温度可以由用户编程控制;GND 和 $V+$ 分别为 TMP122 的数字地和电源供电引脚,两个引脚之间通常使用 $0.1\mu F$ 电容退耦;SCK 是串行通信时钟线;$\overline{CS}$是芯片使能控制线,低电平有效;SO/I 是串行接口的数据引脚,数字化的温度值通过此引脚送入微处理器进行处理,处理器同样通过该引脚向 TMP122 发送控制指令。

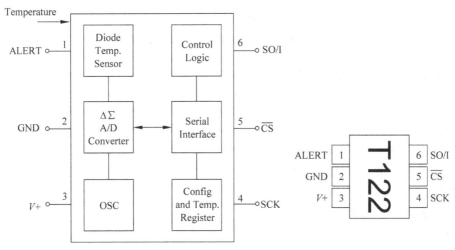

图 5.16　TMP122 内部结构图和引脚图

2. 12 位串行 A/D 转换器 TLC2543

TLC2543 是 TI 公司生产的 12 位串行开关电容型逐次逼近模数转换器，TLC2543 与处理器连接示意图如图 5.17 所示。TLC2543 具有以下特点。

（1）12 位分辨率；在工作温度范围内 $10\mu s$ 转换时间。

（2）11 个模拟输入通道；3 路内置自测试方式。

（3）采样率为 66kb/s；线性误差＋1LSB。

（4）有转换结束（EOC）输出；具有单、双极性输出。

（5）可编程输出数据长度；采用 CMOS 技术。

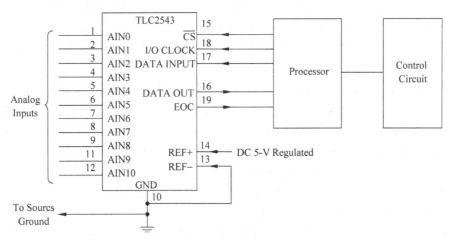

图 5.17　TLC2543 与处理器连接示意图

TLC2543 与处理器连接可以使用 4 线的 SPI 通信接口，此外，可以利用 EOC 实现转换结束的中断信号，更多的 TLC2543 资料可以查阅 TI 官方数据手册。

3. SPI 总线的 12 位串行 D/A 转换器 TLC5618

TLC5618 为 TI 公司产品，是具有 SPI 串行接口的 D/A 转换器，其输出为电压型，最大输出电压是基准电压值的两倍。带有加电复位功能,即把 DAC 寄存器复位至全零。可应用于移动电话、测试仪表、机电控制设备等。

5.2.6　CAN 总线接口

CAN 总线(Controller Area Network)是用于实时应用的串行通信协议,它可以使用双绞线传输信号。该协议由德国 Robert Bosch 公司开发,用于汽车中不同电子元件之间的通信。以此取代配电线束,比如发动机管理系统、变速箱控制器、仪表装置和电子主干系统中均嵌入 CAN 控制装置。该协议的健壮性使其用途延伸到其他自动化和工业应用。CAN 协议的特性包括高完整性的串行数据通信、提供实时支持、传输速率高达 1Mb/s,同时具有 11 位的寻址以及检错能力。

CAN 控制系统强调集成、规模化的工作方式,具有抗干扰能力强、实时性好、系统错误检测和隔离能力强的优点。由于 CAN 总线优点突出,其应用范围目前已不再局限于汽车行业,也广泛应用在航空航天、航海、机械工业、农用工业、机器人、数控机床、医疗器械及传感器等领域。

1. CAN 总线工作原理

CAN 总线属于现场总线之一,也是一种多主方式的串行通信总线。总线使用串行数据传输方式,可以 1Mb/s 的速率在 40m 双绞线上运行,也可以使用光缆连接,而且这种总线协议支持多主控器。CAN 与 I^2C 总线的许多细节很类似,但也有一些明显的区别。

CAN 总线每一个节点是以 AND 方式连接到总线的驱动器和接收器。CAN 总线的信号使用差分电压传送,两条信号线被称为 CAN-H 和 CAN-L。静态时均是 2.5V,此时状态被称为逻辑 1,也被称为隐性。用 CAN_H 比 CAN_L 高表示逻辑 0,称为显性,此时的电压值 CAN_H=3.5V 和 CAN_L=1.5V。总线上的驱动电路当总线上任何节点拉低总线电位时会引起总线被拉到 0。当所有节点都传送 1 时,总线被称作隐性状态,当一个节点传送 0 时,总线处于显性状态。数据以数据帧的形式在网络上传送。

CAN 是一种同步总线,为了总线仲裁能够工作,所有的发送器必须同时发送。节点通过监听总线上位传输的方式使自己与总线保持同步,数据帧的第一位提供了帧中的第一个同步机会。数据帧以一个 1 开始,以 7 个 0 结束(在两个数据帧之间至少有 3 个位的域)。分组中的第一个域包含目标地址,该域被称为仲裁域,目标标识符长度是 11 位。如果数据帧被用来从标识符指定的设备请求数据时,后面的远程传输请求(RTR)位被设置为 0。当 RTR=1 时,分组被用来向目标标识符写入数据。控制域提供一个标识符扩展和 4 位的数据域长度,但在它们之间要有一个 1。数据域的范围是 0~64B,这取决于控制域中给定的值。数据域后发送一个循环冗余校验(CRC)用于错误检测。确认域被用于发出一个帧是否被正确接收的标识信号,发送端把一个隐性位(1)放到确认域的 ACK 插槽中,如果接收端检测到了错误,它强制该位变为显性的 0 值。如果发送端在 ACK 插槽中发现了一个 0 在总线上,它就知道必须重发。CAN 总线的标准数据帧结构如图 5.18 所示。

2. CAN 总线特点及组成结构

CAN 总线具有传送速度快、网络带宽利用率高、纠错能力强、低成本、远距离传输(长达

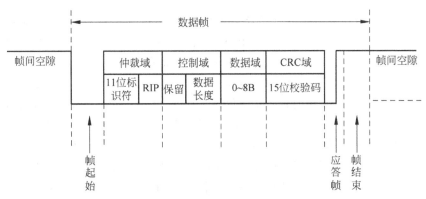

图 5.18 CAN 总线的标准数据帧结构

10km)、高速的数据传输速率(高达 1Mb/s)等特点,还具有可以根据报文的 ID 决定接收或屏蔽该报文、可靠的错误处理和检错机制、发送的信息遭到破坏后可自动重发、节点在错误严重的情况下具有自动退出总线的功能。由于 CAN 协议执行非集中化总线控制,所有信息传输在系统中分几次完成,从而实现高可靠性通信。

CAN 总线也存在 CAN 总线的时延不确定的现象,由于每一帧信息包括 0~8B 的有效数据,这样只具有具有最高优先权传输帧的延时是确定的,其他帧只能根据一定的模型估算。还有由于 CAN 的数据传输方式单一,限制了它的功能。例如,CAN 总线通过网上下载程序就比较困难。另外 CAN 总线的网络规模比较小,一般在 50 个节点以下。CAN 总线控制器体系结构如图 5.19 所示。

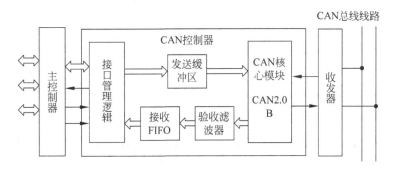

图 5.19 CAN 总线控制器的体系结构

3. CAN 总线接口的设计

无论是在微处理器中内嵌 CAN 控制器(如 LPC2294 微处理器),还是在系统中采用独立的 CAN 控制器,都需要通过 CAN 总线收发器(也称为 CAN 驱动器)连接到 CAN 物理总线。国内常用的 CAN 总线收发器是 82C250(全称为 PCA82C250),它是 Philips 公司的 CAN 总线收发器产品。其作用是增加通信距离、提高系统的瞬间抗干扰能力、保护总线、降低射频干扰和实现热防护,该收发器至少可挂 110 个节点。另外还有 TJA1050、1040 可以替代 82C250 产品,电磁辐射更低,无待机模式。在 CAN 控制器和 CAN 收发器之间为了进一步提高系统的抗干扰能力,往往还增加一个光电隔离器件。

可以使用由 Philips 公司生产的 CAN 总线控制器芯片 SJA1000 替代 82C200。ARM

微处理器和 SJA1000 以总线方式连接,SJA1000 的复用总线和 ARM 微处理器的数据总线连接。SJA1000 的片选、读写信号均采用 ARM 微处理器总线信号,地址锁存 ALE 信号由读写信号和地址信号通过 GAL 产生。在写 SJA1000 寄存器时,首先往总线的一个地址写数据,作为地址。此时读写信号无效,ALE 变化产生锁存信号。然后写另一个数据,读写信号有效,作为数据。控制 CAN 总线时首先初始化各寄存器,发送数据时首先置位命令寄存器。然后写发送缓冲区,最后置位请求发送。接收通过查询状态寄存器,读取接收缓冲区获得信息。

CAN 总线每次可以发送 10 个字节的信息(CAN2.0A)。发送的第一字节和第二字节的前三位为 ID 号,第四位为远程帧标记,后 4 位为有效字节长度。软件设置时可以根据 ID 号选择是否屏蔽上述信息,也可以通过设置硬件产生自动验收滤波器。8 个有效字节内部代表何种参数,可以自行定义内部标准,也可以参照 DeviceNet 等应用层协议。

CAN 总线主要用于汽车电子领域,它特别适合汽车环境中的微控制器通信。在车载的各个电子装置之间交换信息,形成汽车电子控制网络。在图 5.20 中,给出了在一辆小型汽车内的基于 CAN 总线的汽车电子应用系统架构示意图。图中含有 4 条 CAN 总线,并且含有 4 种 MPU 与 CAN 总线控制器的配置方法。

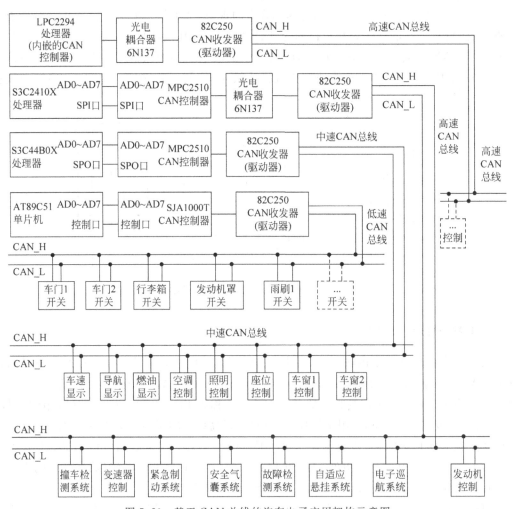

图 5.20　基于 CAN 总线的汽车电子应用架构示意图

5.3 无线通信技术

随着计算机网络和无线通信技术的发展,以及 Internet 应用与各种便携机、PDA (Personal Data Assistant)等移动智能终端的应用日益增长,无线网络的发展异常迅速,它给广大用户提供了诸多便利(随时随地自由接入 Internet,能享受更多的、安全且有保障的网络服务)。

智能设备或物体之间的数据交换除了利用总线和联网方式完成外,还可以采用无线通信技术。具备标准特性的无线通信方式通常以功能独立的模块形式存在,其包含编码和解码的功能、射频信号发送和接收功能,它们均可内置和外置在其设备或终端电路中。然后通过 SPI 接口、I²C 接口、RS-232 串口或 USB 接口等与嵌入式系统相连接,或者通过总线的专用适配卡接入系统。下面介绍常用的通信标准、硬件设备及相关通信技术。

5.3.1 蓝牙无线通信技术

瑞典的爱立信公司首先构想以无线电波连接计算机与电话等各种周边装置,建立一套室内的短距离无线通信的开放标准,并以中世纪丹麦国王 Harold 的外号蓝牙(Bluetooth)为其命名。1998 年,爱立信、诺基亚、英特尔、东芝和 IBM 公司共同发表声明组成一个特别利益集团小组(Special Interest Group,SIG),共同推动蓝牙技术的发展。

蓝牙协议是一个新的无线连接全球标准,建立在低成本、短距离的无线射频连接上。蓝牙协议所使用的频带是全球通用的,如果配备蓝牙协议的两个设备之间的距离在 10m 以内,则可以建立连接。由于蓝牙协议使用基于无线射频的连接,不需要实际连接就能通信。例如,掌上电脑可以向隔壁房间的打印机发送数据,微波炉也可以向无绳电话发送一个信息,告诉用户饭已准备好。蓝牙协议成为移动电话、PC、掌上电脑以及其他种类繁多的电子设备的通信标准。蓝牙无线通信技术主要有如下特点。

(1) 蓝牙技术最大的优点是使众多电信和计算机设备无须电缆就能连接通信。例如,将蓝牙技术引入到移动电话和笔记本中,就可以去掉连接电缆而通过无线建立通信。打印机、平板电脑、PC、传真机、键盘、游戏手柄以及手机等其他数字设备都可以成为蓝牙系统的一部分。

(2) 工作在 2.4GHz ISM(Industry Science Medicine)频段,该频段用户不必经过任何组织机构允许,在世界范围内都可以自由使用。这样可以消除国界的障碍,有效地避免了无线通信领域的频段申请问题。

(3) 蓝牙技术规范中采用了一种 Plonk and Play 的概念,该技术类似于计算机系统的即插即用。在使用蓝牙时,用户不必再学习如何安装和设置。凡是嵌入蓝牙技术的设备一旦搜寻到另一个蓝牙设备,在允许的情况下可以立刻建立联系,利用相关的控制软件无须用户干预即可传输数据。

(4) 安全加密、抗干扰能力强。ISM 频带是对所有无线电系统都开放的频带,因此使用其中的某个频带都会遇到不可预测的干扰源。例如,某些家电、无绳电话、汽车房开门器、微波炉等。为了避免干扰,蓝牙技术特别设计了快速确认和跳频方案。每隔一段时间就从一个频率跳到另一个频率,不断搜寻干扰比较小的信道。在无线电环境非常嘈杂的情况下,蓝牙技术的优势极为明显。蓝牙标准有效的传输距离为10m,通过添加放大器可将传输距离增加到100m。

(5) 由于蓝牙技术独立于操作系统,所以在各种操作系统中均有良好的兼容特性。

(6) 尺寸小、功耗低。所有的技术和软件集成于微芯片内部,从而可以集成到各种小型设备中。比如蜂窝电话、传呼机、平板电脑、数码相机以及各种家用电器,与集成的设备相比可忽略其功耗和成本。

(7) 多路方向连接。蓝牙无线收发器的连接距离可达10m,不限制在直线范围内。甚至设备不在同一房间内也能相互连接。而且可以连接多个设备,最多可达7个。这就可以把用户身边的设备都连接起来,形成一个个体网,在个人数字设备之间实现数据的传输。

(8) 蓝牙芯片是蓝牙系统的关键技术。1999年年底,朗讯公司宣布了它的第一个蓝牙集成芯片W7020,该产品由一个单芯片无线发送子系统、一个基带控制器和蓝牙协议软件组成。蓝牙系统模块如图5.21所示。

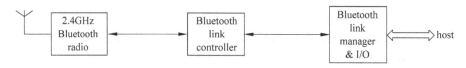

图5.21　蓝牙系统模块

伴随手机、笔记本等移动通信设备的迅速发展,蓝牙设备和蓝牙的版本也得到迅猛发展。截至2011年年末,蓝牙技术已经经历了6个主要版本,分别是V1.1、V1.2、V2.0、V2.1、V3.0和最新的V4.0。版本V1.1为最早期的蓝牙版本,传输率约在748~810kb/s,但容易受到同频率产品的干扰影响通信质量。V2.0版本的蓝牙技术将传输速率提高至1.8~2.1Mb/s,同时支持双重传输方式,即传输语音的同时也可以传输文件等其他数据,在语音传输方面也支持A2DP技术。2009年颁发的蓝牙V3.0版本在蓝牙设备的功耗上做出了较大的改进。2010年4月颁发的蓝牙V4.0标准是目前最新的蓝牙标准,该标准在电池续航时间、节能和设备种类等多方面做出了改进,使得蓝牙成为一种拥有低成本、跨厂商互操作性、3ms低延迟性、100m以上超长距离、AES-128加密等诸多优良特性的无线通信方式。

蓝牙网络的基本单元是微微网,微微网由主设备单元和从设备单元构成。蓝牙组网技术属于无线连接的自主网技术,它免去了通常网络连接所需的电缆插拔和软硬件系统同步配置操作,给用户带来了极大的方便。

在蓝牙网络中,所有的设备是对等的,各设备通过其自身唯一的48位地址来标识。可以通过程序或用户的干预将其中某个设备指定为主设备,主设备可以连接多个从设备形成一个微微网。同时,蓝牙设备间的数据传输也支持点对点通信方式。USB蓝牙收发器和蓝牙耳机如图5.22所示。

图 5.22　硬币大小的 USB 蓝牙收发器和蓝牙耳机

5.3.2　ZigBee 无线通信技术

ZigBee 是 IEEE 802.15.4 协议的代名词。这个协议规定的技术是一种短距离、低功耗的无线通信技术。ZigBee 主要适合用于自动控制和远程控制领域，可以嵌入各种设备。ZigBee 一词源自蜜蜂通过跳 ZigZag 形状的舞蹈来通知其他蜜蜂有关花粉位置等信息，以此达到彼此专递信息的目的。

1. 概述

ZigBee 技术作为一种双向无线通信技术的商业化命名，具备近距离、低复杂度、自组织、低功耗、低数据速率、低成本等优点，是目前嵌入式系统应用的一大热点。2004 年出台的 IEEE 802.15.4 标准用于开发可以靠电池运行 1～5 年的紧凑型低功率廉价嵌入式设备（如传感器）。IEEE 802.15.4 利用运行在 2.4GHz 频带上的无线电收发器传送信息，使用的频带与 Wi-Fi 相同，但功率大约为后者的 1%。由于这一特点限制了传输距离，因此，多台设备必须一起工作才能在更长的距离上逐跳传送信息和绕过障碍物。2004 年年底由 ZigBee 联盟发布了 1.0 版本规范，2005 年由 Chipcon、CompXs、Freescale、Ember 4 家公司通过了 ZigBee 联盟对其产品所做的测试和兼容性验证。从 2006 年开始，基于 ZigBee 的无线通信产品和应用迅速得到普及和高速发展。

ZigBee 工作在 2.4GHz 或 868/915MHz 无线频带，协议的整体框架包括物理层、MAC 层、数据链接层、网络层和应用会话层。其中，物理层、MAC 层和链路层采用了 IEEE 802.15.4（无线个人区域网）协议标准，并在此基础上进行了完善和扩展。而网络层及应用设备层是由 ZigBee 联盟制定的，用户只需编写自己需求的最高层应用协议即可实现节点之间的通信。IEEE 802.15.4 协议标准如表 5.4 所示。

表 5.4　IEEE 802.15.4（无线个人区域网）协议标准

工 作 频 率	频 段 属 性	使 用 区 域	使用频道数	传输速率（理论）
2.4GHz	ISM	全球	16	250kb/s
915MHz	ISM	美国	10	40kb/s
868MHz	—	欧洲	1	20kb/s

2. ZigBee 无线数据传输网络描述

简单地说，ZigBee 是一种高可靠的无线数据传输网络，ZigBee 数据传输模块类似于移动网络基站。通信距离从标准的 75m 到几百米、几千米，并且支持无限扩展。ZigBee 是一个由可多到 65 000 个无线数据传输模块组成的无线数据传输网络平台，在整个网络范围内，每一个 ZigBee 网络数据传输模块之间可以相互通信，每个网络节点间的距离可以从标准的 75m 无限扩展。

ZigBee 网络主要是为工业现场自动化控制数据传输而建立，因而它必须具有简单、使用方便、工作可靠、价格低的特点。每个 ZigBee 网络节点不仅本身可以作为监控对象，还可以自动中转别的网络节点传过来的数据资料。除此之外，每一个 ZigBee 网络节点（FFD）还可在自己信号覆盖的范围内和多个不承担网络信息中转任务的孤立的子节点（RFD）无线连接。

3. ZigBee 采用的自组织网通信方式

若干个 ZigBee 网络模块终端，只要它们彼此间在网络模块的通信范围内，通过彼此自动寻找，很快就可以形成一个互连互通的 ZigBee 网络。而且，由于终端的移动，彼此间的联络还会发生变化。因而，模块还可以通过重新寻找通信对象，确定彼此间的联络，对原有网络进行刷新，这就是自组织网。

ZigBee 可实现点对点、一点对多点、多点对多点之间的设备间数据的透明传输，支持三种主要的自组织无线网络类型，即星状结构、网状结构和树状结构。其中，星状网络是一个辐射状系统，数据和网络命令都通过中心节点传输，而网状结构具有很强的网络健壮性和系统可靠性。

在传感器节点组网方面，ZigBee 网络中的节点可以分为协调器、路由器和终端节点三种不同的类型。其中，协调器是 ZigBee 网络中的第一个设备，负责选择信道和网络标识，并组建网络；路由器主要负责允许其他设备加入网络、多跳路由的实现；终端节点处在网络的最边缘，负责数据的采集、设备的控制等外围功能。

4. Z-Stack 协议栈简介

Z-Stack 是 TI 公司开发的 ZigBee 协议栈，TI 公司在推出其 CC2530 射频芯片的同时，也向用户提供了自己的 ZigBee 协议栈软件 Z-Stack。这是一款业界领先的商业级协议栈，经过了 ZigBee 联盟的认可而为全球众多开发商所广泛采用。使用 CC2530 射频芯片，可以使用户很容易地开发出具体的应用程序来，Z-Stack 实际上是帮助程序员方便开发 ZigBee 的一套系统。Z-Stack 使用瑞典 IAR 公司开发的 IAR Embedded Workbench for 8051 作为它的集成开发环境，TI 公司为自己设计的 Z-Stack 协议栈中提供了一个名为操作系统抽象层 OSAL 的协议栈调度程序。对于用户来说，除了能够看到这个调度程序外，其他任何协议栈操作的具体实现细节都被封装在库代码中。用户在进行具体的应用开发时只能够通过调用 API 来进行，而无法知道 ZigBee 协议栈实现的具体细节。有关 Z-Stack 协议栈的相关资料可以从 TI 公司官方网站下载。

目前主要流行的基于 ZigBee 通信的专用集成芯片主要有 TI 公司的 CC2530 和 CC2430、Freescale 的 MC13192、ATMEL 的 LINK-23X 和 LINK-212 等。

基于 ZigBee 通信成品模块的数据接口主要有 TTL 电平收发接口、标准串口 RS-232 数据接口等形式。另外，通信功能方面可以实现数据的广播方式发送、按照目标地址发送模式。ZigBee 通信除了可以实现一般的点对点数据通信功能外，还可实现多点之间的数据通信。串口通信使用方法简单便利,可以大大缩短模块的嵌入匹配时间进程。

例如,顺舟公司的 SZ05 系列无线通信模块,该模块分为中心协调器、路由器和终端节点三类,这三种类型节点与 ZigBee 网络的三种节点功能相对应,并且硬件结构上完全一致,只是设备嵌入软件不同,只需通过跳线设置或软件配置即可实现不同的设备功能。SZ05 无线传感器模块外部接口如图 5.23 所示。SZ05 系列无线通信模块技术指标如下。

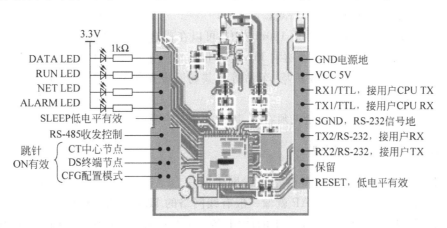

图 5.23 SZ05 无线传感器模块外部接口

(1) 传输距离为 100～2000m;网络拓扑类型为星状、树状、链状、网状网。

(2) 寻址方式:IEEE 802.15.4/ZigBee 标准地址;最大数据包为 256B。

(3) 数据接口可以是 TTL 电平收发或标准 RS-232 串口;串口信号:TXD,RXD,GND;串口速率为 1200～38 400b/s;串口校验:None,Even,Odd;数据位:7 或 8 位,校验位 1 位。

(4) 频率范围为 2.405～2.480GHz,无线信道 16 个;发射功率为 −27～25dBm;天线连接为外置 SMA 天线或 PCB 天线。

(5) 输入电压为 DC 5V;工作电流为 70mA,最大接收电流 55mA,待机电流 10mA,节电模式 110μA,睡眠模式 30μA;工作温度:−40～85℃,工作环境储存温度 −55～125℃。

5.3.3 无线保真技术

如今,无线保真技术(Wireless Fidelity,Wi-Fi)是人们日常生活中访问互联网的重要手段之一。它可以通过一个或多个体积很小的接入点,为一定区域的(家庭、校园、机场)众多用户提供互联网访问服务。

1. 概述

Wi-Fi 是一种允许电子设备连接到一个无线局域网(WLAN)的技术,通常使用 2.4G UHF 或 5G SHF ISM 射频频段。连接到无线局域网通常是有密码保护的,但也可以是开放的,这样就允许任何在 WLAN 范围内的设备可以连接上。Wi-Fi 是一个无线网络通信技术的品牌,由 Wi-Fi 联盟所持有,目的是改善基于 IEEE 802.11 标准的无线网路产品之间的互通性。有人把使用 IEEE 802.11 系列协议的局域网就称为无线保真。甚至把 Wi-Fi 等同于无线网际网路(Wi-Fi 是无线局域网的重要组成部分)。

Wi-Fi与蓝牙类似,同属于短距离无限通信技术。不过,Wi-Fi传输距离可达数百米、传输速度可达数百Mb/s甚至Gb/s的无线传输,能够提供高速无线局域网(WLAN)的接入能力。

Wi-Fi协议经历了十几年的发展,如今802.11a/b/g/n已经成为主流Wi-Fi协议(2.4GHz、3.6GHz、5GHz)。对于网络服务运营商而言,Wi-Fi载波的频率属于免费的公共频段。Wi-Fi技术具有以下4个特点。

(1) Wi-Fi覆盖范围半径可达100m左右,可以在普通大楼中使用;

(2) Wi-Fi传输速度快,可以达到11Mb/s,但通信质量和安全性不是很好;

(3) 应用方便,厂商只要在机场、车站等公共场所设置相关设备,并通过高速线路将因特网接入上述场所;

(4) Wi-Fi最主要的优势是无须布线,因此非常适合移动办公用户的需要。

2. Wi-Fi组成及工作原理

Wi-Fi无线网络的基本配备就是无线网卡及一台AP,AP(Access Point)一般翻译为"无线访问节点"或"桥接器"。AP就像一般有线网络的Hub一般,无线工作站可以快速且轻易地与网络相连。特别是对于宽带的使用,Wi-Fi更显优势。有线宽带网络(ADSL、小区LAN等)到户后,连接到一个AP,然后在计算机中安装一块无线网卡即可应用。普通的家庭有一个AP已经足够,甚至用户的邻里得到授权后,无须增加端口也能以共享的方式上网。

Wi-Fi芯片的应用主要针对笔记本或手机,通常可以运行数小时后充电。芯片结构框图如图5.24所示。

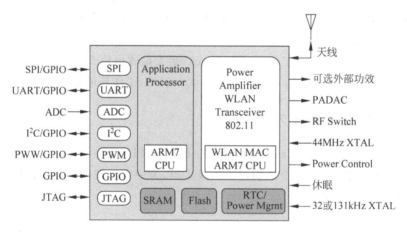

图 5.24　Wi-Fi芯片结构框图

Wi-Fi芯片经过初始设置与连接关联后,该设备在之后的绝大多数时间里不做任何操作,仅在必要的时候定期唤醒,执行各种应用相关或网络相关的任务。

Wi-Fi芯片内部高度集成的体系结构实现了有效的电源管理,一旦指定的操作为"空闲",处理器和时钟部件能够快速切断至休眠状态实现省电功能。当收到收发操作指令时,在一个时钟周期内又能恢复正常工作。芯片的各部件可以根据需要灵活地关闭,也可将整个芯片所有部件(包括时钟晶振)全都关闭,进入深度休眠状态。恢复时,仅需几毫秒就可从深度睡眠状态切换到完全工作状态。这样一来,系统能够支持在指定的信标时刻唤醒。

5.3.4　第 2/3/4/5 代移动通信技术简介

1. GPRS 通信技术

GPRS 是 General Packet Radio System(通用无线分组业务)的缩写,是 1993 年英国 BT cellnet 公司提出的 GSM 向第三代移动通信(3G)过渡的一种技术,通常称为 2.5G。GPRS 采用与 GSM 相同的频段、频带宽度、突发结构、无线调制标准、跳频规则以及相同的 TDMA 帧结构,面向用户提供移动分组的 IP 或者 X.25 连接,从而为用户同时提供语音与数据业务。从外部看,GPRS 同时又是 Internet 的一个子网。

GPRS 无线网络技术由于其监控不受距离、地域、时间的限制,适合小批量数据量的传输。它支持 TCP/IP,并且具有覆盖范围广、性能较为完善、本身具有较强的数据纠错能力、数据传输率较高可达 150kb/s,还能够保证数据传输的可靠性和实时性,所以广泛地用于远程的无线数据传输领域。在实际应用中,GPRS 具备高速传输、快捷登录、实时在线、合理计费、自如切换、业务丰富和资源共享等诸多优点。GPRS 技术的引入,为家庭网关接入外部数据网提供了一种新的解决方案。GPRS 是全球移动通信系统 GSM 的技术升级,从而真正实现 GSM 网络与 Internet 的兼容,它为用户提供从 9.6kb/s 到 150kb/s 数据传输速率。

GPRS 提供的业务主要包括:GPRS 承载 WAP 业务;电子邮件业务;在线聊天;无线接入 Internet;基于手机终端安装数据业务;支持行业应用业务;GPRS 短消息业务等。另外,GPRS 还可以实现无线监控与报警、无线销售、移动数据库访问、财经信息咨询、远程测量、车辆跟踪与监控、移动调度系统、交通管理、警务及急救等应用。

2. CDMA 通信技术

码分多址(Code Dirision Multiple Access,CDMA)是一种扩展频谱多址数据通信技术,属于 2.5G 移动通信技术。第二次世界大战期间因战争的需要而研究开发出 CDMA 技术,其思想初衷是防止敌方对己方通信的干扰,在战争期间广泛应用于军事抗干扰通信,后来由美国高通公司更新成为商用蜂窝电信技术。1993 年 3 月,美国通信工业学会 TIA 通过了 CDMA 空中接口标准 IS-95,使 CDMA 成为第二代数字蜂窝移动通信系统,其通信速率等方面与 GPRS 接近。1995 年,第一个 CDMA 商用系统运行之后,CDMA 技术理论上的诸多优势在实践中得到了检验,从而在北美、南美和亚洲等地得到了迅速推广和应用。全球许多国家和地区,包括中国香港、韩国、日本、美国都已建有 CDMA 商用网络。

2002 年左右,中国联通便已经建立了 IS-95 的 CDMA 网络。CDMA 系统是由移动台子系统、基站子系统、网络子系统、管理子系统等几部分组成的,主要是采用扩频技术的码分多址方式进行工作。CDMA 给每一个用户分配一个唯一的码序列(扩频码,PN 码),并用它对承载信息的信号进行编码。知道该码序列用户的接收机可对收到的信号进行解码,并恢复出原始数据,这是因为该用户码序列与其他用户码序列的互相关是很小的。由于码序列的带宽远大于所承载信息的信号的带宽,编码过程扩展了信号的频谱,所以也称为扩频调制,所产生的信号也称为扩频信号。

CDMA 通信不是简单的点对点、点对多点,其至多点对多点的通信,而是大量用户同时工作的大容量、大范围的通信。移动通信的蜂窝结构是建立大容量、大范围通信网络的基础,而采用 CDMA 通信技术实现和构建多用户大容量的通信网络,具有码分多址的众多优异特点。

3. 3G 通信技术

第三代无线通信技术(3rd-Generation,3G)是指支持高速数据传输的蜂窝移动通信技术。3G 服务能够同时传送声音及数据信息,速率一般在几百 kb/s 以上。目前,世界上的3G 技术包含 4 种标准:CDMA2000、WCDMA、TD-SCDMA 和 WiMAX 技术。

与 GSM/GPRS/EGDE 和 CDMA-95 为代表的第二代移动通信技术相比,3G 的主要优势在于声音和数据传输速度的提升,并且能够在全球范围内更好地实现无线漫游,提供图像、音乐、视频流等多种媒体形式,实现包括网页浏览、电话会议、电子商务等多种信息服务,同时也要考虑与已有第二代系统的良好兼容性。

3G 无线通信技术能够支持不同的数据传输速度,也就是说在室内、室外和行车的环境中能够实现高达 2.1Mb/s 传输速度。国内支持国际电联确定三个无线标准,分别是中国电信的 CDMA2000,中国联通的 WCDMA 和中国移动的 TD-SCDMA。在三种 3G 标准中,中国联通运营的 WCDMA 以 185、186 号段为代表,是目前世界上应用最广泛的,占据全球80% 以上的市场份额;中国电信运营的 CDMA2000 以 189 号段为代表;中国移动运营的TD-SCDMA 是由我国自主研发的 3G 标准。

TD-SCDMA(Time Division-Synchronous Code Division Multiple Access,时分同步码分多址)是在 1998 年由中国邮电部电信科学技术研究院提出的标准。该标准将智能天线、同步 CDMA 和软件无线电(SDR)等技术融于其中。TD-SCDMA 在频谱利用率、频率灵活性、对业务支持具有多样性及成本等方面有独特优势。TD-SCDMA 采用了时分双工,上行和下行信道特性基本一致。因此,基站根据接收信号估计上行和下行信道特性比较容易。此外,TD-SCDMA 使用智能天线技术有先天的优势,而智能天线技术的使用又引入了SDMA 的优点,可以减少用户间干扰,从而提高频谱利用率。此外,TD- SCDMA 还具有TDMA 的优点,可以灵活设置上行和下行时隙的比例而调整上行和下行的数据速率的比例,特别适合因特网业务中上行数据少而下行数据多的场合。TD-SCDMA 是时分双工,不需要成对的频带。

4. 4G/5G 通信技术

第 4 代无线通信技术能够在高速移动情况下提供高达 100Mb/s 的通信速率,4G 以LTE 和 WiMAX 为代表。目前,TD-LTE 是第一个 4G 无线移动宽带网络数据标准,由中国最大的电信运营商——中国移动修订与发布。

5G 数据传输技术即第 5 代移动通信技术,由韩国三星公司率先研发成功。4G 网速大概比 3G 高出 10 倍左右,而 5G 网速更是远远高出 4G,数据传输速度可提高百倍。5G 最高理论传输速度可达每秒数十 Gb,整部超高画质电影可在 1s 之内下载完成。2014 年 5 月三星电子宣布,其已率先开发出了首个基于 5G 核心技术的移动传输网络,并进行 5G 网络的商业推广。

5.4 无线传感器网络

无线传感器网络(Wireless Sensor Networks,WSN)是当前在国际上备受关注的、涉及多学科高度交叉、知识高度集成的前沿热点研究领域。它综合了传感器、嵌入式系统、现代网络及无线通信和分布式信息处理等技术,能够通过各类集成化的微型传感器协同完成对各种环境或监测对象信息的实时监测、感知和采集。这些信息以无线方式发送,并以自组多跳的网络方式传送到用户终端,从而实现物理世界、计算世界以及人类社会这三元世界的连通。

5.4.1 概述

在对物体的感知和检测应用中,有时一个传感器是不能满足实际需要的,通常需要多个传感器共同采集数据,才能完成对研究对象的特征提取。无线传感器网络就是由部署在监测区域内大量的廉价微型传感器节点组成,通过无线通信方式形成的一个多跳的自组织的网络系统。其目的是协作地感知、采集和处理网络覆盖区域中感知对象的信息,并发送给观察者。所以,传感器、感知对象和观察者构成了传感器网络的三个要素。如果说互联网构成了逻辑上的信息世界,改变了人与人之间的沟通方式。那么,无线传感器网络就是将逻辑上的信息世界与客观上的物理世界融合在一起,改变人类与自然界的交互方式。人们可以通过传感网络直接感知客观世界,从而极大地扩展现有网络的功能和人类认识世界的能力。无线传感器网络通常具有以下基本特点。

1. 节点数量多、网络密度高,节点具有可移动性和通信的断接性

无线传感器网络通常密集部署在大范围无人的监测区域中,通过网络中大量冗余节点协同工作来提高系统的工作质量。但是,相对维护起来很困难。由于传感网的自组网和自动路由的特性,无线传感器网常常用于一些可以移动的领域。另一方面,可移动的特性、采集数据的间隔性等会导致网络节点在通信时并不需要进行连续的数据传输。

2. 自组织、动态性网络

在传感器网络应用中,节点通常被放置在没有基础结构的地方。传感器节点的位置不能预先精确设定,节点之间的相互邻居关系预先也不知道,而是通过随机布撒的方式。这就要求传感器节点具有自组织能力,能够自动进行配置和管理,通过拓扑控制机制和网络协议自动形成转发监控数据的多跳无线网络系统。同时,由于部分传感器节点能量耗尽或环境因素造成失效,以及经常有新的节点加入,或是网络中的传感器、感知对象和观察者这三要素都可能具有移动性,这就要求传感器网络必须具有很强的动态性,以适应网络拓扑结构的动态变化。

3. 多跳路由、分布式的拓扑结构

固定网络的多跳路由使用网关和路由器来实现,而无线传感器网络中的多跳路由是由

普通网络节点完成的，没有专门的路由设备。这样每个节点既可以是信息的发起者，也是信息的转发者。无线传感器网络中没有固定的网络基础设施，所有节点地位平等，通过分布式协议协调各个节点以协作完成特定任务。节点可以随时加入或离开网络，不会影响网络的正常运行，具有很强的抗毁性。

4. 节点计算能力有限，网络感知数据流巨大

嵌入式处理器和存储器的能力和容量有限，智能传感器本身的计算能力也是有限的。传感器网络中的每个传感器通常都产生一定数量的流式数据，并具有实时性。由于节点数量巨大，在汇聚时会成倍地增加数据量。因此，在后期处理时需要投入大量的技术和人力。

5. 节点硬件资源有限，通信能力有限

节点由于受价格、体积和功耗的限制，其计算能力、程序空间和内存空间比普通的计算机功能要弱很多。这一点决定了在节点操作系统设计中，协议层次不能太复杂。传感器网络节点的通信带宽窄而且经常变化，通信覆盖范围只有几十到几百米。传感器之间的通信断接频繁，经常导致通信失败。此外，传感器网络更多地受到高山、建筑物、障碍物等地势地貌以及风雨雷电等自然环境的影响，传感器可能会长时间脱离网络，离线工作。如何在有限通信能力的条件下高质量地完成感知信息的处理与传输，是设计无线传感器节点的重要问题。

6. 节点电源能量有限

传感器的电源能量极其有限，所以网络中的传感器节点由于电源能量的原因经常失效或废弃。

7. 传感器节点出现故障的可能性较大

由于 WSN 中的节点数目庞大，而且所处环境可能会十分恶劣，所以出现故障的可能性会很大。有些节点可能是一次性使用无法修复，所以要求其有一定的容错率。

5.4.2　无线传感器网络体系结构

无线传感器网络是一种大规模自组织网络，其体系结构包括无线传感器节点结构、网络结构和网络协议部分。无线传感器网络的主要目的就是方便用户观察或监测被测目标，即在传感器网络系统中，包含两部分的宏观内容：感知对象和观察者。以图 5.25 为例，环境温度、环境湿度、甲烷气体等都是传感器网络的感知对象，而远端用户则是系统的观察者。

感知对象是观察者感兴趣的监测目标，也是传感器网络的感知对象。感知对象一般通过表示物理现象、化学现象或其他现象的数字量来表征，如温度、湿度等。一个传感器网络可以感知网络分布区域内的多个对象；一个对象也可以被多个传感器网络所感知。

观察者是传感器网络的用户，是感知信息的接收和应用者。观察者可以是人，也可以是计算机或其他设备。一个传感器网络可以有多个观察者，一个观察者也可以是多个传感器网络的用户，观察者可以主动地查询或收集传感器网络的感知信息，也可以被动地接收传感器网络发布的信息。观察者将对感知信息进行观察、分析、挖掘、制定决策，或对感知对象采

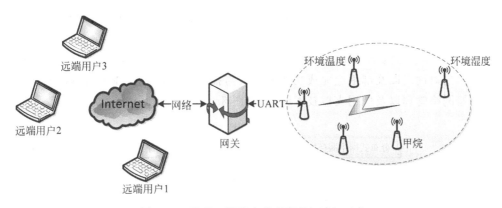

图 5.25 ZigBee 网络中的观察者与感知对象

取相应的行动。

大量传感器节点随机部署在监测区域内部或附近,能够通过自组织方式组成网络。传感器节点监测的数据沿着其他传感器节点逐跳地进行传输,在传输过程中监测数据可能被多个节点处理,经过多跳后路由到协调(汇聚)节点,通过网关经互联网或卫星到达观察者。然后观察者再对无线传感器网络进行配置和管理,发布监测任务以及收集监测数据。

无线传感器节点通常由传感器模块、处理器模块、无线通信模块和电源模块 4 部分组成,如图 5.26 所示。传感器模块负责采集监测区域内的信息采集,并进行数据格式的转换,将原始的模拟信号转换成数字信号,将交流信号转换成直流信号,以供后续模块使用;处理器模块又分成两部分,分别是处理器和存储器,它们分别负责处理节点的控制和数据存储的工作;无线通信模块专门负责节点之间的相互通信;电源模块就用来为传感器节点提供能量,一般都是采用微型电池供电。

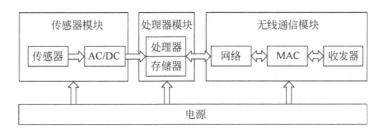

图 5.26 传感器节点内部结构

从网络功能上看,每个传感器节点兼顾传统网络节点的终端和路由器双重功能。除了进行本地信息收集和数据处理外,还要对其他节点转发来的数据进行存储、管理和融合等处理,同时与其他节点协作完成一些特定任务。无线传感器节点工作流程如下所述。

(1) 根据不同的应用,将传感器采样得到的模拟数据通过 A/D 模块转换为数字信号,并将数字信号作为原始数据输入到节点处理器中进行进一步的处理。

(2) 数据处理完毕后,数据被送入节点无线通信模块。

(3) 在无线传感器节点散播之初,通过发送/接收单元的硬件设备和能保证可靠的点到点及点到多点通信的、具有较高电源效率的媒体访问控制(MAC)协议,形成一个无线传感器网络节点的自组织网并根据路由算法,建立和维护路由表。在数据达到无线通信模块后,根据预先建立起来的路由表,将数据传入下一个节点,最终送到协调节点和网关,再传送至最终用户处。

网络协议体系结构是无线传感器网络的"软件"部分,包括网络的协议分层以及网络协议的集合,是对网络以及部件应完成功能的定义与描述。网络协议体系结构由网络通信协议、传感器网络管理以及应用支撑技术组成,如图 5.27 所示。

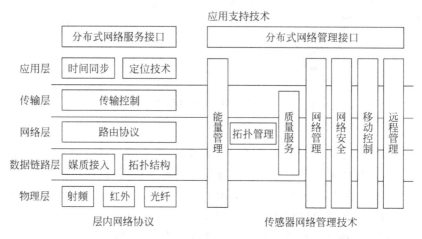

图 5.27　无线传感器网络协议体系结构

无线传感器网络机构多采用 5 层协议标准:物理层、数据链路层、网络层、传输层、应用层,与互联网协议栈的 5 层相对应。各层次的功能如下。

(1)物理层提供信号调制和无线收发技术。负责定义传感器网络中的协调(汇聚)节点和传输节点间的通信物理参数,例如使用哪个频段,使用何种信号调制解调方式进行通信等。

(2)数据链路层负责数据成帧、帧检测、媒体访问和差别控制。

(3)网络层主要负责路由生成与路由选择。完成逻辑路由信息采集,使收发网络包裹能够按照不同策略到使用最优化路径到达目标节点。

(4)传输层负责数据流的传输控制,提供包裹传输的可靠性,为应用层提供入口。

(5)应用层包括一系列基于监控任务的应用层软件。最终将收集后的节点信息整合处理,满足不同应用需要。

5.4.3　ZigBee 无线传感器网络及开发应用

1. 概述

ZigBee 标准是一种新兴的短距离无线网络通信技术,它是基于 IEEE 802.15.4 协议栈,主要针对低速率的通信网络设计的。其 2.4GHz 频带提供的数据传输速率为 250kb/s;915MHz 频带提供的数据传输速率为 40kb/s;868MHz 频带提供的数据传输速率为 20kb/s。另外,它可与 254 个应用设备的节点联网。它本身的特点使其在无线传感器网络、工业监控、家庭监控、安全系统等领域有很大的发展空间。

ZigBee 技术是一种近距离、低复杂度、低功耗、低速率、低成本的双向无线通信技术,主要用于各种电子设备之间进行数据传输以及典型的有周期性数据、间歇性数据和低反应时间数据传输的应用。

ZigBee 协议栈是在 IEEE 802.15.4 标准基础上建立的，完整的 ZigBee 协议栈由物理层、介质访问控制层(MAC 层)、网络层、安全层和高层应用规范组成，如图 5.28 所示。

图 5.28 ZigBee 协议栈

ZigBee 协议栈的网络层、安全层和应用程序接口等由 ZigBee 联盟制定。其中，物理层和 MAC 层由 IEEE 802.15.4 标准定义。在 MAC 子层上面提供与上层的接口，可以与网络层连接；安全层主要实现密钥管理、存取等功能；应用程序接口负责向用户提供简单的应用软件接口(API)等，实现应用层对设备的管理。

网络层主要实现节点加入、离开、路由查找和传送数据等功能。目前 ZigBee 网络层主要支持两种路由算法，即树状路由和网状路由。支持星状(star)、树状(tree)、网格状(mesh)等拓扑结构，如图 5.29 所示。

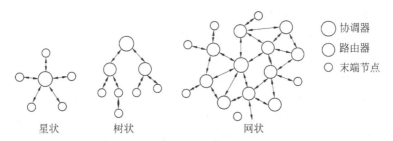

图 5.29 ZigBee 组网拓扑结构

在这些拓扑结构中，一般包括协调器、路由器和末端节点三种设备。协调器也称为全功能设备(Full Function Device,FFD)，是唯一的，也是 ZigBee 网络启动或建立网络的设备。一旦网络建立，该协调器就如同一个路由器，在网络中提供数据交换、建立安全机制、建立网络中绑定等路由功能。网络中的其他操作并不依赖该协调器，因为 ZigBee 网络是分布式网络。路由器数目不多，功能主要包括作为普通设备加入网络，实现多跳路由，辅助其他的子节点完成通信。末端节点数量较多，也称为精简功能设备(Reduced Function Device,RFD)，只能传送数据给 FFD 或从 FFD 接收数据。为了维持网络最基本的运行，可以根据自己的功能需要休眠或唤醒，一般可由电池供电。树状路由把整个网络看作以协调器为根的一棵树，树状路由不需要路由表，节省存储资源，缺点是不灵活，浪费了大量的地址空间，路由效率低。ZigBee 还可以进行邻居表路由，其实邻居表可以看作特殊的路由表，只不过只需要一跳就可以发送到目标节点。

2．ZigBee 传感器网络节点设计应用

1）系统设计要求

在基于 ZigBee 技术的传感器节点硬件设计中,一般需要综合考虑以下基本问题。

(1) 传感器节点需要采集的环境量或数据的类型,或节点需要控制的设备的类型;

(2) 节点的供电条件,电池供电还是外部电源供电;

(3) 节点的通信距离,选择何种天线,是否需要增加相关设备等问题;

(4) 节点的工作环境,是否需要为节点在温度、湿度、防腐蚀以及安装固定等方面设计。

开发者在对应的软件上,则需要考虑以下问题。

(1) 节点对应使用的传感器的类型以及驱动程序;

(2) 节点的工作周期,间歇性地将传感器以及节点自身关闭或进入低功耗状态,以实现节约电池能量的目的;

(3) 根据通信距离的要求设置 RF 部分电路的输出功率,以达到通信要求;

(4) 根据预计部署的网络类型,设计节点在 ZigBee 网络中的角色——协调器、路由器或是节点,负责传输数据还是负责采集数据或汇聚数据。

使用 CC2530+Z-Stack 开发 ZigBee 无线传感网应用需要以下开发环境。

(1) 目前有众多厂家提供了 CC2530 射频模块,实现了射频功能,并将所有 I/O 引脚引出。在这个基础上,适当增加外围不同的传感器、相关电源模块和接口电路,就可以实现无线节点的设计。

(2) IAR 集成开发环境是一个功能强大的 8051 系列单片机集成开发环境,不同版本的 Z-Stack 协议栈需要不同版本的 IAR 集成开发环境才能支持。

(3) Z-Stack 协议栈和一台运行 IAR 软件的 PC。

2）无线传感器节点设计

随着集成电路技术的发展,无线射频芯片厂商采用片上系统(System On Chip,SOC)的集成,极大地简化了无线射频应用程序的开发。其中,最具代表性的是 TI 公司开发的片上系统 CC2530 模块。TI 公司提供完整的技术手册、开发文档、工具软件,使得普通开发者开发无线传感网应用成为可能。而且免费提供了符合 ZigBee 2007 协议规范的协议栈 Z-Stack 和较为完整的开发文档。因此,CC2530+Z-Stack 成为目前 ZigBee 无线传感网开发的最重要技术之一。

CC2530 是一款完全兼容 8051 内核,同时集成有支持 IEEE 802.15.4 协议的 RF 收发器的片上系统。其传送速率最大达 250kb/s、2.4GHz 传输信道 16 个,可选频段传输距离在 0～100m。本实例所用 ZigBee 节点模块包括 ZigBee 2007 标准和 TI 片上系统 CC2530F256 芯片,具有 8KB RAM、256KB Flash 和 14 位的 ADC 等功能。节点模块工作在免费的 2.4GHz 频段,数字 I/O 接口全部引出;软件方面支持 TI-MAC、SimpliciTI、Z-Stack、RemoTI 等软件包,方便用户开发。无线传感器节点模块实物正面图如图 5.30 所示。

3）SmartRF04EB 调试器接口

SmartRF04EB 是 TI 公司发布的第 4 版 CC 系列芯片调试器,可用于 CC243x \CC253x 等多个系列芯片,支持仿真、调试、单步、烧录、加密等操作,可与 IAR 编译环境和 TI 公司发

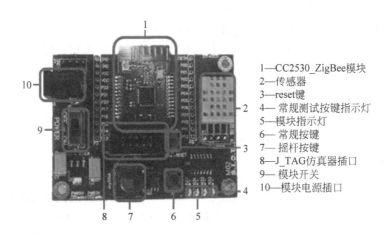

1—CC2530_ZigBee模块
2—传感器
3—reset键
4—常规测试按键指示灯
5—模块指示灯
6—常规按键
7—摇杆按键
8—J_TAG仿真器插口
9—模块开关
10—模块电源插口

图 5.30 无线传感器节点模块实物

布的相关软件进行无缝连接。产品特点如下。

（1）与 IAR for 8051 集成开发环境无缝连接；

（2）支持内核为 8051 的 TI 公司 ZigBee 芯片 CC243x/CC253x，下载速度达 150kb/s；

（3）可通过 TI 相关软件更新最新版本固件；

（4）USB 即插即用；

（5）支持仿真下载和协议分析；

（6）可对目标板供电 3.3V/50mA；

（7）出厂的每个调试器均具有唯一的 ID 号，一台计算机可以同时使用多个，便于协议分析和系统联调；

（8）支持多种版本的 IAR 软件，例如用于 2430 的 IAR730B，用于 25xx 的 IAR751A、IAR760 等，并与 IAR 软件实现无缝集成。

3. ZigBee 无线节点开发软件

应用及开发 ZigBee 2007 系统主要使用的软件工具是 IAR Embedded Workbench IDE，它好比于开发 51 系列单片机所用的 Keil 软件。这里请注意：ZigBee 2006 所用的软件工具为 IAR 7.30B，而 ZigBee 2007 系统所用的软件版本为 IAR 7.51 以上版本。

IAR Systems 公司是全球领先的嵌入式系统开发工具和服务供应商，公司成立于 1983 年。该软件提供的产品和服务涉及嵌入式系统的设计、开发和测试的每一个阶段，包括：带有 C/C++编译器和调试器的集成开发环境（IDE）、实时操作系统和中间件、开发套件、硬件仿真器以及状态机建模工具。它最著名的产品是 C 编译器 IAR Embedded Workbench，支持众多知名半导体公司的微处理器。

该集成开发环境中包含 IAR 的 C/C++编译器、汇编工具、链接器、库管理器、文本编辑器、工程管理器和 C-SPY 调试器。通过其内置的针对不同芯片的代码优化器，IAR Embedded Workbench 可以为 8051 系列单片机生成非常高效和可靠的 Flash/PROMable

代码。IAR Embedded Workbench IDE 提供一个框架,任何可用的工具都可以完整地嵌入其中。IAR Embedded Workbench 适用于 8 位、16 位及 32 位的嵌入式处理器和控制器,使用户在开发新的项目时也能在所熟悉的开发环境中进行。它为用户提供一个易学和具有最大量代码继承能力的开发环境,以及对大多数和特殊目标的支持。IAR Embedded Workbench 有效提高了用户的工作效率,通过 IAR 工具,用户可以大大节省工作时间。

IAR 的安装可以到 www.iar.com/ew8051 网站下载 Evaluation edition for TI wireless solutions。

4. 无线节点工作流程

ZigBee 网络协议定义了三种节点设备:ZigBee 协调器、ZigBee 路由器和 ZigBee 终端设备。每个网络都必须包含一台 ZigBee 协调器,它负责建立并启动一个网络,包括选择合适的射频信道、唯一的网络标识等一系列操作;ZigBee 路由器为远程设备之间建立端对端的传输;ZigBee 终端设备作为网络中的终端节点,负责数据的采集。

ZigBee 网络的建立是由一个未加入网络的协调器节点发起,通过 NLME - NETWORD -FORMATION.request 原句来建立 ZigBee 网络。协调器利用 MAC 子层提供的扫描功能,设定合适的信道和网络地址后发送信标帧,以吸引其他节点加入到网络中。处于激活状态的节点设备可以直接加入网络,也可以通过关联操作加入到网络中。ZigBee 网络层提供了 NLME-JOIN.request 原句来完成这个操作。网络层参考 LQI(链路质量)值和网络深度两个指标来进行父设备的选择,网络深度表示该设备最少经过多少跳到达协调器,设备选择 LQI 值高和网络深度小的设备作为其父设备。确定好父设备后,设备向其父设备发送加入请求,经过父节点的同意后加入该网络。若父设备不接收该设备,则该设备重新选择一个父设备节点进行连接,直至最终加入网络。

设备加入到网络后,网络就会为其分配网络地址。网络地址分配主要依据最多子设备数、最大网络深度和 NWKMaxRouters(RM)。设备的离开有两种不同的情况:第一种是子设备向父设备请求离开网络,第二种是父设备要求子设备离开网络。当一个设备收到高层的离开网络的请求时,它首先请其所有的子设备离开网络。所有子设备移出完毕后,最后通过取消关联操作向其父设备申请离开网络。

例如,采用电池供电的、符合环境要求的传感器节点可以采取包括人工、机械、空投等方法进行随机地撒放,也可以将传感器节点放置在指定位置上。安放后的各个传感器节点会自动进入唤醒状态,每个传感器节点会发出信号监控并记录周围传感器节点的工作情况,采用一定的组网算法形成按一定规律结合成的网络。组网后网络的传感器节点根据一定的路由算法选择合适的路径进行数据通信,完成数据采集、处理和发送。

对于单个节点来说其工作流程一般如下。

传感器节点在生成网络后,一直处于监听状态,当未收到外界命令的时候,节点为了节能处于睡眠状态。一旦接收到中心的唤醒命令,节点自身进行初始化,等待进一步命令;接收到采集指令后,节点初始化各种采集参数,对监测对象进行数据采集、预处理。数据处理完毕后,送入无线通信模块。在无线传感器节点散播之初,通过发送/接收单元的硬件设备和能保证可靠的点到点及点到多点通信的、具有较高电源效率的媒体访问控制协议,将形成一个无线传感器网络节点的自组织网并根据路由算法,建立和维护路由表。在数据达到无线通信模块后,根据预先建立起来的路由表,将数据传入下一个节点,最终协调器节点以及网关节点处,再通过相关网络传送至最终用户处。

5.5　定位技术与卫星定位系统

5.5.1　概述

位置是物联网信息的重要属性之一,缺少位置的感知信息是没有使用价值的。位置服务采用定位技术,确定智能物体当前的地理位置,并利用地理信息技术与移动通信技术,向物联网中智能物体提供与其位置的信息服务。

目前,物联网中关于定位技术的研究主要有基于全球卫星定位技术、基于移动通信网的定位技术、基于无线局域网 Wi-Fi 的定位技术,以及无线传感器网络中的定位技术。

移动互联网、智能手机与卫星定位技术的应用带动了位置服务的发展。位置服务是通过电信移动运营商的多种网络或全球定位系统获取移动数据终端设备的位置信息,在地理信息系统平台的支持下为用户提供一种增值服务。位置服务的两大功能是:确定位置,提供适合用户的服务。

5.5.2　全球卫星定位系统

全球卫星定位系统(Global Positioning System,GPS)是目前世界上最常用的卫星导航系统。GPS 计划开始于 1973 年,由美国国防部领导下的卫星导航定位联合计划局主导进行研究。经过数十年的研究和实验,1989 年正式开始发射 GPS 工作卫星,1994 年第 24 颗工作卫星的发射标志着第一代 GPS 卫星星座组网的完成,从此 GPS 正式投入使用。

由于美国国防部的背景,GPS 系统最初被设计为军用。2000 年,美国总统比尔·克林顿命令取消 GPS 系统的这种区别对待,从此民用 GPS 信号也可以达到 20m 的精度,极大地拓展了 GPS 在民用工业方面的应用。随着 GPS 系统的不断完善发展,目前的军用 GPS 精度可达 0.3m,民用 GPS 精度也已达到 3m。

由于 GPS 在军事及民用方面的应用效果显著,其他国家也陆续展开了卫星导航系统的研究和部署。目前已经投入使用的有俄罗斯的 GLONASS 全球卫星导航系统,欧盟的伽利略定位系统和我国的北斗区域性卫星导航系统。

GPS 系统由以下三大部分组成。

1. 宇宙空间部分

GPS 系统的宇宙空间部分由 24 颗工作卫星构成,采用 6 轨道平面,每平面 4 颗卫星的设计。GPS 的卫星布局保证在地表绝大多数位置,任一时刻都有至少 6 颗卫星在视线之内,可以进行定位。

2. 地面监控部分

GPS 系统的地面监控部分包括 1 个位于美国科罗拉多州空军基地的控制中心,4 个专用的地面天线以及 6 个专用的监视站。

3．用户设备部分

要使用 GPS 系统，用户端必须具备一个 GPS 专用接收机。接收机通常包括一个卫星通信的专用天线和用于位置计算的处理器，以及一个高精度的时钟。随着技术的发展，GPS 接收机变得越来越小型和廉价，已经可以集成到多数日用电子设备中。目前，应用的手机基本上都配备有 GPS 接收机。

GPS 定位的基本运作原理很简单，首先测得接收机与三个卫星之间的距离，然后通过三点定位方式确定接收机的位置。

如何测得接收机与 GPS 卫星间的距离？每一颗 GPS 工作卫星都在不断地向外发送信息，每条信息中都包含信息发出的时刻，以及卫星在该时刻的坐标。接收机会接收这些信息，同时根据自己的时钟记录下接收到信息的时刻。这样用接收到信息的时刻，减去信息发出的时刻，就得到信息在空间中传播所用的时间。将这个时间乘上信息传播的速度（信息通过电磁波传递，速度为光速），就得到了接收机到信息发出时的卫星坐标之间的距离。

根据 GPS 的工作原理，可以看出时钟的精确度对定位的精度有着极大的影响。目前 GPS 工作卫星上搭载的是铯原子钟，精度极高，140 万年才会出现 1s 的误差。然而，受限于成本，接收机上面的时钟不可能拥有和星载时钟同样的精度，而即使是微小的计时误差，乘以光速之后也会变得不容忽视。因此尽管理论上三颗卫星就已足够进行定位，但是实际中 GPS 定位需要借助至少 4 颗卫星。换句话说，所处的位置必须至少能接收到 4 颗卫星的信号，方可以应用 GPS 来进行定位，这极大地制约了 GPS 的适用范围。当处于室内环境时，由于电磁屏蔽的效应，往往难以接收到 GPS 的信号。因此 GPS 这种定位方式主要在室外场景施展拳脚，其中最为典型的应用就是汽车导航。

随着人类社会的发展，城市变得越来越大，交通系统也变得越来越复杂。没有经验的驾驶员往往容易在城市中迷失方向，或是无法获取自己的地理位置，而导致行驶路线错误等问题。汽车导航系统利用了 GPS 技术，通过在汽车上安装 GPS 接收机，就可以通过卫星信号来找到自己的位置，再利用内置的地图来辅助驾驶。由于汽车的行驶区域大部分都是户外，仅有少数时候会进入隧道等有屏蔽的地方，大多数情况下 GPS 定位效果都非常良好。

到了物联网时代，汽车导航技术不仅可以掌握有关路况的相关信息，还可以感知各种各样的要素——污染指数、紫外线强度、天气状况、附近的加油站等情况，同时还可以感知驾驶员的状况——健康状况、驾驶水平、出行目的等信息。有关行驶路线的选择已经不再是"最快速到达目的地"，而是"最适合驾驶员，最适合这次出行"。总之，物联网时代的汽车导航将从过去的"以路为本"转变为"以人为本"，更好地改善人们的驾驶质量。

伴随智能手机的迅速普及，目前大多数智能手机也都搭载了 GPS 定位功能。但 GPS 利用卫星进行地面目标的定位，通过 GPS 人们可以了解所在位置的详细坐标信息，卫星不断地向地面发送定位数据，数据量很大。地面的 GPS 接收机接收定位数据进行处理，得到所在位置的信息。接收机的性能越好，处理速度越快，得到的结果越精确，实时性越好。

如图 5.31 所示为目前流行使用的一种 GPS 接收模块的外形图和引脚定义图，该模块具备以下特性。

（1）低功耗设计，3.3V 供电下仅 40mA 电流，供电电压 3～3.6V；工作温度 -40～85℃；

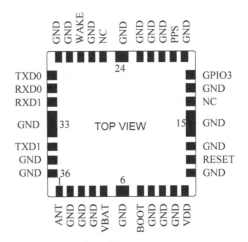

图 5.31　GPS 接收模块

（2）支持标准的 NMEA-0183 协议；

（3）冷启动后定位时间 36s，热启动后定位时间 30s，复位启动后定位时间 2s；

（4）定位精度 3m；定位更新周期 1Hz。

通常 GPS 模块的定位信息都以串口的方式向外输出，因此 GPS 模块一般除了供电和天线连接之外，还提供了串行接口，MCU 可以通过串行接口获取 GPS 定位信息。

目前，国际通行的 GPS 信息的协议主要是 NMEA-0183 协议，NEMA 是一种基于 ASCII 编码的协议，每条记录以 $ 符号为开头，结束于换行和回车字符。常见的 NMEA-0183 信息包括 GGA、GLL、GSA、GSV、RMC、VTG、ZDA 和 DTM。其中最常用的是 GGA、GSA、GSV、RMC 4 类。

（1）GGA：GGA 信息包含位置信息、时间信息、定位状态等，例如接收到如下信息：

　$GPGGA,033410.000,2232.1745,N,11401.1920,E,1,07,1.1,107.14,M,0.00,M,…,*64

依次表示当前信息是 GGA 定位信息，当前时间是 03 点 34 分 10 秒 000 毫秒，纬度和经度信息，SPS 模式，接收到 7 颗卫星信息，水平误差因子为 1.1，海拔高度 107.14，单位为 m 等。

（2）GSA：GSA 信息包含定位信息、卫星编号、位置误差因子、水平误差因子和垂直误差因子等，例如接收到如下的信息：

　$GPGSA,A,3,02,09,10,15,18,24,27,29,…,1.8,0.9,1.5*39

则依次表示当前的信息是 GSA 定位信息，2D/3D 自动切换模式，处在 3D 定位下，接收到的卫星 ID 为 02、09、10、15、18、24、27 和 29，位置误差因子 1.8、水平误差因子 0.9，垂直误差因子 1.5 等。

（3）GSV：GSV 信息主要用于分条输出所使用的定位卫星的各类信息，如：

　$GPGSV,3,1,12,02,35,123,25,24,22,321,48,15,78,335,53,29,45,261,45*77

　$GPGSV,3,2,12,26,22,223,28,05,34,046,30,10,16,064,39,18,14,284,48*75

　$GPGSV,3,3,12,27,32,161,31,33,…,30,09,25,170,34,21,15,318,*4B

则表示对应卫星的 ID 号、海拔高度、方位角、信号强度和信噪比等。

(4) RMC：RMC 信息相当于 GGA 和 GSA 中部分信息的集合。例如：

$GPRMC,075747.000,A,2232.8990,N,11405.3368,E,3.9,357.8,260210,…,A*6A

包括时间信息、定位状态信息、经纬度信息、速度信息等。

　　GPS 和无线通信技术的发展，除了能够方便移动用户进行自身定位、道路信息获取、出行指导等基本功能和扩展功能之外，同时也为关键车辆的安保防范提供了便利条件——基于 GPS/GPRS 的车辆管理系统，如图 5.32 所示。

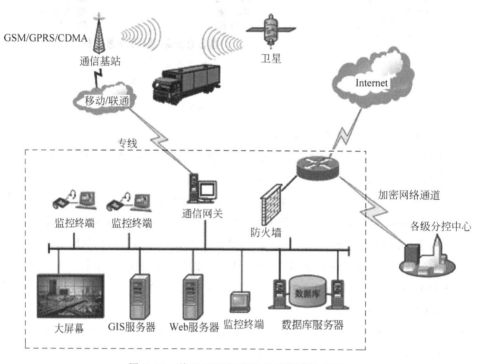

图 5.32　基于 GPS/GPRS 的车辆定位系统

　　目前，基于 GPS/GPRS 或类似技术的车辆定位管理系统已经在国内得到了广泛的使用，主要应用领域涵盖了银行运钞车、快递货运车辆、公安押运车辆等，该系统的基本用途也包含车辆实时定位、车辆监测控制、车辆报警、车辆调度管理、车辆物流管理。系统一般由 7 个部分组成。

　　(1) 车载系统。车载系统指装备在车辆内部的相关硬件设备，包括 GPS 天线、GPS 接收机、GPRS/3G/4G 天线、GPRS/3G/4G 通信系统、微处理器、电源系统、显示系统、遥控器和报警系统等。

　　(2) GPS 全球定位系统。通过车载系统中的 GPS 接收机接收 GPS 的卫星信号，经过解码等运算后，可以获取到车辆当前的经度、纬度以及速度等车辆的状态信息，可以实现全球范围内的任何时间、任何地点的高精度定位以及授时等服务。

　　(3) GPRS/3G/4G 移动数据通信系统。该系统是车辆设备与管理中心之间的数据交换平台，车载系统通过 GPS 获得的车辆状态数据，连同其他各类车辆数据、用户数据通过运营商的数据通信网络向外发送。与自组网技术相比，运营商网络有更广泛的覆盖范围和更稳定的通信保障以及更低的成本。

（4）数据通信网络。数据通信网络包括移动运营商的网络（GPRS/3G/4G 网络）、数据接入运营商提供的 Internet 接入网络（ISDN、ADSL、光纤等）。

（5）车辆数据中心。数据中心是连接车辆数据与监管中心等服务业务的纽带，具备数据的接收和发送、处理、存储、查询、维护、交换和管理等功能，后续的监管和调度等部门都需要通过车辆数据中心完成相关的查看和管理等功能。

（6）用户监管中心。用户监管中心实际上一个对外用户接口，该接口可以是 B/S 结构的 Web 页面呈现给用户，也可以是 C/S 结构的客户端数据接口呈现给用户。

（7）电子地图系统。电子地图实际上是车辆数据中心的一部分，但由于地图市场有专门的公司提供，因此该部分可以通过使用百度、Mapabc 等公司的地图系统直接实现。

5.5.3　北斗卫星导航系统

中国北斗卫星导航系统（BeiDou Navigation Satellite System，BDS）是中国自行研制的全球卫星导航系统，是继美国全球定位系统（GPS）、俄罗斯格洛纳斯卫星导航系统（GLONASS）、欧盟 GALILEO 之后的经联合国卫星导航委员会认定的供应商。

1．概述

20 世纪后期，中国开始探索适合国情的卫星导航系统发展道路，逐步形成了三步走发展战略。第一步，建设北斗一号系统（也称北斗卫星导航实验系统），并于 1994 年启动北斗一号系统工程建设；2000 年发射两颗地球静止轨道卫星，建成系统并投入使用，采用有源定位体制，为中国用户提供定位、授时、广域差分和短报文通信服务；2003 年发射第三颗地球静止轨道卫星，进一步增强系统性能。第二步，建设北斗二号系统，于 2004 年启动北斗二号系统工程建设；2012 年年底完成 14 颗卫星（5 颗地球静止轨道卫星、5 颗倾斜地球同步轨道卫星和 4 颗中圆地球轨道卫星）发射组网。北斗二号系统在兼容北斗一号技术体制基础上，增加了无源定位体制，为亚太地区用户提供定位、测速、授时、广域差分和短报文通信服务。第三步，建设北斗全球系统。2009 年启动北斗全球系统建设，继承北斗有源服务和无源服务两种技术体制。计划 2018 年，面向"一带一路"沿线及周边国家提供基本服务。2020 年前后，完成 35 颗卫星发射组网，为全球用户提供服务。2016 年 6 月，第 23 颗北斗导航卫星发射成功。如今，北斗导航系统的服务覆盖了全球 1/3 的陆地，使亚太地区 40 亿人口受益，其精度也与美国 GPS 系统相当。

到目前为止前两步已实现，中国成为世界上第 4 个拥有自主卫星导航定位系统的国家。中国最新发射的两颗北斗导航卫星与此前的北斗卫星相比有了重大突破，部件国产化率提高到 98%，其"心脏""慧脑""铁骨"等关键器部件全部为国产。北斗系统具有以下特点。

（1）北斗系统空间段采用三种轨道卫星组成的混合星座，与其他卫星导航系统相比高轨卫星更多，抗遮挡能力强，尤其低纬度地区性能特点更为明显；

（2）北斗系统提供多个频点的导航信号，能够通过多频信号组合使用等方式提高服务精度；

（3）北斗系统创新融合了导航与通信能力，具有实时导航、快速定位、精确授时、位置报告和短报文通信服务 5 大功能。

2. 北斗系统的基本组成

北斗卫星导航系统由空间段、地面段和用户段三部分组成,可在全球范围内全天候、全天时为各类用户提供高精度、高可靠定位、导航、授时服务。并具短报文通信能力,已经初步具备区域导航、定位和授时能力,定位精度10m,测速精度0.2m/s,授时精度10ns。

北斗卫星导航系统空间段计划由35颗卫星组成,包括5颗静止轨道卫星、27颗中地球轨道卫星、3颗倾斜同步轨道卫星。5颗静止轨道卫星定点位置为东经58.75°、80°、110.5°、140°、160°,地球轨道卫星运行在三个轨道面上,轨道面之间为相隔120°均匀分布。这样35颗卫星在离地面两万多千米的高空上,以固定的周期环绕地球运行,使得在任意时刻,在地面上的任意一点都可以同时观测到4颗以上的卫星。北斗系统地面段包括主控站、时间同步/注入站和监测站等若干地面站。北斗系统用户段包括北斗兼容其他卫星导航系统的芯片、模块、天线等基础产品,以及终端产品、应用系统与应用服务等。

3. 北斗导航的原理

卫星导航实际上是通过测量卫星和地面站之间的距离以及确定它们之间的时钟关系,来明确卫星的位置信息。在已知卫星的位置和时间信息之后,地面用户同时接收到4颗卫星的导航信号之后就可以解算出自己的位置,这就是卫星导航定位的原理。

在接收机对卫星观测中,用户可得到卫星到接收机的距离。利用三维坐标中的距离公式,利用三颗卫星就可以组成三个方程式,解出观测点的位置(X,Y,Z)。考虑到卫星的时钟与接收机时钟之间的误差,实际上有4个未知数,X、Y、Z和钟差,因而需要引入第4颗卫星,形成4个方程式进行求解,从而得到观测点的经纬度和高程。

经几年来的应用结果表明,北斗系统信号质量总体上与美国GPS相当。在45°以内的中低纬地区,北斗动态定位精度与美国GPS相当,水平和高程方向分别可达10m和20m左右;北斗静态定位水平方向精度为米级,也与美国GPS相当,高程方向10m左右,较GPS略差;在中高纬度地区,由于北斗可见卫星数较少、卫星分布较差,定位精度较差或无法定位。现阶段的北斗已经实现区域定位,但还不具备全球定位能力,北斗与GPS在定位效果上的差异,主要是由卫星数量和分布造成的。

北斗工程的实施带动了我国卫星导航、测量、电子、元器件等技术的发展。在我国的交通、通信、电力、测绘、防灾救灾等领域得到了广泛应用,带动了产业转型升级。具体到普通人的生活中,它可以为我国周边地区提供连续稳定可靠的导航以及定位等服务。

习题与思考题

一、选择题

1. RS-232C 串行通信总线的电气特性要求总线信号采用(　　)。

    A. 正逻辑　　　　　B. 负逻辑　　　　　C. 高电平　　　　　D. 低电平

2. USB 总线采用的通信方式为(　　)。

    A. 轮询方式　　　　B. 中断方式　　　　C. DMA 方式　　　　D. I/O 通道方式

3. S3C2440 处理器为用户进行应用设计提供了支持多主总线的 I^2C 接口,处理器提供符合 I^2C 协议的设备连接的串行连接线为(　　)。

　　A. SCL 和 RTX　　　　B. RTX 和 RCX　　　　C. SCL 和 SDA　　　　D. SDA 和 RCX

4. 蓝牙是一种支持设备短距离通信,一般是(　　)之内的无线技术。

　　A. 5m　　　　　　　　B. 10m　　　　　　　　C. 15m　　　　　　　　D. 20m

5. 关于 ZigBee 的技术特点,下列叙述有错的是(　　)

　　A. 成本低　　　　　　B. 时延短　　　　　　C. 高速率　　　　　　D. 网络容量大

6. 传感器节点采集数据中不可缺少的部分是什么?(　　)

　　A. 温度　　　　　　　B. 湿度　　　　　　　C. 风向　　　　　　　D. 位置信息

7. 下列哪类节点消耗的能量最小?(　　)

　　A. 边缘节点　　　　　　　　　　　　　　B. 处于中间的节点

　　C. 能量消耗都一样　　　　　　　　　　　D. 靠近基站的节点

8. 以下关于无线传感器网络(WSN)组成要素的描述中,错误的是(　　)。

　　A. 传感器　　　　　　B. 感知对象　　　　　C. 通信信道　　　　　D. 观察者

9. 以下关于无线传感器网络特点的描述中,错误的是(　　)。

　　A. 无线传感器网络规模大与它的应用目的相关

　　B. 传感器节点的位置不能预先精确设定,是一种典型的无线自组网

　　C. 对传感器节点最主要的限制是节点携带的电源能量有限

　　D. 无线传感器网络是"以能量为中心"的网络

10. 以下关于传感器节点限制的描述中,错误的是(　　)。

　　A. 无线传感器节点通常通过自身携带的能量有限的电池供电

　　B. 每个传感器节点兼有感知终端和网关的双重功能

　　C. 传感器节点除进行本地信息收集和数据处理之外,还要为其他节点转发数据

　　D. 无线传感器节点生存时间受到携带的能量的限制

11. 以下关于无线传感器节点结构的描述中,错误的是(　　)。

　　A. 无线传感器节点由传感器、处理器、无线通信与能量供应 4 个模块组成

　　B. 传感器模块中的传感器完成监控区域内信息感知和采集

　　C. 处理器模块负责控制整个传感器节点的操作

　　D. 无线通信模块负责物理层的无线数据传输

12. 以下关于无线传感器网络节点设计原则的描述中,错误的是(　　)。

　　A. 移动性　　　　　　B. 低功耗　　　　　　C. 微型化　　　　　　D. 低成本

13. 以下关于无线传感器节点处理器的描述中,错误的是(　　)。

　　A. 处理器是传感器节点的核心,最佳的方案是采用专用的 SoC 芯片

　　B. 处理器的功耗特性决定了无线传感器网络的生存寿命

　　C. 传感器节点周期性地进行数据采集、处理和休眠,其中休眠占据了小部分时间

　　D. 在选择处理器时需要注意供电电压、功耗特性、唤醒时间

14. 无线传输网络中不负责数据处理的是(　　)。

　　A. 微处理器　　　　　　　　　　　　　　B. 嵌入式操作系统

　　C. 无线通信协议　　　　　　　　　　　　D. 通信线路

15. ZigBee 网络拓扑类型不包括包括(　　　)。

  A. 星状   B. 网状   C. 环状   D. 树状

16. 以下关于 GPS 功能的描述中,错误的是(　　　)。

  A. 定位   B. 通信   C. 授时   D. 导航

17. 以下关于 GPS 系统组成单元的描述中,错误的是(　　　)。

  A. 空间部分 B. 地面控制部分 C. 经纬度图 D. 用户设备终端

18. 以下关于 GPS 空间部分概念的描述中,错误的是(　　　)。

  A. 空间部分的 GPS 卫星星座是由 21 颗工作卫星和 5 颗在轨备用卫星组成

  B. 24 颗卫星均匀分布在 6 个轨道平面上

  C. 保证地面的接收者任何时候最少可以见到两颗卫星

  D. 最多可以见到 16 颗卫星

19. 以下关于无线传感器网络节点定位技术的描述中,错误的是(　　　)。

  A. 位置信息是事件位置报告、目标跟踪、地理路由、网络管理等系统功能的前提

  B. 利用节点位置信息,实现按互联网最短路径优先协议的路由

  C. 根据节点位置信息构建网络拓扑图,实时统计网络覆盖情况

  D. 用于目标跟踪,实时监视目标的行动路线,预测目标的前进轨迹

二、问答题

1. 串行通信按照传送信息的方向可分为哪三种方式? 各自特点是什么?

2. 按照串行通信时钟控制方式区分可分为哪两种形式? 各自特点有哪些?

3. 简述通用异步收发器 UART 的主要功能及特点。

4. 简述 RS-232C 通信方式的主要功能及特点。

5. 简述 USB 的组成及主要特点。

6. 简述 USB 总线的 4 种传输方式。

7. 简述 I²C 通信方式的组成及主要特点。

8. 简述 SPI 通信方式的组成及主要特点。

9. 简述 CAN 总线通信方式的主要功能及特点。

10. 简述蓝牙通信的主要特点。

11. 简述 ZigBee 无线通信技术的主要特点。

12. 解释 3G/4G/5G 通信技术。

13. 当前流行的无线通信技术有哪几种? 简述其特点。

14. 简述无线传感网的特点。

15. 简述无线传感网的组成机构。

16. ZigBee 网络通信中传感器节点硬件组成应该包含哪些部分? 各部分的作用是什么?

17. 简述 ZigBee 网络通信中传感器节点工作过程。

18. 简述 GPS 系统的组成及工作原理。

19. 简述我国北斗卫星定位系统的组成及应用情况。

第6章 外部设备的驱动与控制技术

在物联网实际应用中,往往需要将处理器处理后的数字信号用于控制外部执行装置或设备。根据不同的受控对象和具体要求,其信号输出可以有不同的类型。例如,有模拟量信号、开关量信号和数字量信号等。由于外部设备的种类及驱动功率等方面的不同,在处理器与外设执行装置或设备之间还需要一个接口电路,以实现信号转换、参数匹配及功率驱动等功能。

本章前半部分主要介绍模拟信号输出通道和开关量输出通道的相关技术,后半部分介绍一些自动控制原理以及经常采用的三种控制技术。

6.1 模拟信号输出通道

6.1.1 概述

模拟量输出通道是智能系统实现控制模拟设备的关键,它的任务是将处理结果送给被控对象。对于嵌入式控制系统,其模拟量输出通道一般由接口电路、D/A 转换器(Digital to Analog Converter,DAC)及驱动电路组成。工作时首先通过 DAC 将其变换成模拟信号输出,然后经过驱动电路(功率放大器)驱动相应的执行机构或装置设备,达到控制的目的。在实际应用中,模拟量输出通道分为单路模拟量和多路模拟量输出通道两种结构方式。

单路模拟量输出通道的结构如图 6.1 所示,这种方式的优点是转换速度快,工作可靠。寄存器用于保存计算机输出的数字量,在目前应用的 DAC 芯片中均包含该寄存器。DAC 将处理器输出的数字量转换为模拟量,但其输出的信号一般无法直接驱动外部的执行装置或设备,故需要经功率放大电路来实现。

图 6.1 单路模拟量输出通道结构

多路模拟量输出通道一般采用各通道公用一个 DAC,其结构如图 6.2 所示。这种方式必须在处理器控制下分时工作,依次把数字信号转化为模拟信号。然后,通过多路模拟开关传送给采样保持器和执行设备。这种结构形式的优点是节省了系统的成本,但由于是分时工作,一般适用于输出通道数量多且速度要求不高的场合。

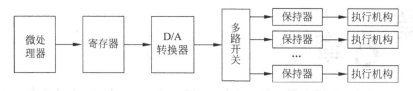

图 6.2　多路模拟量输出通道的一般结构

6.1.2　数字/模拟转换器组成与工作原理

数/模转换器的作用是将模拟量输出通道中二进制的数字量转换为相应的模拟量,其在转换过程中数据信号的变换过程如图 6.3 所示。处理器发出的并行数字信号通过 DAC 变成离散的数字信号,然后被存放在保持寄存器中,最后通过低通滤波器将其转化为连续的模拟信号输出。

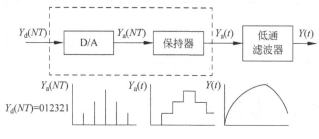

图 6.3　数/模转换过程示意图

数/模转换器内部结构一般包括数字缓冲寄存器、N 位模拟开关、译码网络放大求和电路和基准电压源,如图 6.4 所示。

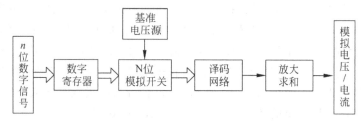

图 6.4　D/A 转换电路结构

由于目前各厂家生产的 DAC 芯片种类繁多,对 DAC 有如下分类方式。

(1) 按信息转换位数分,有 8 位、10 位、12 位、16 位等。

(2) 按数字量的输入形式分为并行总线 D/A 转换器和串行总线 D/A 转换器。

(3) 按转换时间分为超高速 DAC(转换时间 $<$ 100ns)、高速 DAC(介于 100ns$\sim$10μs 之间)、中速 DAC(介于 10$\sim$100μs 之间)、低速 DAC($>$100μs)等。

(4) 在输出信号形式上分有电压输出型和电流输出型。

(5) 按输入是否含有锁存器分为内部无锁存器和内部有锁存器形式。

在目前应用的 DAC 中,通常采用倒 T 形(或称为 R-2R 型)的电阻开关网络结构,其内部结构原理如图 6.5 所示。

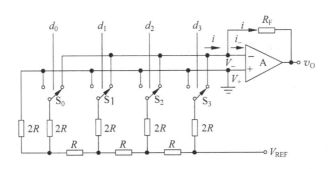

图 6.5 倒 T 形电阻网络 D/A 转换器原理图

在图 6.5 中,根据集成反向放大器的"虚假短路"概念(即 $V_- \approx V_+ \approx 0$),无论开关 S_3、S_2、S_1、S_0 与哪一边接通,各 $2R$ 电阻的上端都相当于接通地电位端,其电阻网络的等效电路如图 6.6 所示。

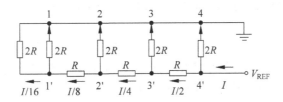

图 6.6 电阻网络的等效电路

设图 6.6 中电路中的总电流为 I,从电路可以看出,分别从 $11'$,$22'$,$33'$,$44'$ 每个端口向左看的等效电阻都是 R,这样可以推导出从参考电源流入电阻网络的总电流为

$$I = V_{\text{REF}}/R \tag{6-1}$$

其中,流过 $44'$ 端的电阻支路的电流为 $I/2$,流过 $33'$ 端、$22'$ 端、$11'$ 端各电阻支路的电流分别为 $I/4$,$I/8$,$I/16$。在图 6.5 中,开关 $S_3 \sim S_0$ 受数字量 $d_3 d_2 d_1 d_0$ 的控制。当某位数字量 d_i 为"1"时(如 $d_0 = 1$),控制相应的开关(如 $S_0 = 1$)与放大器的反相输入端接通,相应电阻支路的电流($I/16$)流过反向放大器的反馈电阻 R_{F}(因 $i- \approx 0$)后,其输出电压 $v_{\text{O}} = -iR_{\text{F}}$;当某位数字量为"0"时,控制相应的开关与地电位端接通,相应的电流不流过放大器的反馈电阻 R_{F}。这样,电路中流过放大器反馈电阻的总电流为

$$i = d_3 I/2 + d_2 I/4 + d_1 I/8 + d_0 I/16 \tag{6-2}$$

根据"虚地"概念,有 $v_{\text{O}} = -R_{\text{F}} i$。如果取反馈电阻 $R_{\text{F}} = R$,并将式(6-1)、式(6-2)代入,则输出电压为

$$v_{\text{O}} = -R_{\text{F}} I/2^4 (d_3 2^3 + d_2 2^2 + d_1 2^1 + d_0 2^0)$$
$$= -V_{\text{REF}} I/2^4 (d_3 2^3 + d_2 2^2 + d_1 2^1 + d_0 2^0) \tag{6-3}$$

式(6-3)表明,输出模拟电压正比于输入的数字量,实现了数字量转换为模拟量的功能。

对于 n 位倒 T 形电阻网络 D/A 转换器,输入为 n 位二进制数字量 $d_{n-1} d_{n-2}, \cdots, d_1 d_0$,输出的模拟电压为

$$v_{\text{O}} = -V_{\text{REF}} I/2^n (d_{n-1} 2^{n-1} + d_{n-2} 2^{n-2} + \cdots + d_1 2^1 + d_0 2^0) \tag{6-4}$$

由于倒 T 形电阻网络的电阻取值只有 R 和 $2R$ 两种,整体电路的精度容易保证,且转换速度较快。目前,在并行高速 D/A 转换器中大都采用倒 T 形电阻网络制作的集成芯片,例

如 DAC0832(8 位)、5G7520(10 位)、AD7524(8 位)、AD7546(16 位)等。

6.1.3　D/A 转换器的技术参数

D/A 转换器的技术指标很多,其主要的有转换精度、分辨率、转换误差和转换速度等。

1. 转换精度

D/A 转换器的转换精度指在整个工作区间内,实际的输出电压与理想输出电压之间的偏差,通常用分辨率和转换误差描述。

2. 分辨率

指当输入数字发生单位数码变化时所对应的输出模拟量的变化量。DAC 的位数(输入二进制数码的位数)越多,输出电压的取值个数越多,越能反映输出电压的细微变化,分辨率越高。例如某 8 位的 D/A 转换器,参考基准输入电压 V_{REF}(模拟输出电压与其有直接关系)为 5V,其分辨率为

$$V_{REF}/2^8 = 5000\mathrm{mV}/256 \approx 19.5\mathrm{mV}$$

在工程中有时也可以将分辨率简化为用 DAC 的位数来衡量分辨率的高低。例如 8 位的 D/A 转换器,分辨率的最低有效位(LSB)为

$$\mathrm{LSB} = 1/2^8 = 1/256 = 0.0039 = 0.39\%$$

对于 n 位 D/A 转换器,分辨率为 $1/2^n$。分辨率是 D/A 转换器在理论上能达到的精度。不考虑转换误差时,转换精度即为分辨率的大小。

3. 转换误差

现实的 D/A 转换器由于各元件参数值存在误差、基准电压不够稳定以及运算放大器的漂移等,使 D/A 转换器实际转换精度受转换误差的影响,低于理论转换精度。转换误差指实际输出的模拟电压与理想值之间的最大偏差,常用这个最大偏差与输出电压满刻度(Full Scale Range,FSR)的百分比或最低有效位(LSB)的倍数表示。转换误差一般是增益误差、漂移误差和非线性误差的综合指标。

4. 转换速度

一般由建立时间决定。建立时间是指当输入的数字量变化时,输出电压进入与稳态值相差范围以内的时间。输入数字量的变化越大,建立时间越长,所以输入从全 0 跳变为全 1(或从全 1 变为全 0)时建立时间最长,该时间称为满量程建立时间。一般技术手册上给出的建立时间指满量程建立时间。此外,还有温度系数等技术指标。

在进行含有 D/A 转换器的输出电路设计过程中,对 D/A 转换器的选用主要考虑如下几个方面。

(1) D/A 转换器用于什么系统、应转换输出的数据位数、系统的精度以及线性度。

(2) 输出的模拟信号类型,包括输出信号的范围、极性(单、双极性)、信号的驱动能力、信号的变化速度。

(3) 系统工作带宽要求、D/A 转换器的转换时间、转换速率,高速应用还是低速应用。

（4）基准电压源的来源。基准电压源的幅度、极性及稳定性、电压是固定的还是可调的,是外部提供还是 D/A 转换芯片内提供等。

（5）成本及芯片来源等因素。

6.1.4　D/A 转换器接口应用

目前应用的 DAC 芯片种类繁多,不同形式的 DAC 与处理器接口有所不同。下面分别以并行和串行 DAC 为例进行介绍。

1. 并行 D/A 与微控制器的接口设计

1）概述

DAC0832 是美国国家半导体公司采用 CMOS 工艺生产的 8 位 D/A 转换集成电路芯片。它具有与微控制器连接简单、转换控制方便、价格低廉等特点,因而得到了广泛的应用。DAC0832 引脚如图 6.7 所示,主要性能如下。

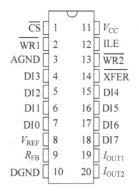

（1）分辨率 8 位;

（2）转换时间 $1\mu s$;

（3）参考电压 $\pm 10V$;

（4）单电源 $+5\sim +15V$;

（5）功耗 20mW。

各引脚含义如下。

图 6.7　引脚分布图

（1）DI7～DI0：8 位数字量输入信号,其中 DI0 为最低位,DI7 为最高位。

（2）ILE：输入寄存器的允许信号,高电平有效。

（3）$\overline{CS}$：片选信号,低电平有效。

（4）$\overline{WR1}$：数据写入输入寄存器的控制信号,低电平有效。

（5）$\overline{XFER}$：数据传送信号。它用来控制何时允许将输入寄存器中的内容锁存到 8 位 DAC 寄存器中进行数模转换。

（6）$\overline{WR2}$：DAC 寄存器的写选通信号。DAC 寄存器的锁存信号 $\overline{LE2}$ 当 $\overline{XFER}$ 和 $\overline{WR2}$ 同时允许时,$\overline{LE2}$ 为高电平,DAC 寄存器的输出随寄存器的输入变化。$\overline{LE2}$ 的负跳变将输入寄存器的 8 位数字量锁存到 DAC 寄存器并开始 D/A 转换。

（7）V_{REF}：参考电压输入端。

（8）R_{FB}：芯片内部反馈电阻的接线端,可直接作为运算放大器反馈电阻。

（9）I_{OUT1}：电流输出端 1。

（10）I_{OUT2}：电流输出端 2。

（11）V_{CC}：电源输入端。

（12）AGND：模拟地。一般情况下,它可与数字量地相连,要求较高的场合应分开。

（13）DGND：数字地。

DAC0832 的内部结构如图 6.8 所示,其内部有 8 位输入寄存器、8 位 DAC 寄存器、8 位 D/A 转换器以及门控电路等。由于内部无参考电源,故需要外接。DAC0832 输出是电流型信号,如要获得电压输出需外加转换电路。由于 DAC0832 采用了 8 位输入寄存器和 8 位 DAC 寄存器二次缓冲方式,这样可以在 D/A 输出的同时输入下一个数据,以便提高转换速度。DAC0832 的输入数据为 8 位,其逻辑电平与 TTL 电平兼容,故可以直接与微控制器的数据总线相连。

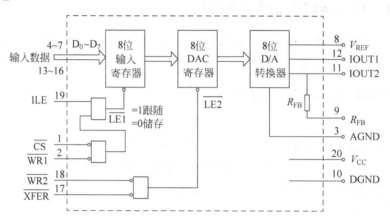

图 6.8　逻辑结构框图

2) 接口方式及工作原理

根据 DAC0832 的 $\overline{CS}$、$\overline{WR1}$、$\overline{WR2}$、$\overline{XFER}$ 控制端的不同组合接法,可以有如下三种工作方式,如图 6.9 所示。

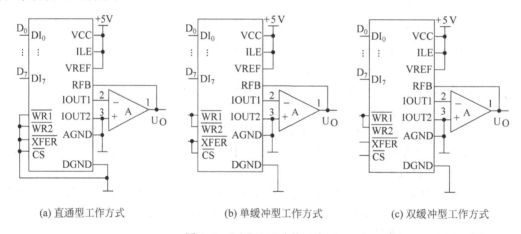

(a) 直通型工作方式　　　　(b) 单缓冲型工作方式　　　　(c) 双缓冲型工作方式

图 6.9　DAC0832 连接示意图

在直通工作方式下,$\overline{CS}$、$\overline{WR1}$、$\overline{WR2}$、$\overline{XFER}$ 接数字地,ILE 接高电平 +5V,芯片处于直通状态。只要输入数字量 $D_0 \sim D_7$,就立即进行 D/A 转换,并输出转换结果。此方式不易实现接口控制,用得较少。

在单缓冲工作方式下,两个寄存器中一个处于直通状态,另一个处于受控锁存器状态或两个寄存器同步受控。该方式适用于只有一路模拟输出或有多路输出,但不要求多路同时输出的场合。如图 6.10 所示为单缓冲工作方式下 DAC0832 与微控制器的一种连接方法。只要在 DAC0832 输出端配置一个单极性电压运算放大器,可实现单极性的 D/A 转换输出。当模拟量输入在 00~FFH 时,电压的输出量为 0~+V_{REF} 或 0~-V_{REF}。单极性电路输入数据与输出电压关系如表 6.1 所示。

对多路 D/A 转换接口要求同步进行 D/A 转换输出时,必须采取双缓冲同步接口方式,电路如图 6.11 所示。数字量的输入锁存和 D/A 转换输出分两步完成,即处理器数据总线分时向各路 DAC 输入待转换的数字量并锁存到各路的输入寄存器中,然后对所有的 DAC 发出控制信号,使各个 DAC 输入寄存器中的数据实现 D/A 转换输出。

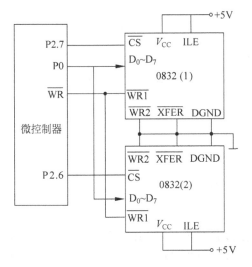

图 6.10　单缓冲异步接口

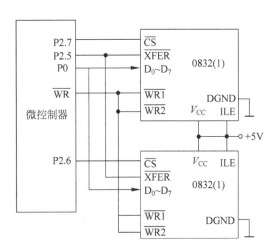

图 6.11　双缓冲同步接口

表 6.1　单极性与双极性电路输入数据与输出电压关系

单极性电路输入数据与输出电压关系		双极性电路输入数据与输出电压关系	
DAC 锁存内容 MSB　　　LSB	模拟输出电压 U_{OUT}	DAC 锁存内容 MSB　　　LSB	模拟输出电压 U_{OUT}
11111111	$-(255/256)V_{REF}$	11111111	$+(127/128)V_{REF}$
10000001	$-(129/256)V_{REF}$	10000001	$+(1/128)V_{REF}$
10000000	$-(128/256)V_{REF}=-(1/2)V_{REF}$	10000000	0
01111111	$-(127/256)V_{REF}$	01111111	$-(1/128)V_{REF}$
00000001	$-(1/256)V_{REF}$	00000001	$-(127/128)V_{REF}$
00000000	0	00000000	$-V_{REF}$

在实际应用中,有时不仅需要单极性输出,还需要双极性输出。DAC0832 输出端配置有两级运算放大器,可实现双极性电压的 D/A 转换输出,如图 6.12 所示。由于图中的 V_{REF} 为 5V,所以电路中第 1 级运放输出为单极性电压值 0～−5V,第 2 级运放输出为双极性电压值±5V。双极性输入数据与输出电压关系如表 6.1 所示,输出信号的最大幅值由 D/A 的参考电压 V_{REF} 决定。

双极性单缓冲方式工作电路的输入寄存器选择信号及数据传送信号都与片选信号相连,两级寄存器的写信号 $\overline{WR1}$、$\overline{WR2}$ 可由微控制器 AT89S51 的 $\overline{WR}$ 端控制,使两个寄存器同时选通及锁存,当片选信号选中 DAC0832 后,只要发出 $\overline{WR}$ 控制信号,DAC0832 就能一步完成数字量的输入锁存和 D/A 转换输出。DAC0832 具有数字量的输入锁存功能,故数字量可以直接从 P0 口送入。由于 DAC0832 是电流型输出，需要外配置运算放大器将电流输出转换为电压输出形式。另外，可以通过编写不同的软件利用该电路分别产生锯齿波、三角波、方波和正弦波等信号。

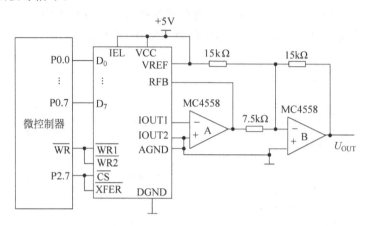

图 6.12　DAC0832 双极性单缓冲工作电路

3）正弦波信号发生器的设计与实现

设计一个由微控制器和 DAC0832 组成的正弦波信号发生器，其产生正弦波最简单的办法是将一个周期内变换的电压幅值（−5～＋5V）按照 8 位 D/A 分辨率分为 256 个数值并列成表格，然后依次将这些数字量送入 DAC 进行 D/A 转换。只要循环输送数值，在双极性电压输出端就能获得连续的正弦波输出。正弦波信号发生器的硬件部分设计可以按照图 6.12 所示的 DAC0832 与微控制器的接口电路，其工作在双极性单缓冲方式，端口地址为 7FFFH。软件编程可以采用 C 语言编写，输出正弦波电压信号的程序如下。

```
# INCLUDE <ABSACC.H>
# INCLUDE <REG51.H>
# DEFINE DAC0832 XBYTE[0X7FFF]
# DEFINE UCHAR UNSIGHED CHAR
UCHAR CODE TABSIN[256] =
{0X80,0X83,0X86,0X89,0X8D,0X90,0X93,0X96,0X99,0X9C,0X9F,0XA2,0XA5,0XA8,0XAB,0XAE,0XB1,
0XB4,0XB7,0XBA,0XBC,0XBF,0XC2,0XC5,0XC7,0XCA,0XCC,0XCF,0XD1,…,0X5A,0X5D,0X60,0X63,0X66,
0X69,0X6C,0X6F,0X72,0X76,0X79,0X7C,0X80 };
VOID MAIN (VOID)
{
    UCHAR I;
    WHILE(1)
    {
        FOR(I = 0;I < 256;I++)
            DAC0832 = TABSIN[I];
    }
}
```

参照此种方式，也同样适用于作为其他一些波形信号的发生器。

2. 串行数字输入 DAC 与微控制器的接口设计

由于串行数模转换器占用微控制器的引脚数少、功耗低，所以在便携式智能系统中应用极为广泛。例如,TLC5615 是美国 TI 公司生产的具有串行 SPI 总线接口的 10 位 DAC 芯片,其性能价格比高,通过三根串行总线可完成 10 位数据的串行输入。TLC5615 的主要特性有以下几个方面。

(1) 10 位 CMOS 电压输出;5V 单电源供电;

(2) 与微处理器采用三线串行接口;

(3) 最大输出电压可达基准电压的二倍;输出电压和基准电压极性相同;

(4) 转换器建立时间 12.5μs;内部上电复位;

(5) 低功耗,最大仅 1.75mW。

1) 芯片引脚及内部结构

TLC5615 采用双列直插式(DIP)封装形式,其引脚分布如图 6.13 所示,各自引脚的功能如下。

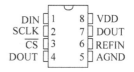

图 6.13　TLC5615 引脚
分布图

(1) DIN:串行二进制数输入端。

(2) SCLK:串行时钟输入端。

(3) $\overline{CS}$:芯片选择端,低电平有效。

(4) DOUT:用于级联时的串行数据输出端。

(5) AGND:模拟地。

(6) REFIN:基准电压输入端,通常取 2.048V。

(7) OUT:DAC 模拟电压输出端。

(8) VDD:正电源端,4.5~5.5V,通常取 5V。

TLC5615 的内部功能结构框图如图 6.14 所示,主要由电压跟随器、16 位移位寄存器、并行输入输出的 10 位 DAC 寄存器、10 位 DAC 转换电路、放大器以及上电复位电路和控制电路等组成。其中,电压跟随器为参考电压端 V_{REFIN} 提供高的输入阻抗(约 10MΩ);16 位移位寄存器分为高 4 位虚拟位、10 位数据位以及低 2 位填充位,用于接收串行移入的二进制数,并将其送入并行输入输出的 10 位 DAC 寄存器。

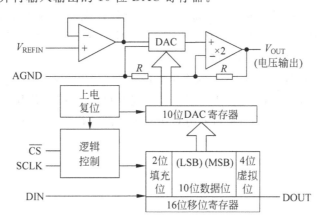

图 6.14　TLC5615 的内部功能框图

寄存器输出的内容送入 10 位 DAC 转换电路后,由 DAC 转换电路将 10 位数字量转换为模拟量,进入放大器,放大器将模拟量放大为最大值为二倍于参考电压(V_{REFIN})的输出电压,并从模拟电压输出端 V_{OUT} 端输出。

2）TLC5615 的工作方式

TLC5615 具有级联和非级联两种工作方式。工作在非级联方式（单片工作）时，只需从 DIN 端向 16 位移位寄存器输入 12 位数。其中，前 10 位为待转换有效数据位，且输入时高位在前，低位在后；后两位为填充位，填充位数据可以为任意值（一般填入 0）。在级联（多片同时）工作方式下，可将本片的 DOUT 端接到下一片的 DIN 端。此时，需要向 16 位移位寄存器先输入高 4 位虚拟位、再输入 10 位有效数据位，最后输入低 2 位填充位。由于增加了高 4 位虚拟位，所以需要 16 个时钟脉冲。无论工作于哪一种方式，输出电压：

$$V_{OUT} = V_{REFIN}(D/1024)$$

式中，D 为待转换的数字量。

3）工作时序

TLC5615 的工作时序如图 6.15 所示。从时序图可看出，串行数据的输入和输出必须满足片选信号 $\overline{CS}$ 为低电平和时钟信号 SCLK 有效跳变两个条件。当片选 $\overline{CS}$ 为低电平时，输入数据 DIN 由时钟 SCLK 同步输入或输出，最高有效位在前，低有效位在后。输入时 SCLK 的上升沿把串行输入数据 DIN 移入内部的 16 位移位寄存器，SCLK 的下降沿使 DOUT 输出串行数据，片选 $\overline{CS}$ 的上升沿把数据传送至 DAC 寄存器。

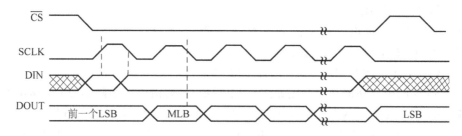

图 6.15　工作时序示意图

当片选 $\overline{CS}$ 为高电平时，串行输入数据 DIN 不能由时钟同步送入移位寄存器；输出数据 DOUT 保持最近的数值不变而不进入高阻状态。也就是说，SCLK 的上升和下降都必须发生在 $\overline{CS}$ 为低电平期间。当片选 $\overline{CS}$ 为高电平时，输入时钟 SCLK 为低电平。

4）微控制器与 TLC5615 的连接

AT89C51 微控制器与 TLC5615 的连接电路如图 6.16 所示。TLC5615 工作于非级联方式，AT89C51 微控制器的 P3.0、P3.1、P3.2 分别控制 TLC5615 的片选端 $\overline{CS}$、串行时钟输入端 SCLK 和串行数据输出端 DIN，采用 C 语言编写的转换程序如下。

```c
# define SPI_CLK P3_1
# define SPI_DATA P3_2
# define CS_DA P3_0
void da5616(uint da)
{
    uchar i;
    da <<= 6;

    CS_DA = 0;
    SPI_CLK
```

```
for(i = 0; i < 12; i++)
    {
        SPI_DATA = (bit)(da&0x8000);
        SPI_CLK = 1;
        da << 1;
        SPI_CLK = 0;
    }

CS_DA = 1;
SPI_CLK = 0;
}
```

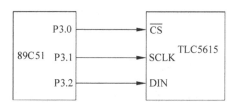

图 6.16　微控制器与 TLC5615 的接口电路图

6.1.5　模拟信号的功率驱动

多级放大器往往是对小信号电压进行放大,被称为电压放大电路。而功率放大器的输出是要直接驱动一定的负载,如使扬声器发出声音、推动电动机旋转等。功率放大器就是以输出功率为主要技术指标的放大电路,此电路中的晶体管主要起能量转换作用,即把电源提供的直流电能转化为由信号控制的输出交变电能。由于目前功率放大器的类型和品种较多,所以在实际使用中要根据实际情况选择合适的功率放大器。

1. 双电源互补对称型功率放大器

双电源互补对称型功率放大器又称无输出电容功率放大电路(Output Capacitor Less,OCL)。在如图 6.17 所示电路中晶体管 T_1、T_2 分别为 NPN 和 PNP 型,并且输出特性相同,因此称 T_1、T_2 为互补对称晶体管。

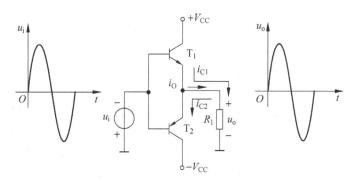

图 6.17　双电源互补对称 OCL 电路

当输入信号为零（$u_i = 0$）时，T_1、T_2截止，输出电流为零，负载电阻上没有电压（$u_0 = 0$）。这样在静态时，放大电路不需要直流电源提供功率，其静态损耗为零。当加入正弦输入信号后，在正半周周期内，T_1管因发射结正偏而导通，负载电阻R_L上有电流流过，其方向自上而下，如图6.17中i_{c1}所示，T_2管因发射结反偏而截止。在正弦输入信号的负半周周期内，T_2管因发射结正偏而导通，R_L上同样有电流通过，其方向自下而上，如图6.17中i_{c2}所示，此时T_1管因发射结反偏而截止。对应于u_i的一个周期，输出电流的正半周是i_{c1}，负半周是i_{c2}，因而合成一个完整的正弦波。

互补对称晶体管T_1、T_2，在正弦输入信号u_i作用下，每管导通半个周期，使负载上合成的电流和电压是完整的正弦波。按这种方式工作的电路称为"互补电路"。如果忽略T_1、T_2输入特性死区的影响，那么负载电阻R_L上的电压波形与输入信号的波形相似，详见图6.17。

2. 单电源互补对称型功率放大器

上面介绍的互补对称型功率放大器在工作时需要双电源供电，如果实际中需要采用单电源供电的互补对称功率放大器，其内部电路如图6.18所示。由于在电路中去掉了负电源，所以需要接入一个容量大的电容C。该电容作用是在信号正半周时起到隔直通交，负半周放大时可以起到负向电压的作用。由于这种电路的输出端没有采用变压器，所以被称为无输出变压器功放电路（Output Transformer Less，OTL）。V_1、V_2是为了克服交越失真而接入的正向偏置电源，在实际电路中可用两个二极管代替。

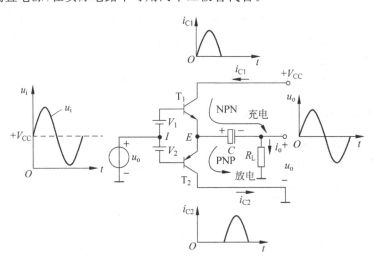

图6.18　单电源互补对称原理电路

静态时，调整晶体管发射极电位使$U_E = V_{cc}/2$。这样在输入信号作用下，输出电位U_0以$V_{cc}/2$为基准上下变化。随T_1、T_2轮流导通，实现双向跟随。由于电容C的容量足够大，致使电容充放电回路时间常数远大于信号周期。这样在信号变化过程中，电容两端电压基本不变。对信号u_i而言，C的容抗接近于零，故能够把信号传给负载。而电容上具有的恒定电压$V_{cc}/2$，则可看作信号负半周工作时T_2管的直流电压源。

3．集成功率放大器简介

目前功率放大器都被制成集成化的器件，其种类很多。现以单电源的集成功率放大电路（Integrated Circuit Power Amplifier）LM384 为例，对集成功放做简单介绍。LM384 功放的外部接线如图 6.19 所示。电路中的耦合电容（500μF）用于驱动扬声器和保持运放输出电压 $V_8 \approx 1/2V_{CC}$。为了便于组件散热和降低连线端阻抗，输出端备有 7 个地线引脚（3、4、5、7 和 10、11、12）。

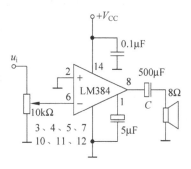

图 6.19　LM384 集成功放的
外部连接电路

LM384 集成功放允许的最大电源电压 V_{CC} 为 28V。当 $V_{CC}=26V$，$R=8\Omega$ 时，可以获得输出电压的峰-峰值为 22V，相应的输出功率 $P_C=7.6W$，失真约为 5%。当输出电压峰-峰值减少到 18V，输出功率会降至 5.1W，而失真却仅为 0.2%。

6.2　开关量输出与驱动

在微处理器控制装置中，其数字量输出通道一般是由输出锁存器、输出驱动电路等组成，其输出数字信号主要包括开关量和数字信号。其中，开关量输出信号一般分为小功率信号驱动、中功率信号驱动和大功率信号驱动三种形式。

1．开关量控制信号

某些被控对象的自动控制采用位式执行机构或开关式器件，如电磁阀、电磁离合器、继电器、接触器和双向可控硅等。这些外设只有"开"和"关"两种工作状态，所以可以采用二进制的"1"和"0"来表示。因此，在实际中常利用一位二进制数就可以控制这些开关式器件的运行状态。例如，继电器或接触器的闭合和释放，马达的启动和停止，阀门的打开和关闭等。

2．报警信号

将被测参数的数值与人为预先设定的参考值进行比较，比较的结果（大于或小于）以开关量的形式输出，就可以驱动声光报警装置来实现越限报警，或者输出给控制设备采取措施。

3．反映系统本身的工作状态指示信号

在一些智能装置或设备中为了表示其内部的一些工作状态，例如"投入"或"后备"状态，"自动"或"手动"状态，"正常"或"故障"状态等，都可以用开关量输出信号来表征，以使操作人员及时了解。

在实际中外部执行机构通常需较大电压或电流来控制，而微处理器输出的开关量大多为 TTL 或 CMOS 电平，一般不能直接驱动执行机构，故需要经过锁存器并经过隔离和驱动电路才能与执行机构相连。开关量输出通道中常用的隔离器件有光电耦合器件和继电器，

常用的驱动电路有小功率开关驱动电路、集成驱动芯片及固态继电器等方式。

1. 小、中功率驱动接口电路

常用小功率负载如发光二极管、LED显示器、小功率继电器等元件或装置，一般要求具有 10～40mA 的驱动能力，通常采用小功率三极管（如9012、9013、8050、8550等）和集成电路（如75451、74LS245等）作驱动电路。例如，如图6.20所示为小功率晶体管驱动电路。中功率驱动接口电路常用于驱动功率较大的继电器和电磁开关等控制对象，一般要求具有 50～500mA 的驱动能力。一般可采用中功率的集成电路（如MC1412、MC1413、MC1416 等）来驱动。例如，如图6.21所示为中规模集成驱动电路。

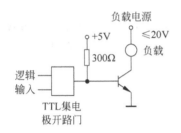

图6.20　功率晶体管驱动电路

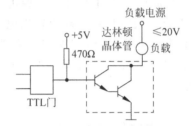

图6.21　达林顿管中功率集成驱动电路

2. 固态继电器输出接口电路

固态继电器（Solid State Relays，SSR）是一种全部由固态电子元件组成的新型无触点功率型电子开关。SSR内部采用开关三极管、可控硅等半导体器件的开关特性制作，利用光电隔离技术实现了控制端（输入端）与负载回路（输出端）之间的电气隔离。SSR可达到无触点无火花地接通和断开电路的目的，因此又被称为"无触点开关"。SSR具有开关速度快、体积小、质量轻、寿命长、工作可靠等优点，特别适合控制大功率设备场合。

6.3　计算机控制技术

本节主要介绍有关计算机控制系统的工作原理、结构、特点，以及三种典型控制形式和设计方法，最后介绍了在复杂控制系统中常采用的PID、模糊控制和神经网络控制技术与控制算法。

6.3.1　系统概述

计算机控制系统就是利用微处理器实现生产过程自动控制的系统。

1. 计算机控制系统的工作原理

典型的计算机控制系统工作原理如图6.22所示。计算机控制系统的工作原理可以归纳为以下三个步骤。

（1）实时数据采集：对来自测量变送装置的被控量的瞬时值进行检测和输入。

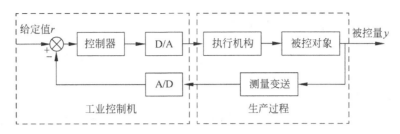

图 6.22 计算机控制系统原理图

（2）实时控制决策：对采集到的被控量进行分析和处理，并按已定的控制规律，决定将要采取的控制行为。

（3）实时控制输出：根据控制决策，适时地对执行机构发出控制信号，完成控制任务。

以上过程不断重复，使整个系统能够按照一定的动态性能指标工作。

2．计算机控制系统的组成及主要特点

计算机控制系统由硬件和软件两部分组成。硬件部分主要由计算机系统（包括主机和外部设备）和过程输入输出通道、被控对象、执行器、检测变送环节等组成。软件部分用于管理、调度、操作计算机资源，实现对系统监控与诊断。

相对连续控制系统而言，计算机控制系统的主要特点可以归纳为以下几点。

（1）由于多数控制系统的被控对象及执行部件、测量部件是连续模拟式的，因此必须加入信号变换装置（如 A/D 及 D/A 转换器）。所以，计算机控制系统通常是模拟与数字部件的混合系统。

（2）一台计算机可以同时控制多个被控量或被控对象，即可为多个控制回路服务。每个控制回路的控制方式由软件设计，同一台计算机可以采用串行或分时并行方式实现控制。

计算机控制系统的硬件组成框图，如图 6.23 所示。

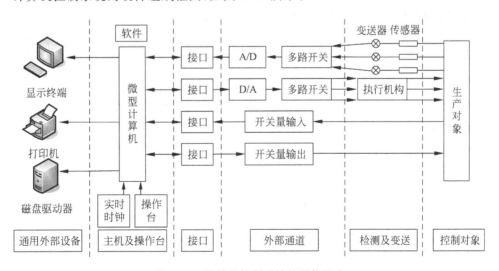

图 6.23 计算机控制系统的硬件组成

3．计算机控制系统的典型控制形式

根据应用特点、控制目的和系统构成的不同，计算机控制系统的典型应用大致可分为下述几类。

1）直接数字控制系统

DDC(Directly Digit Control)系统结构如图 6.24 所示，这种控制方式应用最为广泛。计算机通过输入输出通道进行实时数据采集，并按给定的控制规律进行实时决策，产生控制指令，通过输出通道对生产过程实现直接控制。由于这种系统中的计算机直接参与生产过程的控制，因此要求计算机实时性好、可靠性高和环境适应性强。

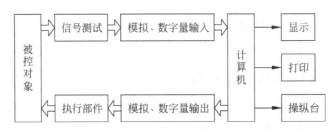

图 6.24　直接数字控制系统结构图

2）监督控制系统

SCC(Supervisory Computer Control)系统结构如图 6.25 所示，该系统是两级计算机控制。其中，直接数字控制完成生产过程的直接控制。而监督计算机则根据生产过程的工况和已知的数学模型进行优化分析，产生最优设定值作为直接数字控制的指令信号，由直接数字控制系统执行。监督计算机由于承担上一级控制与管理任务，要求其数据处理功能强，存储容量大等。

3）集散控制系统

随着工业生产过程规模的扩大和综合管理与控制要求的提高，人们开始应用以多台计算机为基础的 DCS(Distributed Control System)，如图 6.26 所示。

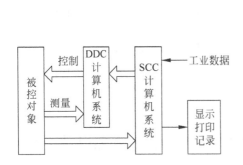

图 6.25　监督计算机控制系统结构图

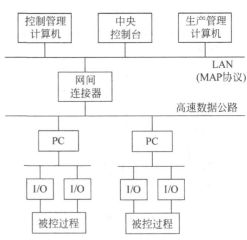

图 6.26　集散控制系统结构图

　　该系统采用分散控制原理、集中操作、分级管理与控制和综合协调的设计原则,把系统从上而下分成生产管理级、控制管理级和过程控制级等,形成分布式控制。各级之间通过数据传输总线及网络相互联系起来,系统中的过程控制级完成过程的检测任务。控制管理级通过协调过程控制器的工作,实现生产过程的动态优化。生产管理级完成制定生产计划和工艺流程以及对产品、人员和财务管理实现静态优化。

6.3.2　PID 控制技术

　　电子、计算机、通信、故障诊断、冗余校验和图形显示的技术的高速发展,给工业自动化技术的完善创造了条件。人们一直试图通过改变一些对生产过程有影响的措施,以控制目标值的恒定,PID(Proportional, Integral, Differential)控制理论便应运而生。在自动化过程中,无论是过去的直接控制、设定值控制到现在的可编程控制器等控制系统中,都可以采用 PID 方法进行控制。

1. PID 控制器的定义

　　一个自动控制系统要能很好地完成控制任务,首先必须工作稳定。同时还必须满足调节过程的质量指标要求,即系统的响应速度、稳定性、最大偏差等。为了保证系统的精度,就要求系统有很高的放大倍数。然而放大系数高,就有可能造成系统不稳定,严重时系统会产生振荡。反之,只考虑调节过程的稳定性,又无法满足精度的要求。如何解决这个矛盾,可以根据控制系统设计要求和实际情况,在控制系统中插入一个"校正网络",就可以得到较好的解决。这种"校正网络"有很多方法完成,其中常使用的按偏差的比例(P)、积分(I)和微分(D)进行控制的 PID 控制器(也称 PID 调节器)是应用最为广泛的一种自动控制方法。PID控制器具有原理简单,易于实现,适用面广,控制参数相互独立,参数的选定比较简单等优点。

　　比例调节的作用是按比例调节系统的偏差,系统一旦出现了偏差,比例调节立即产生调节作用以减少偏差。比例作用大,可以加快调节,减少误差,但是过大的比例,使系统的稳定性下降,甚至造成系统的不稳定。

　　积分调节的作用是使系统消除稳态误差。对一个自动控制系统,如果在进入稳态后存在稳态误差,则称这个控制系统是有稳态误差的或简称有差系统。为了消除稳态误差,在控制器中必须引入"积分项"。随着时间的增加,积分项会增大。这样即便误差很小,积分项也会随着时间的增加而加大。它推动控制器的输出增大,使稳态误差进一步减小,直到等于零。因此比例+积分(PI)控制器,可以使系统在进入稳态后无稳态误差。

　　微分调节的作用是反映系统偏差信号的变化率,在微分控制中,控制器的输出与输入误差信号的微分(即误差的变化率)成正比关系。自动控制系统在克服误差的调节过程中可能会出现振荡甚至失稳。其原因是由于存在有较大惯性组件(环节)或有滞后组件,具有抑制误差的作用,其变化总是落后于误差的变化。解决的办法是使抑制误差的作用的变化"超前",即在误差接近零时,抑制误差的作用就应该是零。这就是说,在控制器中仅引入"比例项"往往是不够的,比例项的作用仅是放大误差的幅值,而目前需要增加的是"微分项",它能预测误差变化的趋势,这样,具有比例+微分的控制器,就能够提前使抑制误差的控制作用等于零,甚至为负值,从而避免了被控量的严重超调。所以对有较大惯性或滞后的被控对象,比例+微分控制器能改善系统在调节过程中的动态特性。

当被控对象的结构和参数不能完全掌握,或得不到精确的数学模型,导致控制理论的其他技术难以采用时,系统控制器的结构和参数必须依靠经验和现场调试来确定,这时采用PID控制技术最为方便。即PID控制技术适用于当我们不完全了解一个系统和被控对象,或不能通过有效的测量手段来获得系统参数的情况。PID控制器就是根据系统的误差,利用比例、积分、微分计算出控制量来进行控制的。

2. 模拟 PID 控制器的工作原理

目前,PID控制器或智能PID控制器(仪表)已经很多,产品已在工程实际中得到了广泛的应用,各大公司也均开发了具有PID参数自整定功能的智能调节器,其中,PID控制器参数的自动调整是通过智能化调整或自校正、自适应算法来实现的。

模拟PID控制器的组成原理如图6.27所示,图中 $r(t)$ 为系统给定值,$c(t)$ 为实际输出,$u(t)$ 为控制量。PID控制解决了自动控制系统中的系统稳定性、快速性和准确性问题。

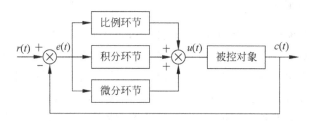

图 6.27　模拟 PID 控制器组成原理示意图

PID控制器的参数整定是控制系统设计的核心内容。它是根据被控过程的特性确定PID控制器的比例系数、积分时间和微分时间。PID控制器参数整定的方法很多,概括起来有以下两大类。

一类是理论计算整定法。它主要是依据系统的数学模型,经过理论计算确定控制器参数。这种方法所得到的计算数据未必可以直接用,还必须通过工程实际进行调整和修改。第二类是工程整定方法,它主要依赖工程经验,直接在控制系统的实验中进行,且方法简单、易于掌握,在工程实际中被广泛采用。PID控制器参数的工程整定方法,主要有临界比例法、反应曲线法和衰减法。这三种方法各有其特点,其共同点都是通过实验,然后按照工程经验公式对控制器参数进行整定。但无论采用哪一种方法所得到的控制器参数,都需要在实际运行中进行最后调整与完善。现在一般采用的是临界比例法。利用该方法进行PID控制器参数的整定步骤如下。

(1) 首先预选择一个足够短的采样周期让系统工作;

(2) 仅加入比例控制环节,直到系统对输入的阶跃响应出现临界振荡,记下这时的比例放大系数和临界振荡周期;

(3) 在一定的控制度下通过公式计算得到PID控制器的参数。

PID参数的设定是靠经验及工艺的熟悉,参考测量值跟踪与设定值曲线,从而调节三个环节比例系数 K_P、T_I、T_D。

3. 模拟 PID 控制算法

模拟 PID 控制器的数学模型框图如图 6.28 所示,其基本规律表达式为

$$u = K_P\left(e + \frac{1}{T_I}\int e\,\mathrm{d}t + T_D\,\frac{\mathrm{d}e}{\mathrm{d}t}\right) \tag{6-5}$$

$$D(s) = \frac{U(s)}{E(s)} = K_P\left(1 + \frac{1}{T_I s} + T_D s\right) \tag{6-6}$$

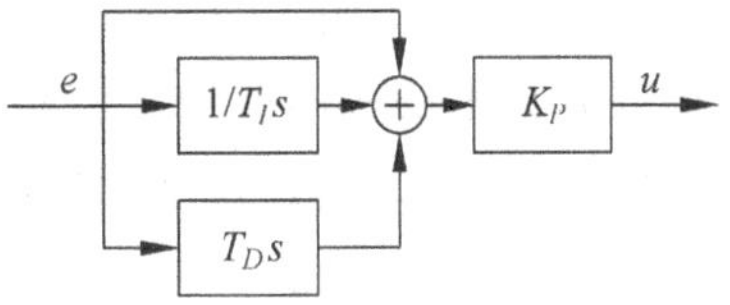

其中,e 和 u 为输入和输出函数,K_P、T_I、T_D 分别表示比例系数、积分系数、微分系数。对式(6-6)离散化,习惯将式中各项近似表示为

图 6.28　模拟 PID 控制器数学模型

$$\begin{cases} t \approx kT \quad (k = 0,1,2,\cdots) \\ e(t) \approx e(kT) \\ \displaystyle\int e(t)\,\mathrm{d}t \approx \sum_{j=0}^{k} e(jT)T = T\sum_{j=0}^{k} e(jT) \\ \dfrac{\mathrm{d}e}{\mathrm{d}t} \approx \dfrac{e(kT) - e[(k-1)T]}{T} \end{cases} \tag{6-7}$$

T 为系统采样周期,为书写方便,凡采样时间序列 kT 均用 k 简化表示,则式(6-5)离散为

$$u(k) = K_P\left\{e(k) + \frac{T}{T_I}\sum_{j=0}^{k} e(j) + \frac{T_D}{T}[e(k) - e(k-1)]\right\}$$

$$= K_P e(k) + K_I\sum_{j=0}^{k} e(j) + K_D[e(k) - e(k-1)] \tag{6-8}$$

式中,$K_I = K_P\dfrac{T}{T_I}$,$K_D = K_P\dfrac{T_D}{T}$。

通常,计算机输出的控制指令 $u(k)$ 是直接控制执行机构,即 $u(k)$ 的值与执行机构输出的位置相对应。因此,式(6-8)称为 PID 的位置算法,其构成的计算机控制系统如图 6.27 所示。工业应用时,采用 PID 位置算法是有欠缺的。比如由于要累加误差,占用内存较多,并且安全性较差。另外,由于计算机输出 $u(k)$ 的值对应于执行机构输出的实际位置,如果一旦计算机出现故障,$u(k)$ 的大幅变化会引起执行机构位置突变。在某些场合下,可能造成重大的生产事故。考虑到这种情况,在应用中,还可以采用 PID 的增量式算法或者数字 PID 控制算法来加以解决。

在图 6.27 中,假若工业现场的扰动出现使得控制对象值发生变化,现场检测单元就会将这种变化回送到 PID 控制器,PID 控制器将其值与给定值进行比较,得到偏差值,然后发出相适应的控制信号。从而使现场控制对象值发生改变,以达到控制目的。也就是调整 PID 的参数,就可以实现在系统稳定的前提下,兼顾系统的带载能力和抗干扰能力。

6.3.3　模糊控制技术

模糊控制是基于专家经验和领域知识总结出若干模糊控制规则,构成描述具有不确定性复杂对象的模糊关系,通过被控系统输出误差及误差变化和模糊关系的推理合成获得控制量,从而对系统进行控制。模糊控制是模拟人的思维和语言中对模糊信息的表达和处理方式,具有很强的知识综合和定性推理能力。

模糊控制理论由美国加州大学伯克利分校 L. A. Zadeh 教授于 1965 年首先提出。它以模糊数学为基础,用语言规范表示方法和先进的计算机技术,由模糊推理进行决策的一种高级控制策略,而且发展至今已成为人工智能领域中的一个重要分支。

1974 年,英国伦敦大学 E. H. Mamdani 教授研制成功第一个模糊控制器,充分展示了模糊控制技术的应用前景。模糊控制技术是由模糊数学、计算机科学、人工智能、知识工程等多门学科相互渗透,且理论性很强的科学技术。

1. 模糊控制原理

在日常生活中,人们往往用"较少""多一些"等模糊语言进行控制。例如,当我们拧开水阀向水桶放水时,有这样的经验:桶里水较少时应开大阀门;桶内水较多时水阀应拧小一些;水桶水满时应迅速关掉水阀。这一例子说明了模糊控制的基本思想,即根据人员手动控制的经验,总结出一套完整的控制规则。再根据系统当前的运行状态,经过模糊推理、模糊判决的运算,求出控制量,最终实现对被控对象的控制。

模糊控制系统通常由模糊控制器、输入输出接口、执行机构、测量装置和被控对象等 5 个部分组成,如图 6.29 所示。图中虚线框内即为模糊控制器(Fuzzy Controller),它主要根据误差信号的大小和变化情况,进行推理并给出正确的控制信号。模糊控制器主要包括模糊化、知识库、模糊推理机和解模糊 4 部分。

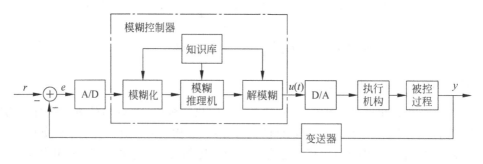

图 6.29　模糊控制系统组成

1) 模糊化

模糊化接收的输入信号是误差信号 e 及其生成的误差变化率或差分信号 Δe。模糊化主要完成以下两项功能。

(1) 论域变换。e 和 Δe 都是非模糊的普通变量,它们的论域(变化范围)是实数域上的一个连续封闭空间,称为真实论域。在模糊控制器中,需要将其变换到内部论域上,且变换方式可以是线性,也可以是非线性的。

例如,若实际输入量为 x_0,其变化范围为 $[x_{min}, x_{max}]$,若要论域为 $[x_{min}^*, x_{max}^*]$,则可采用线性变换

$$x_0^* = \frac{x_{min}^* + x_{max}^*}{2} + K\left(x_0 - \frac{x_{min} + x_{max}}{2}\right)$$

其中,$K = (x_{max}^* - x_{min}^*)/(x_{max} - x_{min})$ 为比例因子。

(2) 模糊化。论域变换后,e^* 和 Δe^* 仍是非模糊的普通变量,对它们分别定义若干个模糊集合,如"负大(NL)""负中(NM)""负小(NS)""零(ZE)""正小(PS)""正中(PM)""正大

(PL)"等,如图 6.30 所示,并在其内部论域上规定各个模糊集合的隶属度函数,如 $\mu_T(e^*)$,
$\mu_T(\Delta e^*)$ 等,这样就把普通变量变成了模糊变量
(语言变量)的值,完成模糊化工作。

注意,这里 e^* 和 Δe^* 既代表普通变量又代表
模糊变量。作为普通变量时其值在论域 X^* 和
Y^* 中,是普通数值;作为模糊变量时,其值在论
域 $[0,1]$ 中,是隶属度。

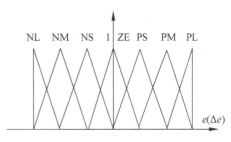

图 6.30 模糊分割原理图

2) 知识库

知识库决定了模糊控制器的性能,是模糊控
制器的核心。知识库分为两部分:数据库和规
则库。

(1) 数据库。数据库存储着有关模糊化、模糊推理和解模糊的一切知识,如模糊化中论
域变换方法、输入变量各模糊集合的隶属度函数定义,以及模糊推理和解模糊算法等。

(2) 规则库。规则库包括一组模糊控制规律,即以 IF…,THEN…形式表示的模糊条
件语句,如:

$$R_1: \text{if } e^* \text{ is } A_1 \text{ and } \Delta e^* \text{ is } B_1, \text{ then } u^* \text{ is } C_1$$
$$R_2: \text{if } e^* \text{ is } A_2 \text{ and } \Delta e^* \text{ is } B_2, \text{ then } u^* \text{ is } C_2$$
$$\cdots$$
$$R_n: \text{if } e^* \text{ is } A_n \text{ and } \Delta e^* \text{ is } B_n, \text{ then } u^* \text{ is } C_n$$

其中,$A_i, B_i, C_i (i=1,2,\cdots,n)$ 分别是 $e^*, \Delta e^*, u^*$ 的模糊集合。

对于任意的输入,模糊控制器均应给出合适的控制输出,这个性质称为完备性,其完全
取决于数据库或规则库。在数据库方面,对于任意的输入,若能找到一个模糊集合,使该输
入对于该模糊集合的隶属度函数不小于一个值。在规则库方面,要求对于任意的输入应确
保至少一个可适用的规则。

3) 模糊推理机

模糊控制应用的是广义前向推理。即在 k 时刻若输入量为 $e^* \in X^*$ 和 $\Delta e^* \in Y^*$,若论
域 X^*, Y^*, Z^* 都是离散的,e^* 和 Δe^* 分别对应矢量 $\boldsymbol{A}'$ 和 $\boldsymbol{B}'$,则推理结果是 Z^* 上的矢量 $\boldsymbol{C}'$,

$$\boldsymbol{C}' = (\boldsymbol{A}' \times \boldsymbol{B}') \cdot \boldsymbol{R}$$

4) 解模糊

解模糊可以看作模糊化的反过程,它要由模糊推理结果产生控制 u 的数值,作为模糊控
制器的输出。解模糊主要完成以下两项工作。

解模糊:模糊推理得到的是模糊量,而对于实际控制必须是清晰量。对于某组输入 e'
和 Δe^*,一般会同时满足多条规则,因此会有多条推理结果 C_i',i 为不同模糊集合。求 $\bigcup_i C_i'$,并
利用某种解模糊算法求得此时内部控制量 u^*。

论域反变换:若解模糊得到的清晰量为 u^*,其变化范围为 $[u_{\min}^*, u_{\max}^*]$,实际控制量 u 的
变化范围是 $[u_{\min}, u_{\max}]$,可采用线性变换得到实际控制量

$$u = \frac{u_{\min} + u_{\max}}{2} + K\left(u^* - \frac{u_{\min}^* + u_{\max}^*}{2}\right)$$

其中，$K = (u_{max} - u_{min})/(u^*_{max} - u^*_{min})$为比例因子。

2. 模糊控制器设计

如前所述，设计一个模糊控制系统的关键是设计模糊控制器，而设计一个模糊控制器分为如下几步：选择模糊控制器结构，选取模糊规则，确定模糊化和解模糊方法，确定模糊控制器参数，编写模糊控制算法。

1) 模糊控制器结构设计

以单入单出系统为例，通常可以设计成一维或二维模糊控制器。这里所讲的模糊控制器维数指其输入变量的个数。

(1) 一维模糊控制器。假设模糊控制器输入变量为 X(通常指控制误差)，输出变量为Y(通常指控制量)，此时的模糊规则为

$$R_1: \text{if } X \text{ is } A_1, \text{ then } Y \text{ is } B_1$$

$$\cdots$$

$$R_n: \text{if } X \text{ is } A_n, \text{ then } Y \text{ is } B_n$$

其中，$A_i, B_i (i = 1, 2, \cdots, n)$均为输入输出论域上的模糊子集。这类模糊规则的模糊关系为

$$R_{(x,y)} = \bigcup_{i=1}^{n} A_i \times B_i$$

(2) 二维模糊控制器。这类模糊规则的一般形式为

$$R_i: \text{if } X_1 \text{ is } A_i^1 \text{ and } X_2 \text{ is } A_i^2, \text{ then } Y \text{ is } B_i$$

其中，$A_i^1, A_i^2, B_i (i = 1, 2, \cdots, n)$均为输入输出论域上的模糊子集。这类模糊规则的模糊关系为

$$R_{(x,y)} = \bigcup_{i=1}^{n} (A_i^1 \times A_i^2) \times B_i$$

其中，X_1一般取为误差，X_2一般取为误差变化率，Y一般取为控制量。

2) 模糊规则的选择和模糊推理

(1) 模糊规则的选择

① 模糊变量的确定。一般来说，一个语言变量的语言值越多，对事物的描述就越准确，可能得到的控制效果就越好。当然过细的划分反而使得控制规则变得复杂，因此应视具体情况而定。如误差的语言变量的语言值一般取为{负大、负中、负小、负零、正零、正小、正中、正大}。

② 语言值隶属度函数的确定。语言值的隶属度函数有时以连续函数的形式出现，有时以离散的量化等级形式出现。

③ 模糊控制规则的建立：模糊控制规则的建立常采用经验归纳法和推理合成法。所谓经验归纳法，就是根据人的控制经验和直觉推理，经整理、加工和提炼后构成模糊规则的方法。推理合成法是根据已有的输入输出数据对，通过模糊推理合成，求取模糊控制规律。

(2) 模糊推理

模糊推理也称为似然推理，其一般形式如下。

一维形式：if X is A, then Y is B

　　　　　　if X is A_1, then Y is ?

二维形式：if X is A and Y is B, then Z is C

if X is A_1 and Y is B_1, then Z is?

3）解模糊

解模糊的目的是根据模糊推理的结果，求得能反映控制量的真实分布。目前常用方法有最大隶属度法、重心法及加权平均法三种。

4）模糊控制器论域及比例因子的确定

以二输入单输出的模糊控制系统为例，设定误差的基本论域为 $[-|e_{max}|,|e_{max}|]$，误差变化率的基本论域为 $[-|\Delta e_{max}|,|\Delta e_{max}|]$，控制量的变化范围为 $[-|u_{max}|,|u_{max}|]$。类似地，设误差的模糊论域为

$$E = \{-l, -(l-1), \cdots, 0, 1, 2, \cdots, l\}$$

误差变化率的论域为

$$\Delta E = \{-m, -(m-1), \cdots, 0, 1, 2, \cdots, m\}$$

控制量索取的论域为

$$U = \{-n, -(n-1), \cdots, 0, 1, 2, \cdots, n\}$$

若用 $\alpha_e, \alpha_c, \alpha_u$ 分别表示误差、误差变化率和控制量的比例因子，则有

$$\alpha_e = l/|e_{max}|, \quad \alpha_c = m/|\Delta e_{max}|, \quad \alpha_u = n/|u_{max}|$$

一般来说，α_e 越大，系统的超调越大，过渡过程就越长；α_e 越小，则系统变化越慢，稳态精度降低。α_c 越大，则系统输出变化率越小，系统变化越慢；若 α_c 越小，则系统反应越快，但超调增大。

5）编写模糊控制器的算法程序

第一步：设置输入、输出变量及控制量的基本论域，即 $e \in [-|e_{max}|,|e_{max}|]$，$\Delta e \in [-|\Delta e_{max}|,|\Delta e_{max}|]$，$u \in [-|u_{max}|,|u_{max}|]$。预置量化常数 $\alpha_e, \alpha_c, \alpha_u$ 和采样周期 T。

第二步：判断采样时间到否，若时间已到，则转第三步，否则转第二步。

第三步：启动 A/D 转换，进行数据采集和数字滤波等。

第四步：计算 e 和 Δe，并判断它们是否已超过上（下）限值，若已超过，则将其设置为上（下）限值。

第五步：按给定的比例因子 α_e, α_c 量化（模糊化）并由此查询控制表。

第六步：查得控制量的量化值解模糊后，乘上适当的比例因子 α_u。若 u 已超过上（下）限值，则设置为上（下）限值。

第七步：启动 D/A 转换，作为模糊控制器实际模拟量输出。

第八步：判断控制时间是否已到，若是则停机，否则，转第二步。

6.3.4 神经网络控制技术

传统的基于模型控制方式，是根据被控对象的数学模型及对控制系统的要求的性能指标来设计控制器，并对控制规律加以数学解析描述。目前基于神经网络的智能控制系统已经作为一个新兴领域引起控制界的兴趣，这主要是因为它是模拟人脑的结构以及人脑对信息的记忆和处理功能，而不需要精确的数学模型，因此具有很强的学习和泛化能力。还能够解决传统自动化技术中无法解决的许多复杂、不确定、非线性自动控制问题和具有快速的高容错优点。神经网络控制成为当今智能控制领域中的研究热点。本节将简要介绍神经网络

控制方法的基本原理和设计方法。

1. 神经网络的定义

神经网络的研究可以追溯到 19 世纪 40 年代。1943 年,心理学家 W. McCulloch 和数理逻辑学家 W. Pizz 在 *Bulletin of Mathematical Biophysics* 上发表了关于神经网络的数学模型,即 M-P 神经网络模型。他们总结了神经元的一些基本生理特征,提出神经元形式化的数学描述能力和网络的结构方法,开创了神经网络的研究。虽然由于人工智能、专家系统的发展,使得神经网络的研究一度出现低潮。但 20 世纪 80 年代神经网络重新兴起,并广泛应用于军事、工业、管理、地址、交通、电信及医疗等领域。

人工神经网络是由大量的处理单元组成的非线性大规模自适应动力系统。它在现代神经科学研究成果的基础上提出,是人们试图通过模拟大脑神经网络处理信息、记忆的方式设计一种具有类似人脑的信息处理能力的新"机器"。

神经网络具有如下特点:能以任意精度逼近非线性函数;采用并行分布式信息处理,有很强的容错性;便于用 VLSI 或光学集成技术实现或用计算机技术虚拟实现;适用于多信息融合和多媒体技术,可同时综合定量或定性信息,对多输入多输出系统较为方便;可实现在线或离线计算,使之满足某种控制要求,且灵活性大等方面。

2. 神经网络的控制算法

人工神经元是神经网络的基本元素,其模型与基本工作原理可用图 6.31 表示。

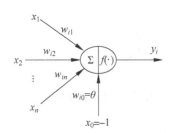

图 6.31　人工神经元模型

图 6.31 中 $x_1 \sim x_n$ 是从其他神经元传来的输入信号,w_{ij} 表示从神经元 j 到神经元 i 的连接权值,θ 表示一个阈值,或称为偏置。则神经元 i 的输出与输入的关系表示为

$$\text{net}_i = \sum_{j=0}^{n} w_{ij} x_j$$

$$y_i = f(\text{net}_i)$$

图中,y_i 表示神经元 i 的输出,函数 f 称为激活函数(Activation Function)或转移函数(Transfer Function),net 称为净激活(Net Activation),令阈值为神经元 i 的一个输入 x_0 的权重 w_{i0}。

若用 $\boldsymbol{X}$ 表示输入向量,用 $\boldsymbol{W}$ 表示权重向量,即

$$\boldsymbol{X} = [x_0, x_1, \cdots, x_n], \quad \boldsymbol{W} = [w_{i0}, w_{i1}, \cdots, w_{in}]^{\text{T}}$$

则神经元的输出可以表示为向量相乘的形式:

$$\text{net}_i = \boldsymbol{XW}$$

$$y_i = f(\text{net}_i) = f(\boldsymbol{XW})$$

若神经元的净激活 net 为正,称该神经元处于激活状态或兴奋状态,若净激活 net 为负,则称神经元处于抑制状态。

图 6.31 中的这种"阈值加权和"的神经元模型称为 M-P 模型(McCulloch-Pitts Model),也称为神经网络的一个处理单元(Processing Element)。

激活函数的选择是构建神经网络过程中的重要环节,常用的激活函数如下。

(1) 线性函数(Liner Function)：

$$f(x) = k \times x + c$$

(2) 斜面函数(Ramp Function)：

$$f(x) = \begin{cases} T, & x > c \\ k \times x, & |x| \leqslant c \\ -T, & x < -c \end{cases}$$

(3) 阈值函数(Threshold Function)：

$$f(x) = \begin{cases} 1, & x \geqslant c \\ 0, & x < c \end{cases}$$

(4) S 型函数(Sigmoid Function)：

$$f(x) = \frac{1}{1 + e^{-ax}} \quad (0 < f(x) < 1)$$

该函数的导函数：

$$f'(x) = \frac{\alpha e^{-ax}}{(1 + e^{-ax})^2} = \alpha f(x)[1 - f(x)]$$

(5) 双极 S 型函数：

$$f(x) = \frac{2}{1 + e^{-ax}} - 1 \quad (-1 < f(x) < 1)$$

该函数的导函数：

$$f'(x) = \frac{2\alpha e^{-ax}}{(1 + e^{-ax})^2} = \frac{\alpha[1 - f(x)^2]}{2}$$

由于 S 型函数与双极 S 型函数都是可导的(导函数是连续函数)，因此适合用在 BP 神经网络中(BP 算法要求激活函数可导)。

3. 神经网络模型

神经网络是由大量的神经元互连而构成的网络。根据网络中神经元的互连方式，常见网络结构主要可以分为下面三类。

(1) 前馈神经网络(Feedforward Neural Networks)。

前馈网络也称前向网络。这种网络只在训练过程会有反馈信号，而在分类过程中数据只能向前传送，直到到达输出层，层间没有向后的反馈信号，因此被称为前馈网络。感知机与 BP 神经网络就属于前馈网络。

(2) 反馈神经网络(Feedback Neural Networks)。

反馈型神经网络是一种从输出到输入具有反馈连接的神经网络，其结构比前馈网络要复杂得多。典型的反馈型神经网络有 Elman 网络和 Hopfield 网络两种形式。

(3) 自组织网络(Self-Organizing Neural Networks，SOM)。

自组织神经网络是一种无导师学习网络，它通过自动寻找样本中的内在规律和本质属性，自组织、自适应地改变网络参数与结构。

4. 神经网络工作方式

神经网络运作过程分为学习和工作两种状态。网络的学习主要是指使用学习算法来调整神经元间的连接权，使得网络输出更符合实际。学习算法分为有导师学习（Supervised Learning）与无导师学习（Unsupervised Learning）两类。

有导师学习算法将一组训练集送入网络，根据网络的实际输出与期望输出间的差别来调整连接权。有导师学习算法的主要步骤如下。

（1）从样本集合中取一个样本 (A_i, B_i)；

（2）计算网络的实际输出 O；

（3）求 $D = B_i - O$；

（4）根据 D 调整权矩阵 $\boldsymbol{W}$；

（5）对每个样本重复上述过程，直到对整个样本集来说，误差不超过规定范围。

Delta 学习规则是一种简单的有导师学习算法，该算法根据神经元的实际输出与期望输出差别来调整连接权，其数学表示如下：

$$w_{ij}(t+1) = w_{ij}(t) + \alpha(d_i - y_i)x_j(t)$$

其中，w_{ij} 表示神经元 j 到神经元 i 的连接权，d_i 是神经元 i 的期望输出，y_i 是神经元 i 的实际输出，x_j 表示神经元 j 状态，若神经元 j 处于激活态则 x_j 为 1，若处于抑制状态则 x_j 为 0 或 -1（根据激活函数而定）。α 是表示学习速度的常数。假设 x_j 为 1，若 d_i 比 y_i 大，那么 w_{ij} 将增大，若 d_i 比 y_i 小，那么 w_{ij} 将变小。

Delta 规则简单，就是若神经元实际输出比期望输出大，则减小所有输入为正的连接的权重，增大所有输入为负的连接的权重。反之，若神经元实际输出比期望输出小，则增大所有输入为正的连接的权重，减小所有输入为负的连接的权重。这个增大或减小的幅度就根据上面的式子来计算。

无导师学习抽取样本集合中蕴含的统计特性，并以神经元之间的连接权的形式存于网络中。Hebb 学习律是一种经典的无导师学习算法。Hebb 算法核心思想是，当两个神经元同时处于激发状态时两者间的连接权会被加强，否则被减弱。

为了理解 Hebb 算法，首先简单介绍一下条件反射实验。巴甫洛夫的条件反射实验：每次给狗喂食前都先响铃，时间一长，狗就会将铃声和食物联系起来。以后如果响铃但是不给食物，狗也会流口水。受该实验的启发，Hebb 的理论认为在同一时间被激发的神经元间的联系会被强化。比如，铃声响时一个神经元被激发，在同一时间食物的出现会激发附近的另一个神经元，那么这两个神经元间的联系就会强化，从而记住这两个事物之间存在着联系。相反，如果两个神经元总是不能同步激发，那么它们间的联系将会越来越弱。

Hebb 学习律可表示为

$$w_{ij}(t+1) = w_{ij}(t) + \alpha y_j(t)y_i(t)$$

其中，w_{ij} 表示神经元 j 到神经元 i 的连接权，y_i 与 y_j 为两个神经元的输出，α 是表示学习速度的常数。若 y_i 与 y_j 同时被激活，即 y_i 与 y_j 同时为正，那么 w_{ij} 将增大。若 y_i 被激活，而 y_j 处于抑制状态，即 y_i 为正 y_j 为负，那么 w_{ij} 将变小。

神经网络的工作状态是神经元间的连接权不变，神经网络作为分类器、预测器等使用。关于神经网络的系统介绍请参阅相关文献，此处不再赘述。

习题与思考题

1. 简述多路模拟量输出通道的组成结构。

2. D/A 转换器一般分为哪几种类型？其主要特点是什么？

3. D/A 转换器主要技术指标有哪些？

4. 在实际应用中,如何选用 D/A 转换器？

5. 假设系统采用某 10 位并行 DAC,其输出电压为 0~5V。当 CPU 送出 80H,40H,10H 时,对应的模拟电压为多少？

6. 某执行装置的输入信号的变换范围是 4~20mA,要求其转换精度达 0.05%,应如何选择其 D/A 转换器？其分辨率为多少？

7. 功率放大器与电压放大器相比较,主要有哪几方面的差别？

8. 简单说明 OTL 和 OCL 功率放大器各自的特点。

9. 微处理器输出的开关量信号一般分为哪几种基本表示形式？

10. 简单说明 DDC、SCC 和 DCS 控制系统各自的特点。

11. PID 控制器有哪些特点？

12. 什么是模糊控制技术？

13. 简介神经网络控制技术的特点。

第7章
系统稳定性设计与低功耗技术

随着物联网在智能交通、智能电网以及如安全监控设备、生产线、矿山矿井等各个领域的广泛应用,对其系统的稳定性和可靠性也愈加重视。例如,智能家居中的甲烷气体检测装置,需要常年连续不间断工作,一旦该装置失效,轻则会产生误报,重则可能造成用户的生命危险。

另外,我们所使用的大量便携式智能设备和仪器都需要使用电池供电。例如平板电脑、手机等,用户在购买这些设备时除了关心屏幕大小、显示效果、处理性能、存储容量等之外,普遍还很关心的就是在电池供电情况下的使用时间。这里面包含两层意思——电池容量的大小和设备的耗电量。目前在电池制作技术有限的情况下,如何降低便携设备(如手机)功耗便成为设计者所面临的一大问题。本章主要介绍如何保障系统的稳定性和低功耗技术。

7.1 系统的干扰源

1. 概述

很多从事计算机测控工程的人员都有这样的经历,当他将经过千辛万苦安装和调试好的样机投入工业现场实际运行时,却不能正常工作。例如,有的样机一开机就失灵,有的则时好时坏,让人不知所措。为什么实验室能正常模拟运行的系统,到了工业环境就不能正常运行呢?其原因就是周围环境存在着较强的电磁骚扰源,智能系统如果在设计时没有采取必要的抗干扰措施,或者措施不当都可能会出现上述问题。由此可见,抗干扰技术对系统的稳定性是非常重要的。所谓干扰,就是除有用信号以外的噪声或造成智能系统不能正常工作的破坏因素。

在系统进行抗干扰设计时可以采取增加硬件防范措施或者使用软件防范措施,当然也可以采用软、硬结合的方式。采用硬件抗干扰方式效率高,但要增加系统的投资和设备的体积。采用软件抗干扰投资低,但要降低系统的工作效率。因此一个成功的抗干扰系统一般是由硬件和软件相结合方式构成的。

电磁干扰的形成包括三个要素:骚扰源、传播通道和接收载体。三个要素缺少任何一项,干扰都不会产生。

(1) 骚扰源。产生骚扰信号的设备被称作干扰源,如变压器、继电器、微波设备、电机、无绳电话和高压电线等都可以产生空中电磁信号。当然,雷电、太阳和宇宙射线也属于骚扰源。

(2) 传播通道是指骚扰源信号的传播路径。电磁信号在空中直线传播,并具有穿透性的传播叫做辐射方式传播,电磁信号借助导线传入设备的传播被称为传导方式传播。

（3）接收载体是指受影响设备的某个环节吸收了骚扰信号,转化为对系统造成影响的电气参数。

从形成干扰的要素可知,消除三个要素中的任何一个,都会避免干扰。

2．系统常见的干扰源

对于物联网中的智能设备来说,干扰既可能来源于外部,也可能来源于内部。外部干扰指那些由外界环境因素产生的干扰,例如,空间电场或磁场、环境温度、湿度等气象条件等都被称为外来干扰。而内部干扰则是由系统结构、制造工艺等因素决定的,例如,分布电容、分布电感引起的耦合感应、电磁场辐射感应、长线传输的波反射、多点接地造成的电位差引起的干扰、寄生振荡引起的干扰,甚至元器件产生的噪声等都属于内部干扰。在系统电路中,干扰主要产生在如下部分。

1）通道间的干扰

在物联网的智能控制系统中,为了达到数据采集或实时控制的目的,开关量、模拟量的输入和输出是必不可少的。例如在工业现场,这些输入输出的信号线和控制线有的可以多至几百条甚至几千条,其长度往往达几百米或几千米,因此会不可避免地将干扰引入智能系统中。当有大规模电气设备漏电时,如果接地系统不完善,或者测量部件绝缘不好都会在通道中直接串入干扰信号。另外,各通道的线路如同处一根导线槽中或绑扎在一起,各线路间会通过电磁感应而产生瞬间的干扰。尤其是若将直流的信号线与交流 220V 的电源线同套在一根套管中,其干扰更为严重。这样,轻者会使测量的信号发生误差,重者会使有用信号完全被淹没。有时这种通过感应产生的干扰电压会达到几十伏以上,使智能系统无法工作。

2）空间干扰

空间干扰来源于几个方面,比如天体辐射的电磁波、广播电台或通信发射台发出的电磁波或者周围的电气设备如发射机、中频炉、可控硅逆变电源等发出的电干扰和磁干扰。另外,气象条件、空中雷电,甚至地磁场的变化也会引起干扰,这些空间辐射干扰同样会使嵌入式系统不能正常工作。

3）交流供电系统干扰

由于工程现场运行的大功率设备众多,特别是大功率感性负载设备(电动机等)的启停会造成电网的严重污染,使得电网电压产生快速的大幅度涨落(浪涌),工业电网电压的欠电压或过电压情况可达到额定电压的±15%以上。这种状况有时长达几分钟,几小时,甚至几天。由于大功率开关的通断、电机的启停、电焊等原因,电网上常常瞬间会出现几百伏,甚至几千伏的尖峰脉冲干扰。这样,如果智能系统是由交流电源供电,一定要采用适当的措施克服来自电源的干扰。

以上三种干扰以来自交流电源的干扰最甚,其次为来自通道的干扰。来自空间的辐射干扰不太突出,一般只须加以适当的屏蔽及接地即可解决。

7.2　系统抗干扰技术

干扰问题是机电一体化系统设计和使用过程中必须考虑的重要问题。在机电一体化系统的工作环境中,存在大量的电磁信号,如电网的波动、强电设备的启停、高压设备和开关的电磁辐射等。当它们在系统中产生电磁感应和干扰冲击时，往往就会扰乱系统的正常运行，轻则造成系统的不稳定，降低了系统的精度，重则会引起控制系统死机或误动作，造成设备损坏或人身伤亡。

物联网系统运行的过程中，可能会受到内部噪声的影响或者来自外界对系统本身的干扰，导致运行出现各种问题，甚至是系统自身的损坏。因此，在设计和安装、使用物联网系统的过程中必须使用各类的抗干扰措施。有关预防措施一般可分为硬件和软件两个方面。

7.2.1　系统硬件抗干扰的措施

系统的硬件抗干扰是系统稳定的关键，大量的外界干扰，如空间干扰、电源干扰，通道间串扰和传输干扰等，都能通过硬件措施来防止。硬件抗干扰措施主要包括屏蔽、隔离、滤波、接地方式等方法。

1．屏蔽技术

屏蔽技术指通过导体或磁材料制成的屏蔽体，将电磁骚扰信号的能量限制在一定的空间范围的抑制辐射干扰的硬件措施。屏蔽技术通常可分为以下三类。

（1）电场屏蔽能实现减少两个设备间的电场感应的影响。其中，电场屏蔽是解决分布电容问题，一般是接大地的，这主要是指单层屏蔽。对于双层屏蔽，例如变压器的原边屏蔽应接机壳（即大地），副边的屏蔽应接到浮地屏蔽盒。

（2）电磁屏蔽是利用导电性能良好的金属在电磁场内产生涡流效应，防止高频电磁场的干扰。电磁屏蔽主要是防止高频电磁波辐射的远场干扰，地线用低阻金属材料做成，可接大地，也可不接。

（3）磁屏蔽，即采用高导磁材料，防止低频磁通的干扰。磁场屏蔽是防止电机、变压器、磁铁、线圈等磁感应和磁耦合，可用高导磁材料做成屏蔽层，使磁路闭合，一般接大地。

在电缆和接插件的屏蔽中，应注意处理好以下几个实践中经常遇到的问题：高压、低压的导线不要走同一电缆，高、低压的电线应尽量不要走同一接插件。设备中，输入输出电缆的屏蔽应保持完整，即电缆和屏蔽体都要经插件连接，而不允许只连接电缆芯线，而不连接其屏蔽层；低频信号电缆的屏蔽层要一端接地，屏蔽层外面要有绝缘层，以防与其他导线接触或形成多点接地。

针对系统中的部件或设备与其他的设备进行连接时，可以使用屏蔽双绞线甚至同轴电缆。一般来讲对于高频信号和数字信号，要求屏蔽层电缆线的两端都要接地。低频模拟信号用的屏蔽电缆，一般以一端接地为好。对噪声和干扰非常敏感的电路或高频噪声特别严重的电路，应该用金属罩（金、银、铜等）屏蔽。在安装屏蔽罩的时候，需要把屏蔽罩接地。对于设备中印刷线路板（简称 PCB）上的敏感模拟信号走线，可用局部加屏蔽地的方法。其办法是在引线的反面增加屏蔽地。在引线的一面，引线两侧也要布以地线，称为"包地"。

2．隔离

隔离是指把骚扰源与敏感接收设备隔离开来，使有用信号正常传输，而干扰耦合通道切断，达到抑制干扰的目的。常见的隔离方法如下。

（1）光电隔离。光电隔离是以光作媒介在隔离的两端进行信号传输，所用的器件是光电耦合器。由于光电耦合器在传输信息时,不是将其输入和输出的电信号进行直接耦合而是借助于光作为媒介物进行耦合,因而具有较强的隔离和抗干扰能力。

(2)变压器隔离。对于交流信号的传输一般使用变压器隔离干扰信号的办法。隔离变压器也是常用的隔离部件,用来阻断交流信号中的直流干扰、抑制低频干扰信号的强度,并把各种模拟负载和数字信号隔离开来。传输信号通过变压器获得通路,而共模干扰由于不能形成回路而被抑制。

(3)继电器隔离。继电器线圈和触点仅在机械上形成联系,而没有直接联系。因此可以利用继电器线圈接收电信号,利用其触电控制和传输电信号,从而实现强电和弱电的隔离。同时继电器触点较多,其触电能承受较大的负载电流,因此应用广泛。

3. 滤波

滤波是抑制干扰传导的一种重要方法。由于干扰源发出电磁干扰频谱往往比要接收信号的频谱宽得多,因此当接收器收到有用信号时,也会接收到那些不希望的干扰。这时可以采用滤波的方法,只让所需要的频率成分通过,而将干扰成分加以抑制。常用滤波器根据其频率的成分特性可分为低通、高通、带通和带阻滤波器。

4. 接地

将电路、设备机壳等与作为零电位的一个公共参考点(大地)实现低阻抗的连接,称为接地。接地的目的有两个:其一是为了安全,例如把电子设备的机壳、基座与大地相连。当设备中存在漏电时,不致影响人的安全,称为安全接地。其二是为了给系统提供一个基准电位,例如数字电路的零电位等,或为了抑制干扰,如屏蔽接地等。

5. 通过使用特定的器件实现

在电路中的关键位置可以使用能够减小或消除外界干扰因素的元件,如瞬变电压抑制器、压敏电阻、放电管等。其中,TVS(Transient Voltage Supervision)是瞬变电压抑制器的一种,TVS 器件可以被认为是一个高速的齐纳二极管,或是两个对顶的、中心极接地的齐纳二极管,接在电源线与地线之间。它平时不导通,当电源线上出现瞬间强干扰时,TVS 器件快速导通,将强干扰信号短路掉。TVS 二极管和防雷放电管的外形,如图 7.1 所示。

图 7.1 TVS 二极管和防雷放电管的外形

TVS 具有反应速度快(ps 级别)、体积小、可靠性高等优点。以双向 TVS 为例,在选用 TVS 时应注意以下参数:截止电压 V_{RWM} 是指允许大于电路的最大工作电压,一般可以选择

V_{RWM}等于或者略大于电路的最大工作电压；最小击穿电压V_{BR}是 TVS 最小的击穿电压；最大箝位电压V_C是当持续时间为 20ms 的脉冲峰值电流I_{PP}流过 TVS 时，在其两端出现的最大峰值电压。

如果智能系统是用于室外的，还要考虑防雷击问题，防雷击器件有压敏电阻、自恢复保险丝等。

6. 抑制骚扰源的影响

在实际中，通常采用如下的方法来抑制骚扰源的影响：在系统中能使用低速芯片就不采用高速芯片，高速芯片只用在关键的地方。如一片集成电路 74HC04 中有 6 个非门，如果时钟电路用了其中的两个，另外 4 个应尽量用在不重要的地方，尤其不要用在 I/O 驱动上。此外，在电路布局时应尽量注意以下的要求。

(1) 使用满足系统要求的最低频率时钟；石英晶体振荡器外壳要接地，并用地线将时钟区圈起来，让时钟信号回路周围电场趋近于零，同时时钟线要尽量短。

(2) I/O 驱动电路尽量靠近印制板边，让它尽快离开印制板。对进入印制板的信号要加滤波，对从高噪声区来的信号最好也要加滤波电路。

(3) 闲置不用的门电路输入端不宜悬空；闲置不用的运算放大器要求其同向输入端连接地线，反向输入端连接到输出端等。

(4) 在智能系统中，对电源干扰的抑制通常是在能采用电池供电的情况下少用或不用电网供电。如采用电网供电时，则要求转换后的直流电源纹波小，稳压性能好。

7. 设计印刷电路板时的注意事项

印刷电路板是微机系统中器件、信号线、电源线的高密度集合体，印刷电路板的设计对抗干扰能力影响很大，故印刷电路板设计决不单是器件、线路的简单布局安排，还必须符合抗干扰的设计原则。印刷电路板大小要适中，过大时，印刷线条长，阻抗增加，不仅抗噪声能力下降，成本也高；过小，则散热不好，同时易受邻近线条干扰。

1) 在器件布局方面

与其他逻辑电路一样，在印刷线路板上按频率和电流开关特性分区，噪声元件与非噪声元件要离得远一些。对特殊高速逻辑电路部分用地线圈起来，经济条件允许的话尽量采用多层印刷板，以减小电源、地线的寄生参数的影响。应把相互有关的器件尽量放得靠近些，能获得较好的抗噪声效果。例如，易产生噪声的器件、小电流电路、大电流电路等应尽量远离系统逻辑电路，如有可能，应另做电路板，这一点十分重要。合理的元器件布局和布线示意图如图 7.2 所示。

2) 在设计 PCB 板的电路连线时注意事项

在设计 PCB 板上画线时，应尽量使用直线、减少过孔数量。在线路转换层面时，要求尽量在元件引脚处进行，走线要尽量短。线路转弯处尽量使用 45°折线而避免使用 90°折线来布线，以减小高频信号对外的发射。印刷板上关键的线要尽量粗，并在两边加上保护地。对噪声敏感线路不要与大电流、高速开关线平行，高速线尽量要短要直。任何信号都不要形成环路。如不可避免，让环路区尽量小。模拟电压输入线、参考电压要尽量远离数字电路信号线，特别是时钟线。石英晶振下面和对噪声特别敏感的器件下面尽量不要走线，如果敏感信

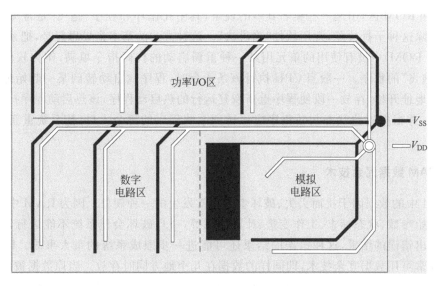

图 7.2 合理的元器件布局和布线示意图

号与携带噪声的信号线要通过一个接插件引出的话,可以采用地线、信号线、地线形式的扁平电缆线排列法。一般情况下,应将携带高噪声的引出线绞起来,最好加以屏蔽。

3) 适当增加去耦电容

在电路中,对集成芯片旁边外加一些去耦电容。在集成电路板上,最好采用大容量的钽电容或聚酯电容而不用电解电容作电路充放电储能电容。还有印刷版上的芯片尽量不用IC 插座,而是将集成电路,特别是高性能的模拟电路器件和数字、模拟混合的集成电路直接焊在印刷线路板上。

4) 在设计多层 PCB 板时应注意如下措施

在设计两层 PCB 印刷板时,由于电源线、信号线和地线在同一层上,出于稳定性的考虑,应在设计电源和地线的时候,加宽电源和地线的走线。另外还要使电源线、地线的走向与数据传递方向一致,这样将有助于增强抗噪声能力。在有可能的情况下,可以把电路板上没有用到的面积用接地层覆盖。同时为了避免电路板的热胀冷缩导致覆铜脱落,可以使用网格型的地线形式。

在 4 层 PCB 板中,中间的两层分别是电源层和地线层,信号层位于 PCB 板的外面两层。在 4 层以上的 PCB 板中,要设计多对电源层和地线层,电源层与地线层等效于一个低电感的去耦电容器。

7.2.2 软件抗干扰措施

系统的抗干扰性能除了需要硬件电路通过增加屏蔽技术、改进电路板元件布局和布线以及增加外围电路等手段之外,还需要软件处理方面的积极配合,这样能够实现更优秀的抗干扰性能,软件的抗干扰措施利用一些算法实现对系统的可靠性。

1. 软件"陷阱"

从软件的运行来看,瞬时电磁干扰可能会使 CPU 偏离预定的程序指针,进入未使用的

RAM区和ROM区,引起一些莫名其妙的现象,其中死循环和程序"跑飞"是常见的。为了有效地排除这种干扰故障,常用软件"陷阱法"。这种方法的基本指导思想是,把系统存储器(RAM和ROM)中没有使用的单元用某一种重新启动的代码指令填满,作为软件"陷阱",以捕获"跑飞"的程序。一般当CPU执行该条指令时,程序就自动转到某一起始地址,而从这一起始地址开始,存放一段使程序重新恢复运行的热启动程序,该热启动程序扫描现场的各种状态,并根据这些状态判断程序应该转到系统程序的哪个入口,使系统重新投入正常运行。

2. RAM 数据冗余技术

RAM中的数据因干扰而丢失、破坏也是经常发生的一种现象。因为RAM中保存的是系统的原始参数、状态标志、工作变量、计算结果等,一旦破坏会使系统不能运行,或虽能运行但会给出错误的结果,这种错误的结果还可能进一步酿成系统的重大事故。RAM内容的自救通常可用数据冗余技术,即同样的数据在几个地方同时存放。当原数据被破坏时,用备份数据块去修复。备份数据的存放地址一般应使备份数据和原始数据之间保持相当的距离,不至于被同时破坏。还要注意保证数据区不要靠近堆栈,以免堆栈溢出造成数据丢失,或读写数据操作破坏堆栈。判断RAM数据是否被破坏,通常可以使用求和法和比较法两种方法。

求和法指对所要保护的数据块进行求和运算,根据数据项数,数值范围可取完全的和数或和数的低8位、低16位。把它存在指定的单元,每次读该数据块的数据时,先作求和操作,与保存的和数核对,符合后才使用,不符合则启用备份数据。每次写数据后,求出新的和数并保存。这种方法适合于开机后一次设定、在程序运行过程中不再改变的数据。这种数据的和是不变的,也没有写操作。求和法只能判定数据块中有错误数据,并不能找出究竟是哪一个数据错了,因此只能对整个数据块进行修复。为了保证系统运行的速度,数据块的大小可适当划小,即可以把数据分类、分片求和,分片修复。事实上数据也是逐项逐片使用的。

比较法指每次使用数据时把原数据与备份数据进行比较。比较符合的才认为是正确数据。对于个数不多的重要数据,不妨多设几个备份,逐个相互比较,找出符合的一对数据。一般地讲,多个远离的数据同时受到干扰而都遭破坏的概率是很小的,因此比较法可以有效地保护数据。

3. 输入输出通道软件抗干扰

如果干扰只作用在系统的输入通道上,且微处理器工作正常,这种情况下干扰信号多呈毛刺状,作用时间短。利用这一特点,我们在采集某一状态信号时,可多次重复采集,对这些信号采用软件数据滤波方式。

采用软件来识别有用信号和干扰信号,并滤除干扰信号的方法称为软件数字滤波。软件数字滤波算法可以根据不同的测量参数进行选择,常用的数字滤波算法有中值滤波、算术平均值滤波、递推平均值滤波、程序判断滤波、去极值平均值滤波、一阶惯性滤波、高通数字滤波、复合数字滤波等。

如果干扰作用在系统的输出通道上,影响了输出信号,对这类信号的抗干扰有效输出方法是重复输出同一组数据,只要有可能,其重复周期应尽可能短些。当外部设备接收到一个被干扰的错误信息后,还来不及做出有效的反应,一个正确的输出信息又到来,就可以及时地防止错误动作的产生。

4. 软件"看门狗"

"看门狗"(Watchdog)就是采用软件的办法使用监控定时器定时检查某段程序或接口,当超过一定时间,系统没有检查这段程序或接口时,可以认定系统运行出错(干扰发生),可通过软件进行系统复位或按事先预定方式运行。"看门狗"是计算机应用系统普遍采用的一种软件抗干扰措施,当侵入的尖峰电磁干扰使计算机"程序跑飞"时,其能够帮助系统自动恢复正常运行。目前,在嵌入式处理器中,通常具有"看门狗"定时器。其工作原理如下。

用户编写程序时,需要在程序中的多个适当部位加入对"看门狗"定时器进行可重触发的指令(即喂狗信号)。这样在程序正常工作时,看门狗定时器不会产生定时到的信号。如果当执行程序出现不正常时,即程序不能对"看门狗"定时器进行触发即"喂狗",那么"看门狗"定时器就会产生定时到的触发信号,作为系统的复位信号使系统能够重新启动,使系统恢复正常工作。编程时要注意这些"喂狗"语句应放在适当的位置,使得在程序正常执行时,看门狗定时器在每次计时内至少触发一次。这样使定时器一直处于延时阶段,不能产生定时到的输出信号。

7.3 系统低功耗设计技术

随着便携式智能设备的小型化和多功能化,设计者对于系统功耗的要求也越来越严格。如果系统的功耗过大,不仅会耗费更多的电能,而且会导致元器件温度升高,影响系统的稳定性。为了满足低功耗这一特性,必须在设计的每一部分及设计的每一阶段都要考虑减少能量消耗的问题。目前,在降低系统功耗方面的具体措施主要体现在低功耗硬件设计、低功耗软件设计方面。

7.3.1 硬件低功耗的设计

系统的硬件低功耗设计主要指在满足系统的设计要求和性能要求的前提下,从硬件方面使用功率低、效率高的元件。在电路设计时,采用能够降低功耗的措施和方法,进而从硬件角度降低系统的功耗。

1. 低功耗嵌入式处理器的选择

低功耗硬件设计时,首先要选择低功耗的嵌入式处理器及相应的外围电路。例如CMOS集成芯片拥有很低的动态电能消耗和几乎可以忽略的静态消耗,74HC系列芯片不仅耗能少,而且能满足一般微处理器的需要,配合其工作。

常用的嵌入式系统中,功耗一般主要消耗在处理器上,因此降低系统功耗的第一个步骤就是在满足系统要求的情况下选用功能更简单的微处理器。例如,用户在使用12MHz时钟频率的51系列单片机的要求前提下,系统设计需要使用一组UART功能、一个外部中断、8个GPIO,而用户可供选择的51系列单片机有AT89S51和AT89S2051两种类型,通过查阅对应的数据手册可知：AT89S51 在活动模式下，5V 工作电压使用 12MHz 时钟频率下的工作电流为 25mA；AT89S2051 在活动模式下，5V 工作电压使用 12MHz 时钟频率下的工作电流为 10.5mA。因此在这种情况下，用户应当优先选择 AT89S2051，以满足低功耗的要求。

在选择嵌入式处理器时，也应当优先考虑各个公司新推出的各类处理器。例如，仅将 5V 和对应的外部功能作为设计要求的话，建议可以选用意法半导体公司 STM8SF103x 系列处理器，如能够实现 16MHz 运行频率下仅 4.5mA 的工作电流。这类新推出的处理器，如 TI 公司的 MSP430 系列处理器、NXP 公司的 LPC2100 系列处理器、ST 公司的 STM8S、STM8L、STM32 系列处理器等都具备不同的工作模式，在软件的配合下能够最大限度地降低工作电流。

此外，在系统设计要求的范围内，系统总线频率应当尽量低。处理器内部的电流消耗主要是内部 MOS 类型开关的结电容充电、放电以及漏电流。尽管较高的时钟频率能够带来较高的执行效率，但会造成较高的功耗，一般来说运行电流与处理器的时钟频率是成正比的。

2. 嵌入式系统电压的选择

嵌入式处理器的种类繁多，外围的辅助电路的种类更多。因此在设计一种产品时，在满足设计需求的前提下应首先从低功耗的角度出发。通常使用工作电压低的元器件，其内部功耗一般也会相应地降低。

例如，我们需要设计一个带有微处理器的电路。该电路需要接收另一台智能设备串口发送来的数据，微处理器要根据接收到的数据来驱动一个 LED 灯。为了做功耗的比较，我们使用了几种同样能完成该功能的集成芯片，它们在不同电压下耗电情况如表 7.1 所示。

表 7.1　电压采用 3.3V 和 5V 方案时芯片工作电流的比较情况

元器件名称	3.3V 时工作电流	5V 时工作电流	说　　明
STM8SF103	4.0mA	4.5mA	微控制器，16MHz 外部晶振
MAX3232	0.3mA	—	RS-232 电平转换芯片
MAX232	—	8mA	RS-232 电平转换芯片
MAX809	17μA	24μA	看门狗芯片

从表 7.1 比较可知，一般芯片工作在较低的电压中所消耗的电流普遍小于较高的电压，因此在设计嵌入式系统时应尽量选用较低电压的器件。此外，选用低电压供电的芯片也能够方便电池供电设备的设计。

7.3.2　软件低功耗的设计

在嵌入式处理器以一定频率运行时，软件程序中执行任何无意义操作与程序中进行实际应用的处理时，微处理器所消耗的电流是相等的。所以通过优化程序方法减少程序运行时间，以及在适当的情况下降低微处理器的时钟速度、处理器处于低功耗模式、关闭不使用的外围模块功能等手段，都可以达到降低功耗的目的。一般通过优化软件运行程序来实现降低系统功耗，经常采用以下几个常见的优化程序的途径。

1. 中断代替查询服务

程序使用中断方式或查询方式的差别对于一些简单的应用并不是十分明显,但在其低功耗特性上却有较大的差别。使用中断方式,嵌入式处理器在此期间处理别的任务,甚至可以进入低功耗模式或是停止模式;而查询方式下,处理器必须不停地访问寄存器,获得对应的状态,从而导致微处理器不能运行其他任务,也不能进入低功耗状态,导致了系统功耗的升高。

2. 减少 CPU 的运算量

(1) 用查表的方法代替实时计算。首先将运算结果预先算好,以常量数组的形式保存在 Flash 中,减少 CPU 的运算工作量和运算时间。

(2) 避免计算过程中的过度运算。优化程序设计,减少 CPU 运行时间。

(3) 尽量使用短的数据类型。某些不可避免的运算,在满足精度的要求下,尽量使用较短的数据类型,例如,使用字符型的 8 位数据替代 16 位的整型数据等。

3. 动态电源管理

动态电源管理是有选择地把闲置的系统部分置于低功耗状态,从而有效利用电能。目前,在嵌入式微处理器中一般都包含一个电源管理器,它能够基于工作负载的情况来完成控制策略。最简单的策略是当内部某些部件不工作时,就对这部分部件停止供电或置成省电状态。这里所指的功能部件包括微处理器内部集成的定时器、UART、SPI、I²C、DMA、ADC 和 USB 等。也包括外部功能模块,如 RS-232 电平转换电路、网卡芯片、外部 Flash 存储器、各类的传感器等。

动态电源管理是目前嵌入式系统低功耗的最主要手段之一,相对于更改硬件设计或减少处理器运算量的方法而言,这种方式在实现设计要求的前提下能最大限度地降低系统功耗。

习题与思考题

1. 形成系统干扰的三要素是什么?
2. 对于智能设备来说,常见干扰源来自哪些方面? 举例说明。
3. 在系统电路中,干扰主要产生在哪些部分?
4. 采用硬件抗干扰的措施有哪几种?
5. 采用软件抗干扰的措施有哪几种?
6. 简述"看门狗"电路的基本工作原理。
7. 简述硬件降低系统功耗的措施和方法。
8. 简述软件降低功耗设计的措施和方法。

设计应用实例

本章主要介绍有关感知与检测系统的设计要求、原则和设计步骤,以及智能家居设计。

8.1 感知与检测系统的设计

感知与检测系统的设计与智能仪器的研制方法类似,为完成系统的功能,要遵循正确的设计原则,按照科学的设计步骤开发感知、识别与检测系统。

8.1.1 系统的设计要求

无论感知与检测系统的规模大小,其基本设计要求大体相同,主要考虑以下几个方面。

1. 功能及技术指标

感知与检测系统一般具备的功能主要包括信息输出形式、通信方式、人机对话等,系统的技术指标主要包括精度、测量范围、工作环境条件和稳定性等。

2. 可靠性

为保证感知与检测系统各个组成部分能长时间稳定可靠地工作,应采取各种措施提高系统的可靠性。在硬件方面,应合理选择元器件,即在设计时对元器件的负载、速度、功耗、工作环境等技术参数留有一定的余量,并对元器件进行老化和筛选。另外,应在极限情况下进行实验,如让感测系统承受低温、高温、冲击、振动、干扰、烟雾等实验,以保证环境的适应性。在软件方面,采用模块化设计方法,并对软件进行全面测试,以降低软件故障率,提高软件的可靠性。

3. 便于操作和维护

在感知与检测系统以及各前端感知模块的设计过程中,应考虑操作的方便性,从而使操作者无须专门训练,便能掌握系统的使用方法。另外,对于主系统结构要尽量规范化、模块化,最好能够配有现场故障诊断程序,一旦发生故障,能保证有效地对故障进行定位,以便更换相应的设备模块,使系统具有良好的可维护性。

4. 工艺结构与造型设计

工艺结构也是影响系统可靠性的重要因素之一。依据系统及各部件的工作环境条件,确定是否需要防水、防尘、密封、抗冲击、抗振动、抗腐蚀等工艺结构。总之,需要认真考虑系统的总体结构、各模块间的连接关系等方面。

8.1.2 系统的设计方法

在进行系统设计时,可以采用如下两种方法。

1. 从整体到局部(自上向下)的设计原则

设计人员根据系统与各部件模块的功能和设计要求提出系统设计的总任务,绘制硬件和软件总框图(总体设计)。然后,将任务分解成一批可独立表征的子任务,直到每个子任务足够简单,可以直接且容易地实现为止。子任务可采用某些通用模块,并可作为单独的实体进行设计和调试。这种模块化的系统设计方式不仅简化设计过程,缩短设计周期,而且结构灵活,维修方便快捷,便于扩充和更新,增强了系统的适应性,从而以最低的难度和最高的可靠性组成系统。

2. 开放式设计原则

当前科学技术飞速发展,在系统设计时采用开放式设计原则,留下容纳未来的更新与扩充的余地,以便满足用户不同层次的要求,应在综合考虑各种因素后正确选用合理的设计方案。

8.1.3 系统的设计步骤

在系统设计时,可以采用如下的设计步骤。

1. 确定设计任务

全面了解设计的内容,搞清楚要解决的问题,根据系统最终要实现的设计目标,做出详细的设计任务说明书,明确系统的功能和应达到的技术指标。

2. 拟定总体设计方案

根据设计任务说明书制定设计方案。然后对方案进行可行性论证,包括理论分析、计算及必要的模拟实验,验证方案是否可达到设计要求。最后从总体的先进性、可靠性、成本、制作周期、可维护性等方面比较、择优,综合制定设计方案。根据总体设计方案,确定系统的核心部件和软、硬件的分配。采用自上向下的设计方法,把系统划分成便于实现的功能模块,绘制各模块软、硬件的工作流程图,并分别进行调试。各模块调试通过之后,再进行统调,完成感测系统的设计。具体包含下面几步。

（1）根据系统的总体方案，确定系统的核心部件。

具有感知与检测的部件对系统整体性能、价格等起很大的作用，会影响硬件、软件的设计。系统中的智能控制部件通常可选 MCU 或 MPU 等。

MCU 是在一块芯片上集成了 CPU、RAM、ROM、时钟、定时/计数器、串并行 I/O 接口等众多功能部件，有些型号的 MCU 包括 A/D 转换器、D/A 转换器、模拟比较器、脉宽调制器、USB 接口等，具有功能强、体积小、价格低、支持软件多、便于开发等特点。所以，在感测系统的前端节点模块多选 MCU 作为智能控制部件。在选择具体型号时，应考虑字长、指令功能、寻址范围、寻址方式、内部存储器容量、位处理能力、中断处理能力、配套硬件、芯片价格及开发平台等。目前常用的 MCU 有 ATMEL 公司的 AT89 系列、AVR 系列，TI 公司 MSP430 系列、Motorola 公司的 68HCXX 等系列及与之兼容的多种改进升级型芯片。由于 MCU 的特点，所以非常适合于许多集成度高、成本低的应用场合。

MPU 比 MCU 集成度高、速度快，非常适用于要求实时的、多任务的，以及高速要求的应用场合。MPU 内部采用哈佛结构体系，具有独立的程序和数据空间，允许同时存取程序和数据。另外内置有硬件乘法器、增强的多级流水线，具有高速的数据运算能力。同时还提供了 32 位或 16 位的指令集，提高了编程处理的灵活性。MPU 通常可用于物联网系统中的数据采集与处理的模块，以及网关等网络传输控制部件。

（2）设计和调试。

首先是对硬件部件模块和软件编程的设计和调试。一般情况下，硬件部件模块和软件的设计可分开进行。但是由于物联网感知、识别与检测系统或部件模块的软、硬件密切相关，也可以交叉进行。硬件部分的设计过程是根据硬件框图按模块分别对各单元电路进行设计，然后进行硬件合成，构成一个完整的硬件电路图。完成设计之后，绘制印制电路板（PCB），然后进行装配与调试。软件设计可先设计总体结构图，再将总体结构按"自上向下"的原则划分为多个子模块，采用结构化程序设计方法，画出每个子模块的详细流程图，选择合适的语言编写程序并调试。对于既可用硬件又可用软件实现的功能模块，应仔细权衡哪些模块用硬件完成、哪些模块用软件完成。一般而言，硬件速度快、实时性好、可减少软件设计工作量，但成本高、灵活性差、可扩展性弱。软件成本低、灵活性大，只要修改软件就可改变模块功能，但增加了编程的复杂性，降低了运行速度。总之，应从系统或模块的功能、成本、研制周期和费用等方面综合考虑，合理分配软、硬件比例，使系统达到较高的性价比。

其次是硬件和软件联合调试。在硬件、软件分别调试合格后，需要软、硬联合调试。调试中出现问题，若属于硬件故障，可修改硬件电路。若属于软件问题，则修改程序。若属于系统问题，则对软件、硬件同时修改。物联网中感知与检测系统的设计调试步骤如图 8.1 所示。

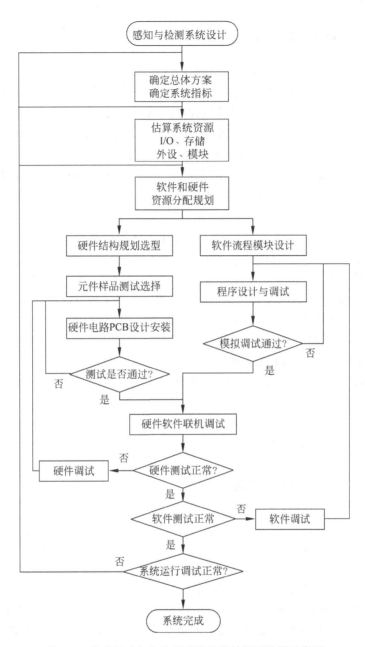

图 8.1　物联网感知与检测系统的设计调试步骤示意图

8.2　智能家居系统

　　智能家居是以住宅为平台,利用综合布线技术、网络通信技术、安全防范技术、自动控制技术、音视频技术将家居生活有关的设施集成,构建高效的住宅设施与家庭日程事务的管理系统,用以提升家居的安全性、便利性、舒适性、艺术性,并实现环保节能的居住环境。智能家居也是目前物联网应用领域中具有代表性的应用之一。

8.2.1　系统总体方案设计

智能家居设计方案一般应包含以下方面的内容。

（1）通过有线或无线网络构成的室内检测与报警系统，如安装于厨房的防止煤气泄漏的甲烷传感器、安装于浴室的检测燃气热水器的一氧化碳传感器。此外，还可以包括用于控制空调、电风扇、换气扇和空气加湿器等设备的终端（控制）节点。

（2）用于监测室内人员和物品状况的监控摄像头系统。

（3）用于存储数据、连接 Internet 的主控服务器。为方便用户查询历史数据、视频录像，以及通过网络远程查看室内状况，服务器应根据用户需求可以配备大容量硬盘并连接互联网。

（4）智能中央控制器。这个装置可以安装在客厅和卧室等处，通常用于控制灯光、窗帘、家电、安防系统以及房间的背景音乐等。

本节引用的智能家居设计方案具备了由 ZigBee 网络构成的室内环境检测和家电控制功能的传感器网络、使用嵌入式 Linux 系统构成的家庭网关和智能中央控制器等功能。

在智能家居系统中支持的受控电气设备的类型如下。

（1）灯光（可调光和不可调光）；

（2）电动窗帘（直流电机和交流电机）；

（3）红外家电（电视、音响、DVD、投影仪等）；

（4）非红外家电（饮水机、风扇等）；

（5）空调。

智能家居完成的主要功能如下。

（1）家居安防和视频监控；

（2）灯光及窗帘等设备智能控制；

（3）家庭影院智能控制；

（4）家用电器智能控制；

（5）小区接警中心接警；

（6）远程控制。

物联网智能家居组网结构示意图，如图 8.2 所示。

用户通过 Web 浏览器，利用 Internet 访问嵌入式家庭网关，嵌入式网关根据用户的要求，通过 UART 发送对应的控制命令或查询命令给 ZigBee 网络中的协调器节点，以控制家庭网络内部的各类家用电器或获取环境数据。

PC 客户端系统，即在嵌入式家庭网关的基础上实现对应的 Web 服务和数据存储等功能，通过 CGI 程序和人际交互界面向用户传递信息、接受用户的控制指令。

嵌入式家庭网关是智能家居系统与外界交互的接口，负责家庭内部传感网与外部 Internet 的信息传输、信息格式的转换等。一方面，嵌入式家庭网关需要支持 IPv4、IPv6 或者是 3G、4G、5G、Wi-Fi 等网络协议，并能够提供 Web 服务，以便用户远程访问。另一方面，嵌入式家庭网关还需要实现 Internet 与 ZigBee 网络之间的协议转换功能，以及 Web 数据与 ZigBee 网络数据之间的转换。此外，嵌入式家庭网关通过触摸屏与家庭内部实现交互功能，即触摸屏的界面显示和用户输入数据的解析与执行功能。

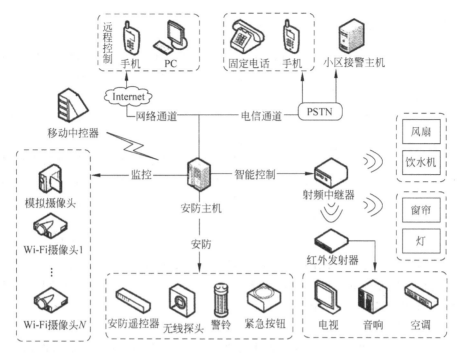

图 8.2 物联网智能家居结构示意图

在家庭内部传感器网络中使用了 ZigBee 技术,这样各无线节点之间自动组成无线网络。家电和检测点通过安装 ZigBee 节点,构成数据传输和指令传输网络。ZigBee 节点利用协调器节点作为中心节点,通过 UART 与嵌入式家庭网关连接。网关接收远程用户发送来的控制信息,经过转换处理后才发送给 ZigBee 网络的中心节点,中心节点根据地址信息发送给对应的各个无线节点,实现对家庭内部信息的监测和对电器控制的功能。

8.2.2 硬件系统的设计与实现

智能家居的硬件系统包括嵌入式家庭网关的硬件设计和基于 ZigBee 技术的无线节点硬件设备的设计两部分内容,下面将详细介绍。

1. 嵌入式家庭网关的硬件设计

嵌入式家庭网关使用 32 位 ARM 处理器 S3C2440 构成的成品嵌入式开发板构成,如图 8.3 所示。

嵌入式家庭网关的主要参数指标如下。

(1) SAMSUNG S3C2440A,主频 400MHz,最高 533MHz。

(2) 具有 256M SDRAM,128M NandFlash,掉电非易失性。

(3) 支持触摸屏。

(4) 三个串行通信口,10M/100M 以太网等。

图 8.3 嵌入式家庭网关硬件选择

2. 基于 ZigBee 技术的无线节点硬件设备的设计

系统中的 ZigBee 网络部分主要由中心节点、传感器节点和终端控制节点构成,以实现对数据的采集和对家电的控制。

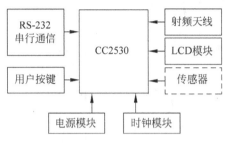

图 8.4　ZigBee 中心节点结构

1) 中心节点的设计

在 ZigBee 网络中,协调器的最主要作用是组建 ZigBee 网络、管理节点等。在本系统中,节点还负责转发和转换数据的功能,通过 RS-232 接口与嵌入式网关传输数据,此外,中心节点还可以具备按键、LCD 显示模块以扩展终端节点等功能,如图 8.4 所示。

系统所选用的 ZigBee 芯片为 TI 公司的 CC2530,该芯片是一款符合 IEEE 802.15.4 的 2.4GHz 芯片,具备较宽的工作电压、低功耗的 MCU 内核(51 系列单片机)、优良的无线接收灵敏度和抗干扰性、256KB 的 Flash 和 8KB 的 RAM、内部 RTC 等功能。

（1）电源设计

系统所选用的 CC2530 芯片的工作电压为 2.0～3.6V,系统设计中通常选用电压为 3.3V。本系统设计使用外部的 5V 直流电源供电,节点内部使用了 TI 公司的 TPS76933 低压差、小体积 LDO 实现电压转换。TPS76933 能实现最大 300mA 的输出电流,完全可以满足 CC2530 和 LCD 显示模块的需要。

（2）时钟电路

CC2530 的外部时钟电路其一是 32MHz 晶体振荡器,用于提供系统正常工作时的时钟频率;其二是 32768Hz 晶体振荡器,提供系统在低功耗模式下的时钟频率。

（3）LCD 显示器和按键部分电路设计

为保证节点的体积,此外由于嵌入式网关本身已经具备触摸屏,因此根节点选用了体积更小的液晶显示屏:2×16 的字符型显示模块。该模块可以用于显示字母、数字和字符等信息。

为扩展系统,方便用户设置参数,系统中设计了 4 个独立按键,分别连接至 P1_4～P1_7 共计 4 个 I/O 口。

（4）射频天线电路

射频天线电路由阻抗匹配电路和 PCB 天线组成,射频天线电路由 L1、L2、L3 和 C4 和天线组成,该部分的电路可参考 CC2530 设计手册。

（5）串行通信接口

中心节点与嵌入式网关之间使用了三线的 RS-232 接口通信方式,其中 RS-232 接口的 TXD、RXD 占用了 CC2530 的 P0_2 和 P0_3 两个口线。由于 CC2530 的 I/O 口电平为 3.3V,需要加入 MAX3232 芯片完成 RS-232 接口的电平转换。

2) 传感器节点的设计

传感器节点在 ZigBee 网络中用于完成物体感知功能,因此传感器节点部分除应包括电源、CC2530、射频电路、显示器之外,还应该有一定的数据采集电路。下面举例说明两种传感器节点的设计。

（1）温湿度传感器节点

按照传感器输出信号的类型,传感器一般可以分为开关信号输出、模拟信号输出、数字信号输出三种。为了简化数据采集电路,以减小传感器节点体积和提高准确性,目前在温度湿度采集方面多采用数字输出的传感器,如 MAXIM 公司的 DS18B20 温度传感器,Sensirion 公司的 SHT11 温湿度传感器等。

本节点便采用了 SHT11 传感器,该传感器使用 I^2C 总线接口,具备免调试、免标定、外围电路简单、响应速度快、体积小、功耗低的优点。

SHT11 采用 I^2C 的工作方式,系统由 DATA 和 SDA 两根信号线实现数据的读写。其中,SCK 是串行时钟输入,用于 CC2530 与 SHT11 之间的通信时钟,DATA 是串行数据,用于数据的收发。DATA 在 SCK 的下降沿之后改变状态,并在 SCK 的上升沿有效。

（2）烟雾传感器节点

烟雾传感器一般选用开关型传感器,如本设计中所使用的 LH-91L 离子型烟雾传感器,该传感器在正常情况下输出端处于常开状态,当所检测的烟雾浓度达到一定程度时,输出端闭合,该传感器的工作电压为 12V。

3）家电电源控制节点

简单的家电控制节点一般是在传感器节点上通过增加继电器等器件,以控制电器的开关。针对小功率家用电器,可选用小功率通用继电器,如 TIANBO HJQ-22F-2Z(P)-F-D/5VDC 型。该继电器使用 5V 直流控制即可,可以满足系统的设计要求。为了能够通过 3.3V 的 I/O 控制工作电压为 5V 的继电器,其中间可以采用 NPN 小功率三极管来实现。

8.2.3 软件系统的设计与实现

智能家居的软件系统设计部分主要包括三部分:嵌入式网关与智能控制中心程序、ZigBee 中心节点程序和终端节点的检测和控制程序。其中,网关与控制线中心程序设计主要包含用户操作界面、数据库、网络通信、数据处理等程序的设计;ZigBee 根节点程序主要是与网关串行通信、协调器程序设计;终端节点的检测和控制程序主要是从传感器节点获取数据,以及根据需要对家电设备进行控制。

1. 网关与控制中心设计

1）嵌入式 Linux 开发平台的建立

嵌入式网关与智能控制中心运行于嵌入式系统上,采用嵌入式 Linux 操作系统。因此首先应建立交叉编译环境,然后通过交叉编译环境在宿主机上完成系统的内核编译、应用程序的开发和调试工作,宿主机与嵌入式系统之间一般可以通过串口、以太网口建立连接。

在应用嵌入式 Linux 交叉编译环境过程中,一般采用如下几个步骤。

（1）下载并解压缩交叉编译工具源代码: `arm-linux-gcc-4.3.2.tgz`。

（2）将解压缩后的交叉编译工具目录使用 export 加入到默认的 PATH 环境变量中。

（3）通过 arm-linux-gcc-v 命令检查编译工具是否安装完成。

2）配置 2.6 版本的 Linux 内核

Linux 内核中包含丰富的驱动程序，能够支持主流的硬件设备和技术。但由于内核较大，为减小并使内核适合对应的硬件设备，需要对 Linux 内核进行适当的裁减和配置，以选择一些系统必需的驱动程序。针对内核打过硬件补丁后，通过使用 make menuconfig 进入内核配置主菜单后，依次需要配置以下内容。

（1）嵌入式处理器平台，选择对应的硬件处理器和平台；

（2）配置 LCD 和触摸屏，配置开发版所使用的 3.5 英寸 LCD 屏幕和触摸屏；

（3）配置网卡和网络信息，DM9000 网卡驱动和 TCP/IP 网络支持；

（4）配置串口驱动、实时时钟 RTC 驱动；

（5）配置 yaffs 文件系统支持等。

除内核外，还需进入开发环境下/opt/FriendlyARM/mini2440 目录下，利用 mktaffs2image 工具将当前目录下的内容生成。

3）建立嵌入式 Web 服务器 BOA

系统中嵌入式 Web 服务器的主要功能是监听客户端浏览器的服务请求，如图 8.5 所示。根据客户端请求的类型，返回静态页面或 CGI 页面应用程序作为响应。

图 8.5　嵌入式 Web 服务器与用户端浏览器的服务请求示意图

由于嵌入式系统资源一般都比较有限，并且也不需要处理大量的浏览器请求，因此一般都选用简单的轻量级嵌入式 Web 服务器，如 HTTPD、BOA 等。

BOA 是目前嵌入式系统使用较多的 Web 服务器之一，支持 CGI 脚本，将 BOA 移植到嵌入式 Linux 平台一般包括以下几个步骤。

（1）下载并解压缩 BOA 源码；

（2）配置(./configure)并编译 BOA(make)；

（3）修改 BOA 运行配置文件 boa.conf(内容略)；

（4）将 BOA 可执行程序和 BOA 配置文件分别复制到目标版/bin 和/etc/boa 目录下。

4）嵌入式数据库 SQLite 的应用

SQLite 数据库具有体积小、开放源码、具备较完善的 API 接口等，配置简单。移植时，宿主机按照 SQLite 网站配置后，复制至目标开发板即可。在本系统中，使用了嵌入式数据库中存储用户名、密码和必要的控制数据、检测数据等功能模块。

5）Web 界面的设计

用户通过浏览器，可访问嵌入式家庭网关。当远端用户登录系统后，首先进入用户验证页面，用户的用户名和密码保存在嵌入式数据库中，通过验证后即可登录管理系统，如图 8.6 所示。

6）触摸屏控制的设计

除满足远端用户的控制与查询需求外，家庭网关还可以通过本地触摸屏和 LCD 界面实现，界面通过 QT 编写，可以实现本地家电设备的控制，检测状态显示等。

2．中心节点的软件设计

中心节点部分的程序流程如图 8.7 所示。节点在启动后，首先执行节点硬件和 ZigBee 网络的初始化，包括 I/O 设置、中断设置、外围硬件的初始化、网络的配置等。初始化成功后则进入到循环等待的状态中，一方面等待是否有其他节点发送来的信息，另一方面等待嵌入式网关通过 UART 发送来的指令，将接收到的指令信息经过转换后，进行转发。

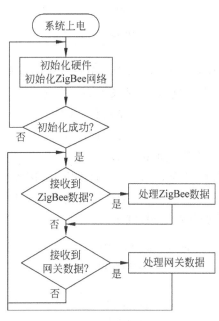

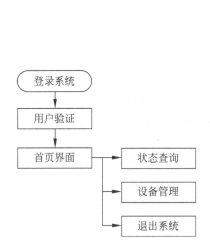

图 8.6　嵌入式网关 Web 界面结构　　　图 8.7　中心节点程序流程图

1）无线数据发送部分

Z-Stack 协议栈中，应用层程序可以通过调用 AF_DataRequest 函数完成数据的发送，该函数的形参中包含地址、数据长度、簇信息等必要的数据，如表 8.1 所示。在 Z-Stack 协议栈中，应用程序可以通过簇信息区分信息的类型，因此在设计 ZigBee 网络时，可以通过设定不同的簇信息（cID）区分数据类型。

表 8.1　智能家居中 ZigBee 网络 cID 定义

cID（2B）	说　　明
0x0001	根节点发送指令到传感器节点
0x0002	根节点设置节点的采样周期
0x0003	节点发送数据到根节点
0x0004	节点发送自身信息到根节点

cID＝0x0001 时，表示根节点发送的信息是指令，发送的指令信息可以包含采集数据、控制电器、查询节点状态三类，数据长度为 1B；

cID＝0x0002 时，设置检测节点的数据采集间隔时间，单位为分钟，数据长度为 1B；

cID＝0x0003 时，传感器节点需要发送所采集到的数据给根节点，由于数据具备一定的长度，因此数据长度为 3B，首字节表示传感器节点的类型，数据占用两个字节，如表 8.2 所示。

表 8.2 数据定义格式

首字节（1B）	数据字节（2B）
0x01	温度数据，低 14 位数据有效
0x02	湿度数据，低 12 位数据有效

cID＝0x0004 时，用于节点发送的自身信息，包括节点的地址信息、节点的类型信息、节点的采集周期等，字节长度为 3B，例如：

0x01　节点的类型信息(2B)

0x02　节点的采集周期(2B)

2）无线数据接收部分

按照 Z-Stack 协议栈的规定，在接收到数据时，系统抽象层将产生 AF_INCOMING_MSG_CMD，用户只需要判断该消息类型，在该事件下处理消息即可。处理消息时可根据 cID 数据分别处理，例如：

```
If(event == AF_INCOMING_MSG CMD)
{   My_MessageMSGCB(aflncomingMSGPacket_t 木 pkt)
    {
        switch(pkt－＞clusterld)
        {   case 0x0100:
            …
            break;
            case 0x0200:
            …
            break;
        }
    }
}
```

3）串口通信模块

Z-Stack 已经将串口通信单元进行了封装，因此在使用时仅需要对串口单元进行适当的配置即可实现数据的收发，对串口的配置部分内容如下。

```
uartConfig.configured = TRUE;
uartConfig.baudRate = HAL_UART_BR_19200;
uartConfig.flowControl = FALSE;
uartConfig.flowControlThreshold = SERIAL_APP_THRESH;
```

```
uartConfig.rx.maxBufSize = SERIAL_APP_RX_MAX;
uartConfig.tx.maxBufSize = SERIAL_APP_TX_MAX;
uartConfig.idleTimeout = SERIL_APP_IDLE;
uartConfig.intEnable = TRUE;
```

此外,设计串口的操作还包括 HalUARTInit 初始化串口、HalUARTOpen 打开串口、HalUARTClose 关闭串口、HalUARTRead 读串口、HalUARTWrite 写串口等。

4)中心节点与嵌入式网关之间的数据格式定义

中心节点与嵌入式网关之间使用 UART 协议通信,设定必要的数据格式以便使用。下行数据时,数据由嵌入式网关发送至根节点,可设定指令格式如表 8.3 所示。

表 8.3 下行数据格式

指 令 字 符	数 据	功 能
01	节点网络地址(2B)	查询节点数据
02	节点网络地址(2B)	获取节点的采样周期信息
03	节点网络地址(2B)+周期值(2B)	设置节点的采样周期信息
04	节点网络地址(2B)+设备状态(1B)	设置节点控制的电器状态
05	节点的网络地址	查询节点类型

上行数据时,中心节点将接收到的无线数据通过串口发送给嵌入式网关,可使用的指令格式如表 8.4 所示。

表 8.4 上行数据格式

指 令 字 符	数 据	功 能
01	节点网络地址(2B)+数据类型(1B)+数据值(2B)	返回节点的数据
02	节点网络地址(2B)+节点的采样周期(2B)	返回节点的采样周期数据
05	节点网络地址(2B)+节点的类型数据(2B)	无返回值

5)终端节点检测与控制的软件设计

终端节点检测与控制的功能相对于中心节点功能要简单,只需要按照接收到的指令完成数据采集或对家用电器控制即可。终端节点的检测是在完成硬件初始化和网络初始化后,就进入监听状态,节点等待网络发送来的数据包。若数据包符合自身地址,则初始化传感器节点,并采集对应的数据,发送至中心节点。随后进入低功耗监听状态,等待下一次的网络数据包。

为实现监测数据的定时更新功能,节点的检测是通过设置内部定时器和编写相应程序来完成的。当达到预计时间后,系统退出低功耗状态,重新启动检测传感器节点,并采集对应的数据,发送至中心节点,随后再次进入低功耗监听状态。传感器节点的检测主要工作流程如图 8.8 所示。

控制节点与检测节点的工作流程类似,但只需要监听无线数据,按照指令要求完成继电器的开关即可。

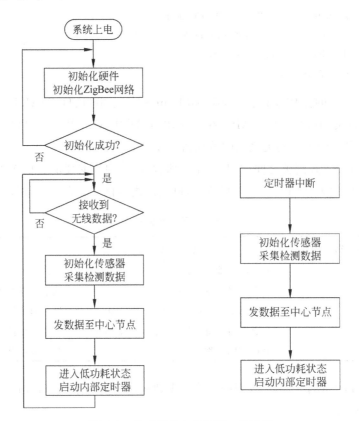

图 8.8　传感器节点的检测工作流程

习题与思考题

1. 设计感知与检测系统应主要考虑哪几个方面？请加以说明。
2. 在进行系统设计时，一般可以采用哪些方法？
3. 在系统设计时，通常采用哪些设计步骤？

参 考 文 献

1. 刘云浩.物联网导论[M].2版.北京：科学出版社,2013.
2. 徐勇军,刘禹,王峰.物联网关键技术[M].北京：电子工业出版社,2012.
3. 许毅,陈建军.RFID原理与应用[M].北京：清华大学出版社,2013.
4. 刘少强,张靖.现代传感器技术[M].北京：电子工业出版社,2014.
5. 吴功宜,吴英.物联网工程导论[M].北京：机械工业出版社,2012.
6. 张凯,张雯婷.物联网导论[M].北京：清华大学出版社,2012.
7. 刘伟荣,何云.物联网与无线传感器网络[M].北京：电子工业出版社,2013.
8. 马洪连,丁男,等.嵌入式系统设计教程[M].2版.北京：电子工业出版社,2009.
9. 姜仲,刘丹.ZigBee技术与实训教程[M].北京：清华大学出版社,2014.
10. 薛燕红.物联网组网技术及案例分析[M].北京：清华大学出版社,2013.
11. 许毅,陈立家,甘浪雄,等.无线传感器网络技术原理及应用[M].北京：清华大学出版社,2015.
12. 俞健峰.物联网工程开发与实践[M].北京：人民邮电出版社,2013.
13. 王仲东.物联网的开发与应用实践[M].北京：机械工业出版社,2014.
14. 黄如.物联网工程应用技术实践教程[M].北京：电子工业出版社,2014.
15. 黄传河,涂航,等.物联网工程设计与实施[M].北京：机械工业出版社,2015.

图 书 资 源 支 持

感谢您一直以来对清华版图书的支持和爱护。为了配合本书的使用,本书提供配套的素材,有需求的用户请到清华大学出版社主页(http://www.tup.com.cn)上查询和下载,也可以拨打电话或发送电子邮件咨询。

如果您在使用本书的过程中遇到了什么问题,或者有相关图书出版计划,也请您发邮件告诉我们,以便我们更好地为您服务。

我们的联系方式:

地　　址:北京海淀区双清路学研大厦 A 座 707

邮　　编:100084

电　　话:010－62770175－4604

资源下载:http://www.tup.com.cn

电子邮件:weijj@tup.tsinghua.edu.cn

QQ:883604(请写明您的单位和姓名)

扫一扫
资源下载、样书申请
新书推荐、技术交流

用微信扫一扫右边的二维码,即可关注清华大学出版社公众号"书圈"。